高等职业教育校企合作系列教材

机械基础知识与基本技能

主　编　武　欢
副主编　鲁宝安
主　审　曹　阳

U0381631

中国铁道出版社有限公司
2020年·北京

内 容 简 介

本书共有 13 章,第一章至第五章主要介绍静力学基础知识;第六章至第十章介绍材料力学相关基本知识;第十一章介绍金属工艺学基础知识;第十二章介绍平面机构与机械传动相关基本知识;第十三章介绍液压传动基础知识及流体力学相关基本知识。

本书可作为高等职业教育高职、高专、成人教育等院校非机械类专业的机械基础教材,也可作为中等职业学校及其相关专业学生的教材,还可作为相关专业工程技术人员或自学者的参考书。

图书在版编目(CIP)数据

机械基础知识与基本技能/武欢主编.—北京:中国
铁道出版社,2018.3(2020.3 重印)
高等职业教育校企合作系列教材
ISBN 978-7-113-24191-9

Ⅰ.①机… Ⅱ.①武… Ⅲ.①机械学-高等职业教育-
教材 Ⅳ.①TH11

中国版本图书馆 CIP 数据核字(2018)第 000763 号

书　　名	机械基础知识与基本技能		
作　　者	武　欢		
责任编辑	阚济存	编辑部电话:010-51873133	**电子信箱**:td51873133@163.com
封面设计	崔丽芳		
责任校对	孙　玫		
责任印制	郭向伟		

出版发行:中国铁道出版社有限公司 (100054,北京市西城区右安门西街 8 号)
网　　址:http://www.tdpress.com
印　　刷:三河市兴博印务有限公司
版　　次:2018 年 3 月第 1 版　2020 年 3 月第 2 次印刷
开　　本:787 mm×1 092 mm　1/16　印张:16　字数:420 千
书　　号:ISBN 978-7-113-24191-9
定　　价:42.00 元

PREFACE 前言

作为高职院校,培养学生岗位工作能力是首要教学目标。作者通过深入企业调研,了解到大部分工科高职院校毕业生在现场工作中,经常会用到力学和机械基础知识,也经常接触到常用平面机构及传动技术,因此,开发适用于非机械类工科专业的机械基础知识的针对性教材很有必要。

机械基础知识与基本技能综合了理论力学、材料力学、金属学、机械基础等多门课程的部分基础内容,有利于非机械类专业学生综合能力的培养,而又无须设置多门课程,比较符合培养复合型人才的需要。

本教材内容根据职业教育的特点,重点突出,重视实践技能以及动手能力的培养,注重培养学生解决实际问题的能力。本书主要作为高职、高专、成人教育等院校非机械类专业(如铁道供电技术、电气、电子等专业)的机械基础课程教材,可供非机械类多数专业师生使用,也可供工程技术管理人员参考。

本书由辽宁铁道职业技术学院武欢任主编,鲁宝安任副主编,辽宁铁道职业技术学院赵雨生、宝永安参加编写,辽宁铁道职业技术学院曹阳任主审。其中第一章至第五章以及第十三章由武欢编写,第六章至第十章由鲁宝安编写,第十一章由赵雨生编写,第十二章由宝永安编写。在编写的过程中,参阅了大量文献资料,相关铁道供电技术人员提供了大量有价值的实例,辽宁铁道职业技术学院教务处金利益老师、邹祥龙老师对本书的编写给予了很大帮助,在此表示衷心的感谢。

由于编者水平有限,书中难免有欠妥和错误之处,敬请读者批评指正。

编者
2018 年 2 月

CONTENTS 目录

第一章 · 静力学认知

工程力学是将力学原理应用于有实际意义的工程系统的科学。掌握力学的基本概念和公理是整个力学的基础。静力学是研究物体在力系作用下的平衡条件及其应用的科学。只有了解机械、机构、结构如何受力,如何运动,才能进一步研究其如何变形,如何破坏,了解工程系统的性态并为其设计提供合理的规则。

相关应用

力学在我们的生活中时刻存在。在电气化铁道接触网供电中的应用更是屡见不鲜。例如接触网的弹性补偿装置坠砣,如图 1-1 所示。在一个锚段内两端分别悬挂坠砣,并通过棘轮或滑轮改变力的方向,利用坠砣的重力来补偿线索的张力,使其平衡,这就是典型的力平衡。锚段内的接触线是二力杆或二力构件。那么,什么是力的平衡,什么是二力杆,静力学又有哪些基本公理、定理呢? 通过本章的学习,问题就会迎刃而解。

图 1-1　接触网弹性补偿装置

第一节　静力学基本概念

一、力的定义

力是物体之间的相互机械作用。

二、力的作用效应

力的作用效应分为外效应和内效应。

外效应是指物体运动状态变化,内效应是指物体尺寸及形状变化。

三、力的三要素

1. 力的大小。它是度量物体间机械作用强弱的物理量,本书采用国际单位制(SI),力的单位牛顿(中文代号牛,国际代号 N)或千牛顿(中文代号为千牛,国际代号为 kN)。

2. 力的方向。它包含方位和指向两个方面,一般谈到钢索拉力 F_T 竖直向上时竖直是指力的方位,向上是说它的指向。

3. 力的作用点。它是指力在物体上作用的地方,实际上它不是一个点,而是一块面积或体积。当力的作用面积很小时就看成一个点,案例中,线索的拉力就可以认为力集中作用于一点,而成为集中力。当力的作用地方是一块较大的面积时,如蒸汽对活塞的推力就称作分布力。当物体内每一点都受到力的作用时,如案例中坠砣的重力 G 就称为体积力。

力的三要素:力的作用效果决定于力的大小、方向和作用点三要素。

这三个要素中,只要有一个发生变化,力的作用效应就会随之发生变化。因此要确定一个力,就必须说明它的大小、方向和作用点。

力的作用效果与它的大小、方向都有关,表明力是矢量。表示一个矢量可以用一个带箭头的有向线段,按一定比例画出的线段长度表示力的大小,线段的方位(如与水平线的夹角)和箭头的指向表示力的方向,线段的起点或终点表示力的作用点。

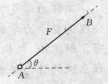

图 1-2 物体受力示意图

图 1-2 中的有向线段 AB 代表一个力的矢量。这个矢量的长度(按一定的比例尺)表示力的大小(30 N);矢量的方位(与水平线的夹角)和箭头的指向表示力的方向;矢量的始端 A 表示力的作用点。

四、物体的理想模型——刚体

理想模型是对实际问题或过程的合理抽象与理想化。理想模型在各种科学的研究中都占有非常重要的地位,它的建立和引入可以突出问题的主要方面,避免次要因素的干扰,也可以使研究得到简化。因此掌握理想模型的概念是非常重要的。静力学中的理想模型主要包括三个方面的内容:研究对象的理想化、受力分析的理想化和接触与连接方式的理想化。

物体受力时,其内部各点之间的相对距离要发生改变,各点位置改变的累加效果便导致物体的形状和尺寸发生改变,这种改变称为变形。物体的变形很小时,变形对物体的运动和平衡影响甚微,因此在研究力的运动效应时,可以忽略不计,这时的物体便可以抽象为刚体。所以,宏观上可以说刚体就是在任何力的作用下都不变形的物体,微观上说刚体就是内部任何两点间距离不发生变化的物体。

刚体是一个抽象化的力学模型,实际上并不存在真正的刚体,任何物体受力后都会发生变形。实际的物体能否看成刚体,要看能否用刚体的有关规律得出符合实际的结果。在实际问题中,如果实际物体的形变可以忽略,则在这个问题中物体就可以看成刚体,否则就不能看成刚体。刚体可以是单个的工程构件也可以是工程结构整体。

刚体是指在受力情况下保持其几何形状和尺寸不变的物体,亦即受力后任意两点之间的距离保持不变的物体。

五、基本定义

1. 力系:同时作用在物体上的若干力称为力系。

2. 等效力系:对同一物体产生相同效应的两个力系互称为等效力系。等效力系间可以相互替代。

3. 平衡:是指物体相对于惯性参考系保持静止或作匀速直线运动的状态。工程上一般把惯性参考系固结在地球上,研究物体相对于地球的平衡问题。

4. 平衡力系:作用于物体上使之保持平衡状态的力系,也称为零力系。

5. 合力:如果一个力系与单个力等效,则此单个力称为该力系的**合力**,而力系中的各力则称为合力的**分力**。由已知力系求其合力称为力的**合成**。相反,用一力系来代替一个力,即由合力求分力称为力的**分解**。

第二节　静力学基本公理

公理是人类经过长期实践和经验而得到的结论,且被反复的实践所验证,是无须证明而为人们所公认的结论。

一、二力平衡公理

作用于刚体上的两个力,使刚体处于平衡状态的充分和必要条件是:此两力的大小相等、方向相反、作用线沿同一直线(简称**等值、反向、共线**)。

注意:

1. 此原理只适用于刚体。例如,软绳受两个等值、反向、共线的拉力作用可以平衡,而受两个等值、反向、共线的压力作用就不能平衡,如图 1-3 所示。

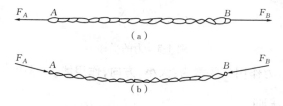

图 1-3　二力平衡受力示意图

2. 不要把二力平衡条件与力的作用和反作用性质弄混淆了。对二力平衡条件来说,两个力作用在同一刚体上,而作用力和反作用力则是分别作用在两个不同的物体上。

工程实际中常把满足二力平衡原理的构件称为二力构件或二力杆。

二、加减平衡力系原理

在作用于刚体的已知力系中,增加或减去一个平衡力系后构成的新力系与原力系等效。

这是因为平衡力系对刚体作用的总效应等于零,它不会改变刚体的平衡或运动的状态。这个原理常被用来简化某一已知力系,是力系等效代换的基本原理。

与二力平衡公理相同,加减平衡力系公理只适用于同一刚体。

例如,如图 1-4(a)所示的杆 AB,在平衡力系(F_1,F_2)的作用下会产生拉伸变形,如果去掉该平衡力系,则杆就没有变形;若将二力反向后再加到杆端,如图 1-4(b)所示,则该杆就要产生压缩变形。拉伸与压缩是两种不同的变形效应。

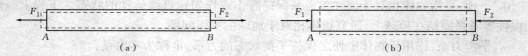

图1-4 平衡力系

实践证明:作用于刚体上的力可沿其作用线任意移动而不改变其对刚体的运动效应。力的这种性质称为力的可传性。

证:(1)设力 F 作用于刚体上的 A 点,如图1-5(a)所示。

(2)在力的作用线上任取一点 B,由加减平衡力系公理在 B 点加一平衡力系(F_1,F_2),使一 $F_1=F_2=F$,如图1-5(b)所示。

(3)再由加减平衡力系公理从该力系中去掉平衡力系(F,F_1),则剩下的力 F_2 与原力 F 等效,如图1-5(c)所示。这样就把原来作用在 A 点的力 F 沿其作用线移到了 B 点,而且未改变力 F 对刚体的作用效应,证毕。

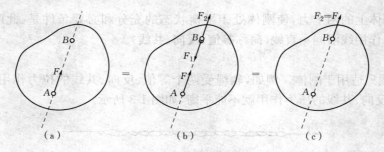

图1-5 力的平移

因此,对刚体来说,力作用三要素为:**大小,方向,作用线。**

三、平行四边形法则

作用于物体上同一点的两个力,可以合成为一个合力,合力也作用在该点,合力的大小和方向由这两个力为边长构成的平行四边形的对角线来确定,如图1-6(a)所示。

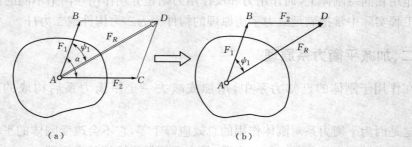

图1-6 力的合成

数学表达式:$F_R=F_1+F_2$。

图1-6(b)所示为求两汇交力合力的三角形法则。

平行四边形公理的逆定理也成立,如果不附加其他条件,一个力分解为相交的两个分力可以有无穷多个解。在工程问题中,往往将一个力沿两垂直方向分解为两个互相垂直的分力。

推论:三力平衡汇交定理

刚体受三力作用而平衡,若其中两力作用线汇交于一点,则另一力的作用线必汇交于同一点,且三力的作用线共面。(必共面,在特殊情况下,力在无穷远处汇交——平行力系。)

证明如下:

【证】 如图 1-7 所示,因为 $\overline{F_1}$,$\overline{F_2}$,$\overline{F_3}$ 为平衡力系,所以 $\overline{F_R}$,$\overline{F_3}$ 也为平衡力系。

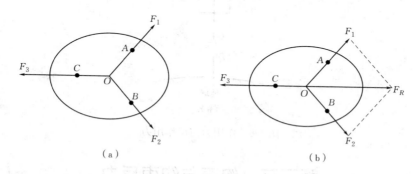

（a）　　　　　　　　　　　（b）

图 1-7　三力汇交示意图

又因为二力平衡必等值、反向、共线,所以三力 $\overline{F_1}$,$\overline{F_2}$,$\overline{F_3}$ 必汇交,且共面。

四、作用与反作用定理

两个物体间的作用力与反作用力,总是大小相等、作用线相同、指向相反、分别作用在两个不同的物体上。

这个定理说明力永远是成对出现的,物体间的作用总是相互的,有作用力就有反作用力,两者总是同时存在,又同时消失。

注意:

1. 力的上述性质无论对刚体或变形体都是适用的。

2. 不要把二力平衡公理与力的作用和反作用公理弄混淆了。对二力平衡条件来说,两个力作用在同一刚体上是一对平衡力,而作用力和反作用力则是分别作用在两个不同的物体上,作用力和反作用力不能平衡。

如图 1-8(a)所示,一重物用钢丝绳挂在梁上,G 为重物所受重力,F'_{TB} 为钢丝绳对重物的拉力如图 1-8(b)所示,它们都作用在重物上,所以 G 和 F'_{TB} 不是作用力和反作用力的关系。钢丝绳给重物拉力 F'_{TB} 的同时,重物必给钢丝绳以反作用力 F_{TB},F'_{TB} 作用在重物上,F_{TB} 作用在钢丝绳上,F'_{TB} 和 F_{TB} 是作用力与反作用力的关系。G 是地球吸引重物的力,所以,G 的反作用力是重物吸引地球的力 G',该力作用在地球上,与力 G 大小相等、方向相反、沿同一直线。

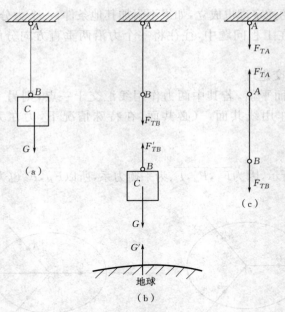

图 1-8 作用力与反作用力

第三节 约束与约束反力

一、约束与约束反力的概念

1. 约束

（1）自由体。在空间作任意运动的物体。如：飞行的飞机、炮弹和火箭。

（2）受约束体。某些运动受到限制的物体。如：接触网补偿装置里的坠砣，立在铁路沿线的接触网支柱等。

（3）约束。凡是限制某一物体运动的周围物体，称为该物体的约束。

2. 约束反力

物体的受力可以分为两类：主动力和约束反力。

（1）约束力：约束与非自由体接触相互产生了作用力，约束作用于非自由体上的力叫约束力或称为约束反力。

（2）约束反力的方向：约束反力作用在约束与被约束物体的接触处，它的方向总是与约束所能限制的运动方向相反，这是确定约束反力方向的准则。

（3）主动力或载荷：能主动地使物体运动或有运动趋势的力，例如物体的重力，结构承受的风力、水压力，机械零件中的弹簧力等称为主动力。

二、常见的约束类型及其约束反力的特点和画法

1. 柔索约束

工程上常用的钢丝绳、皮带、链条等柔性索状物体都可看成柔索约束，如图 1-9 所示。

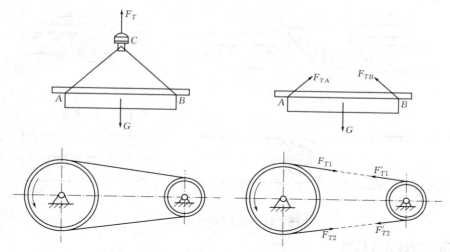

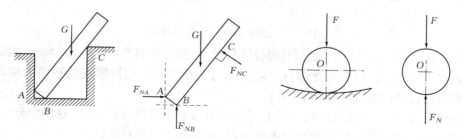

图 1-9　柔索约束受力分析

（1）特点：柔索约束限制物体沿柔索中心线伸长方向的运动。

（2）柔索的约束反力：作用在柔索与物体的连接点上，其方向一定是沿着柔索中心线，而背离物体，亦即必为拉力。

（3）表示符号：用 F_T 表示。

2. 光滑接触面约束

当两个物体间的接触表面非常光滑，摩擦力可以忽略不计时，即构成光滑接触面约束，如图 1-10 所示。

图 1-10　光滑约束的受力分析

（1）特点：光滑接触面约束对被约束物体在接触点切面内任一方向的运动不加阻碍，接触面也不限制物体沿接触点的公法线方向脱离接触，而只限制物体沿该方向进入约束内部的运动。

（2）光滑接触面的约束反力：作用在接触点处，方向沿着接触面在该点的公法线，指向受力物体，亦即必为法向压力。

（3）表示符号：通常用 F_N 表示。

3. 铰链约束

（1）光滑圆柱形铰链约束（中间铰链）

由两个（或更多个）带相同圆孔的构件，并将圆柱形销钉穿入各构件的圆孔中而构成。如门、窗的合页，活塞与连杆的连接，起重机动臂与机座的连接等，如图 1-11 所示。

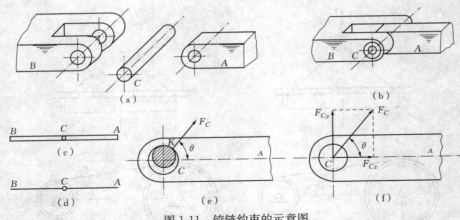

图 1-11　铰链约束的示意图

（2）固定铰链支座约束

若相连的构件中有一个与固定部分（如桥墩、机座等）相连接，这种构造称为固定铰支座。

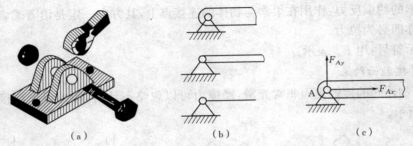

图 1-12　固定铰支座约束示意图

如图 1-11 和图 1-12 所示，光滑圆柱形铰链与固定铰链支座具有相同的约束特性，归纳如下。

①特点：如果不计摩擦，那么销钉只限制两构件在垂直于销钉轴线的平面内相对移动，而不限制两构件绕销钉轴线的相对转动。

②约束反力：圆柱形铰链的约束反力可表示为两个正交分力 F_x、F_y，这两个分力通过销孔中心，指向可预先假设，假设的指向正确与否，可由计算结果判定。

③表示符号：用 F_x、F_y 表示。

（3）活动铰链支座约束

在铰链支座与支承面之间装上辊轴，就成为辊轴铰链支座。在桥梁、屋架结构中采用这种结构，如图 1-13 所示。主要是考虑由于温度的改变，桥梁长度会有一定量的伸长或缩短，为使这种伸缩自由，辊轴可以沿伸缩方向前后作微小滚动。

①特点：如略去摩擦，这种支座不限制构件沿支承面的移动和绕销钉轴线的转动，只限制构件沿支承面法线方向的移动。

②活动铰链支座的约束反力 F_N 必垂直于支承面，通过铰链中心，指向待定。

③表示符号：通常用 F_N 表示。

（4）固定端约束

对物体一端起固定作用，限制物体的转动和移动的约束，称为固定端约束或固定端支

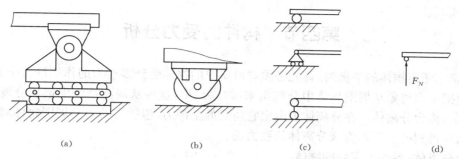

(a)　　　　　　(b)　　　　　(c)　　　　　(d)

图 1-13　活动铰链约束示意图

座,如图 1-14(a)所示。

固定端约束的约束反力可简化为两个垂直的约束反力 F_{Ax}、F_{Ay} 和一个约束反力偶 M_A,如图 1-14(b)所示。其中 F_{Ax}、F_{Ay} 限制物体的移动,M_A 限制物体的转动。F_{Ax}、F_{Ay} 的指向和 M_A 的旋向可任意假定,假定是否正确可通过计算确定。

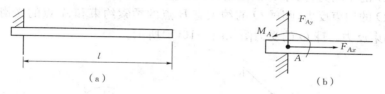

(a)　　　　　　　　　　(b)

图 1-14　固定端约束受力分析

在电气化铁路中,约束的实例随处可见,也起着无法取代的作用。如图 1-15 所示,接触网补偿装置中的坠砣受线索的约束,属于柔索约束;受电弓的碳滑板与接触线之间升弓取流时,属于光滑接触面约束;连接支柱与腕臂绝缘子之间的腕臂底座,在约束中属于固定铰链支座约束;立在铁路沿线的接触网支柱,则属于固定端约束。试运用所学知识,对以上约束进行受力分析,并在牵引供电系统中寻找其他的约束实例。

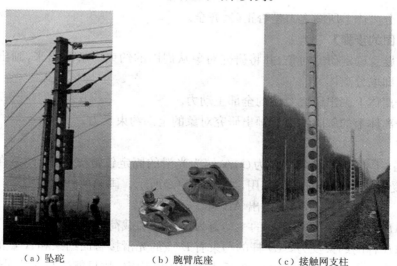

(a)坠砣　　　　　(b)腕臂底座　　　　　(c)接触网支柱

图 1-15　电气化铁路中的约束

第四节 构件的受力分析

在研究任何物体的平衡时,首先必须对所研究的物体受到哪些力的作用进行全面分析。为此,应把研究对象从周围物体中分离出来,解除约束,这种从周围物体中单独分离出来的研究对象,称为分离体。在分离体上画出它所受的全部力(包括主动力及周围物体对它的约束力)这样得到的图形称为该分离体的**受力图**。

(1)分离体:解除约束后的物体。

(2)受力图:画有分离体及其所受全部外力(包括主动力和约束反力)的简图。

【例 1-1】 圆球 O 重 G,用 BC 绳系住,旋转在与水平面成角 α 的光滑斜面上,如图 1-16(a)所示。画圆球 O 的受力图。

【分析】 (1)取分离体,单独画出圆球 O。

(2)画球 O 的主动力,圆球 O 的主动力只有重力 G。

(3)画球 O 的约束反力,圆球 O 的约束有 B 点的柔索约束和 A 点的光滑接触面约束,对应有两个约束反力。球 O 的受力图如图 1-16(b)所示。

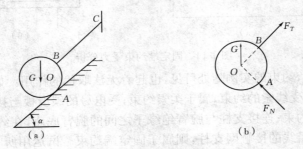

图 1-16 物体受力示意图

(4)检查分离体上所画之力是否正确、齐全。

【画受力图的步骤】

(1)根据题意确定研究对象,并将研究对象从周围的约束中解除出来,画出研究对象的简单轮廓图(即取分离体)。

(2)在分离体上画出研究对象的全部主动力。

(3)在分离体上的解除约束处画出研究对象的全部约束反力。

(4)检查。

【例 1-2】 匀质杆 AB 的重量为 G,A 端为光滑的固定铰链支座,B 端靠在光滑的墙面上,在 D 处受有与杆垂直的 F 力作用,如图 1-17(a)所示。画 AB 杆的受力图。

【分析】 (1)取分离体,单独画出 AB 杆。

(2)画 AB 杆的主动力,AB 杆的主动力为重力 G 和载荷 F。

(3)画 AB 杆的约束反力,AB 杆的约束有 B 点的光滑接触面约束和 A 点的固定铰链约束,对应有两个约束反力。由于 A 点的反力方向不能确定,故只能进行正交分解,方向可任意假定。AB 杆的受力如图 1-17(b)所示。

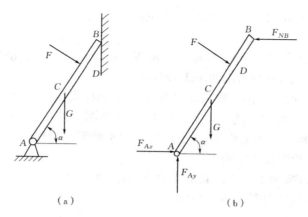

（a）　　　　　　　　　　　　　（b）

图 1-17　匀质杆受力分析

【例 1-3】　如图 1-18（a）所示的三铰拱桥，由左、右两个半拱铰接而成。设拱桥自重不计，在 AC 半拱上作用有载荷 F，试分别画出 AC 和 CB 半拱的受力图。

【分析】

（1）先画 BC 半拱的受力图　取 BC 半拱为分离体。由于 BC 自重不计，且只在 B、C 两处受到铰链的约束，因此 BC 半拱为二力构件，其受力图如图 1-18（b）所示。

（2）再画 AC 半拱的受力图　取 AC 半拱为分离体。由于自重不计，因此主动力只有载荷 F，半拱在铰链 C 处受到 BC 半拱给它的约束反力 F'_C 的作用。根据作用与反作用定律，$F'_C = -F_C$。半拱在 A 处的受力可进行正交分解，如图 1-18（c）所示，也可按三力平衡汇交定理画成图 1-18（d）的形式。这里的 F_{Ax}、F_{Ay} 指向可随意假定，是否正确则需通过计算确定。

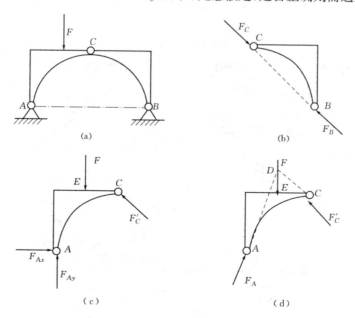

(a)　　　　　　　　　　　　　(b)

（c）　　　　　　　　　　　　　（d）

图 1-18　拱桥受力示意图

【例 1-4】　如图 1-19（a）所示的多跨梁由 AB 梁和 BC 梁铰接而成，支承和载荷情况见图中示意。试画出 AB 梁、BC 梁和整体的受力图。

【分析】

(1)先画 BC 梁的受力图。取 BC 梁为分离体，BC 梁受到一个主动力 F_2 和两处约束的约束反力 F_C、F_{Bx} 和 F_{By}，其受力图如图 1-19(b)所示。

(2)然后画 AB 梁的受力图。取 AB 梁为分离体，AB 梁受到一个主动力 F_1 和 B 点圆柱铰链约束及 A 点固定端约束的约束反力作用，具体如图 1-19(c)所示。

BC 杆由于只受到三个力的作用，故也可按三力平衡汇交定理画出，这时 AB 杆在 B 的受力应按作用与反作用定律相应画出。

(3)再画整体多跨梁的受力图。取整体为分离体，多跨梁有两个主动力 F_1 和 F_2，还受到 A 和 C 两处约束，其受力图如图 1-19(d)所示。

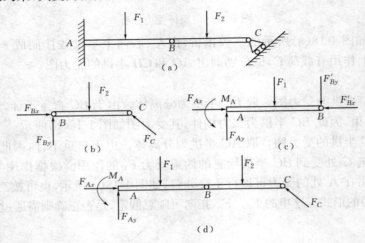

图 1-19　跨梁受力图

【例 1-5】　如图 1-20(a)所示，试画出整个物系中每个物体的受力图。

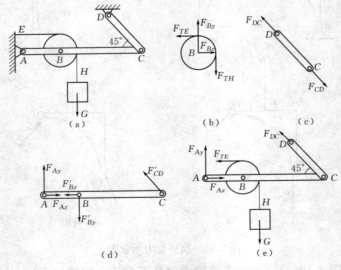

图 1-20　滑轮受力分析

【分析】　(1)取滑轮为分离体画滑轮受力图,滑轮受绳子的拉力和重物的重力 F_{TE} 和 F_{TH},杆 AB 对 B 点的约束力分解为 F_{By}、F_{BC}。

(2)CD 杆:无主动力,只受两个力作用,为二力杆。

(3)AC 杆:无主动力。

(4)整体系统的受力图:几个物体组成的系统,整体受力图上只画外力不画内力。

外力:系统外物体给系统的作用力。

内力:系统内构件之间的相互作用力。

【步骤】　通过上述实例分析,可归纳一下画受力图的步骤和应注意的问题:

(1)明确研究对象,取出分离体。可选取单个物体,也可选取几个物体组成的系统作为分离体。

(2)分析研究对象在哪些地方受到约束,依约束的性质,在分离体上画出约束反力,并将主动力也一并画出。

(3)在画两个相互作用物体的受力图时,要特别注意作用力和反作用力的关系,即作用力一经假设,反作用力必与之反向、共线,不再进行假设。

(4)画整个系统的受力图时,注意内力不画,因为内力成对出现,自成平衡力系,只画出外力。注意内力、外力的区分不是绝对的。

(5)画受力图时,通常应先找出二力杆,画出它的受力图。还应注意三力平衡汇交定理的应用,以简化受力分析。

(6)画单个物体的受力图或画整个物体系统的受力图时,为方便起见也可在原图上画出,但画物体系统中某个物体或某一部分的受力图时则必须取出分离体。

在电气化铁路的建设与维修过程中,分析构件的受力是经常、必要的工作,例如电气化铁路锚柱的架设(图1-21)必须考虑力的平衡问题。请读者自己分析接触网锚柱架设要考虑哪些力的作用,怎样才能平衡。

图1-21　接触网锚柱的架设

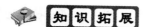

同学们刚刚学习静力学基础相关知识,对静力学有了一个大致的了解,静力学知识是机械基础里面最基本的知识,受力图的画法为以后的学习打下了基础,对于简单的受力图想必是手到擒来,但对于两种受力图结合在一起的问题,同学们又应该如何破解,静力学的知识远远不止书本上的这些,请同学们自己查阅相关资料或实例,多多了解这方面的知识。

本章小结

通过本章的学习应能掌握静力学的基本概念和公理,明确约束力与约束反力。学会物体受力分析和画受力图的方法。

(1)明确研究对象,画出分离体;

(2)在分离体上画出全部主动力;

(3)在分离体上画出全部约束力。

 习题

1. 填空题

(1)力对一般物体的作用效应取决于力的三要素:即力的_____、_____、_____。

(2)作用于一个刚体上的二力,使刚体保持平衡的必要与充分条件是_____、_____、

_____。

(3)对于刚体来说力的三要素是:_____、_____、_____。

(4)工程上把受两个力作用而平衡的物体叫做_____或_____。

(5)两个物体间的作用力与反作用力,总是_____、_____、_____、分别作用在_____。

2. 简答题

(1)什么是力?

(2)什么是刚体?

(3)何为力系、平衡力系、等效力系?

(4)什么是合力、分力?

(5)确定约束反力方向的原则是什么?约束有哪几种基本类型?

3. 画图题

(1)画出图 1-22 中指定物体的受力图,接触可看作光滑,没有画出重力的物体可不考虑自重。

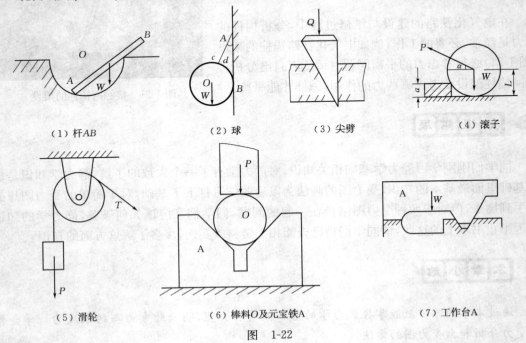

（1）杆AB （2）球 （3）尖劈 （4）滚子

（5）滑轮 （6）棒料O及元宝铁A （7）工作台A

图 1-22

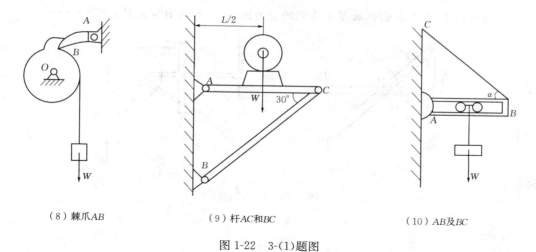

（8）棘爪AB　　　　（9）杆AC和BC　　　　（10）AB及BC

图1-22　3-(1)题图

（2）悬臂起重吊车受力平衡如图1-23所示，已知起吊重力为$\vec{Q}$，均质横梁AB自重为$\vec{G}$，A、B、C处均为光滑铰链，试分别画出拉杆BC和横梁AB的受力图。

（3）摇臂起重机受力平衡如图1-24所示，已知起吊重力为$\vec{Q}$，起重机本身重力为$\vec{G}$。试画出此起重机的受力图。

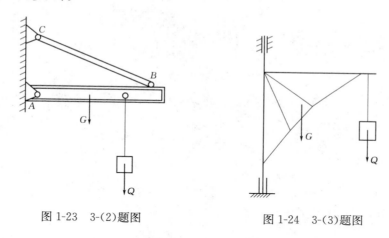

图1-23　3-(2)题图　　　　　　图1-24　3-(3)题图

（4）试分别画出图1-25所示结构中AB与BC的受力图。

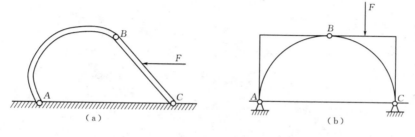

（a）　　　　　　　　　　（b）

图1-25　3-(4)题图

(5)画出图 1-26 中各物体及整个系统的受力图(各构件的自重不计,摩擦不计)。

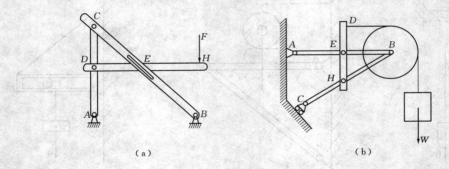

（a）　　　　　　　　　　　　（b）

图 1-26　3-(5)题图

第二章 · 平面汇交力系

通过第一章的学习，我们知道，同时作用在物体上的若干力称为力系。根据力系中各力的作用线是否同处于一个平面内，可将力系分为平面力系和空间力系。在这两类力系中，作用线交于一点的力系称为汇交力系。研究平面汇交力系，一方面可以解决一些简单的工程实际问题，另一方面也为研究更复杂的力系打下基础。

相关应用

平面汇交力系在我们生活中有很多体现，同时在电气化铁路中也存在，与电气化铁道的正常运行、供电密不可分。如图 2-1 所示，接触网的中心锚节，中心锚节处所受到的力是所有的力的作用线汇交于一点，且在同一平面内，故称其为平面汇交力系。思考接触网中是否还有其他部件、部位具备平面汇交力系的特点。

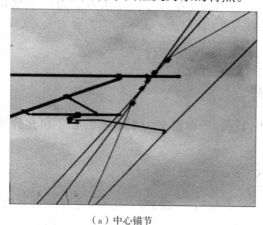

（a）中心锚节　　　　　　　　　　　　　　（b）受力分析

图 2-1　接触网中心锚节受力

第一节　平面汇交力系合成的几何方法

一、平面汇交力系合成的几何方法

设有作用于刚体上的平面汇交力系（F_1、F_2、F_3），各力作用线汇交于 O 点。根据刚体内部力的可传递性，可将各力沿其作用线移至交点 O，如图 2-2(a)所示。然后连续应用平行四边形法则，先求 F_1 与 F_2 的合力 F_{R1}，再求 F_{R1} 与 F_3 的合力 F_{R2}，最后求得一个通过汇交点 O 的合力 F_R，如图 2-2(b)所示。

在上述力系中，由于力系的合力 F_R 也作用在诸力之汇交点 O，因而求合力时只需求出合力的大小和方向即可。因此，常用下面较为简单的方法求得该力系合力的大小和方向。

在受力刚体汇交点 O，取一定比例作矢量 Oa 等于力矢量 F_1；再从 a 点作矢量 ab 等于力矢量 F_2，依此类推，直到力矢量全数画出为止，得一折线 $oabcd$，连接折线 $oabcd$ 的始末端 Od，得矢量 Od，Od 即代表力系的合力的大小和方向，如图 2-2(c)所示。

在图 2-2(c)中的多边形称为力系的多边形，表示合力的矢量的边，称为力多边形的封闭边。上述这种求合力的方法，称为力多边形法则。

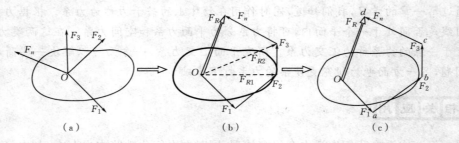

图 2-2　力的多边形

注意：力多边形各分力作图次序不同，所得力多边形的形状也不同，但是这并不影响最后所得合力的大小和方向。

总之，平面汇交力系可简化为一合力，其合力的大小与方向等于各分力的矢量和，合力的作用线通过汇交点。设平面汇交力系包含 n 个力，以 F_R 表示它们的合力矢，则有

$$F_R = F_1 + F_2 + \cdots + F_n = \sum_{i=1}^{n} F_i \tag{2-1}$$

二、平面汇交力系平衡的几何条件

由于平面汇交力系可用其合力来代替，显然，平面汇交力系平衡的必要和充分条件是：该力系的合力等于零。如用矢量表示，即

$$\sum_{i=1}^{n} F_i = 0 \tag{2-2}$$

在平衡条件下，力多边形中最后一力的终点与第一力的起点重合，此时的力多边形称为封闭的力多边形。于是，可得到如下的结论：平面汇交力系平衡的必要条件和充分条件是该力系的力多边形自行封闭。这就是平面汇交力系的几何平衡条件。

求解平面汇交力系的平衡问题时可用图解法，即按比例先画出封闭的力多边形，然后，用尺和量角器在图上量得所要求的未知量；也可根据图形的几何关系，用三角公式计算出所要求的未知量，这种解题方法称为几何法。

【例 2-1】　螺栓的环眼上套有三根绳索，它们的位置如图 2-3 所示，$F_1 = 30$ N，$F_2 = 60$ N，$F_3 = 150$ N，求它们的合力大小和作用线位置。

【分析】　用几何法求解，首先选定力的比例尺，取 1 mm 代表 3 N，按 F_1，F_2，F_3 的顺

序,首先画出力多边形 $ABCD$,从 A 点向 D 点画封闭边 AD,即得合力 F_R,如图 2-3(b)所示。从图上量得 $AD=55$ mm,$\alpha=16°21'$,即合力大小为

$$F_R=55×3=165 \text{ N},F_R \text{ 与 } x \text{ 轴夹角为 } 16°21'。$$

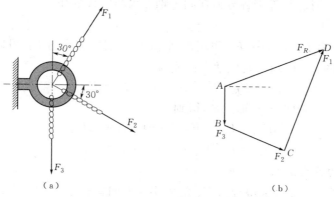

（a）　　　　　　　　　　　　　　　（b）

图 2-3　螺栓受力分析

第二节　平面汇交力系合成的解析法

一、力在平面直角坐标轴上的投影

如图 2-4 所示,过力 F 的两端点 A、B 分别向 x、y 轴引垂线,垂足在 x、y 轴上截下的线段 ab、a_1b_1 分别称为力 F 在 x、y 轴上的投影,记作 F_x、F_y。

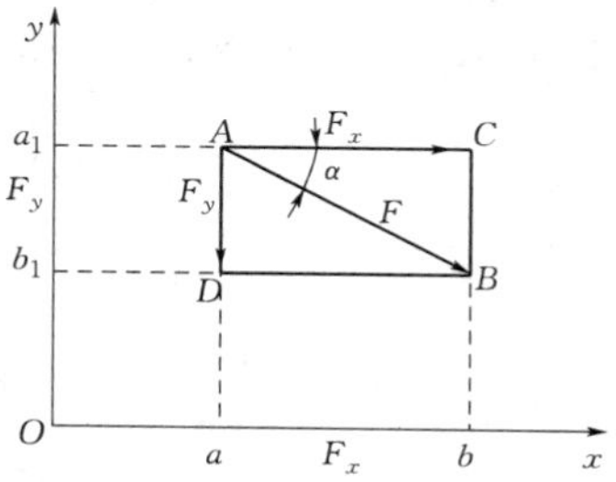

投影正负号的规定:投影是代数量,其正负规定为:由起点 a 到终点 b(或由 a_1 到 b_1)的指向与坐标轴的正向一致时为正,反之为负。一般地,有

$$\left.\begin{array}{l}F_x=\pm F\cos\alpha\\F_y=\pm F\sin\alpha\end{array}\right\} \qquad (2\text{-}3)$$

图 2-4　力的投影示意图

式中　α——力 F 与 x 轴所夹的锐角。

已知投影求力:已知力 F 在 x、y 轴上的投影为

$$F_x=F\cos\alpha \qquad F_y=-F\sin\alpha$$

则该力 F 的大小和方向分别为

$$F=\sqrt{F_x^2+F_y^2},\tan\alpha=\left|\frac{F_y}{F_x}\right| \qquad (2\text{-}4)$$

力的指向由 F_x、F_y 的正负符号确定见表 2-1。

表 2-1　力的指向表

F_x	+	+	−	−
F_y	+	−	+	−
F	↗	↘	↖	↙

二、平面汇交力系合成的解析法

合力在某轴上的投影,等于各分力在同一轴上投影的代数和。

1. 合力投影定理

设平面汇交力系 $F_1, F_2, \cdots, F_n$ 作用在刚体的 O 点处,其合力 F_R 可以连续使用力的三角形法则求得,如图 2-2 所示。其数学表达式为

$$F_R = F_1 + F_2 + \cdots + F_n = F_i \tag{2-5}$$

将式(2-5)两边分别向 x、y 轴投影,得到

$$\left. \begin{array}{l} F_{Rx} = F_{1x} + F_{2x} + \cdots + F_{nx} = \sum F_{ix} \\ F_{Ry} = F_{1y} + F_{2y} + \cdots + F_{ny} = \sum F_{iy} \end{array} \right\} \tag{2-6}$$

2. 平面汇交力系合成的解析法

应用合力投影定理即可求得合力 F_R 的大小及方向。

$$\left. \begin{array}{l} F_R = \sqrt{F_{Rx}^2 + F_{Ry}^2} = \sqrt{(\sum F_{ix})^2 + (\sum F_{iy})^2} \\ \tan\alpha = \left| \dfrac{F_{Ry}}{F_{Rx}} \right| = \left| \dfrac{\sum F_{iy}}{\sum F_{ix}} \right| \end{array} \right\} \tag{2-7}$$

式中 α——合力 F_R 与 x 轴之间所夹的锐角。合力 F_R 的指向由 $\sum F_{ix}$、$\sum F_{iy}$ 的正负号确定。

【例 2-2】 用解析法求图 2-5(a)所示平面汇交力系的合力的大小和方向。已知 $F_1 = 100\ \text{N}$,$F_2 = 100\ \text{N}$,$F_3 = 150\ \text{N}$,$F_4 = 200\ \text{N}$。

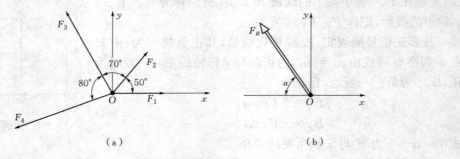

(a)   (b)

图 2-5 解析法实例

【分析】 由式(2-6)计算合力 F_R 在 x、y 轴上的投影

$$\begin{aligned} F_{Rx} &= \sum F_{ix} = F_{1x} + F_{2x} + F_{3x} + F_{4x} \\ &= F_1 + F_2\cos50° - F_3\cos60° - F_4\cos20° \\ &= 100 + 64.28 - 75 - 187.94 = -98.62(\text{N}) \end{aligned}$$

$$\begin{aligned} F_{Ry} &= \sum F_{iy} = F_{1y} + F_{2y} + F_{3y} + F_{4y} \\ &= 0 + F_2\sin50° + F_3\sin60° - F_4\sin20° \\ &= 0 + 76.60 + 129.90 - 68.40 = 138.1(\text{N}) \end{aligned}$$

故合力 F_R 的大小和方向为

$$F_R = \sqrt{F_{Rx}^2 + F_{Ry}^2} = \sqrt{(-98.62)^2 + (138.1)^2} = 169.7(\text{N})$$

$$\tan\alpha = \left| \frac{F_{Ry}}{F_{Rx}} \right| = \left| \frac{138.1\ \text{N}}{-98.62\ \text{N}} \right| = 1.4$$
$$\alpha = 80.5°$$

由于 F_{Rx} 为负值，F_{Ry} 为正值，所以合力 F_R 指向第二象限，如图 2-4(b)所示，合力的作用线通过力系的汇交点 O。

3. 平面汇交力系的平衡方程

平面汇交力系平衡的必要和充分条件是：该力系的合力等于零，即有

$$F_R = \sqrt{(\sum F_{ix})^2 + (\sum F_{iy})^2} = 0$$

欲使上式成立，必须同时满足

$$\begin{cases} \sum F_{ix} = 0 \\ \sum F_{iy} = 0 \end{cases} \tag{2-8}$$

于是，平面汇交力系平衡的必要和充分条件是：各力在两个坐标轴上投影的代数和分别等于零。式(2-8)称为平面汇交力系的平衡方程。这是两个独立的方程，可以求解两个未知量。

【例 2-3】　如图 2-6 所示，已知重为 P 的钢管被吊索 AC、AB 吊在空中，不计吊钩和吊索的自重，当重力 P 和夹角 θ 已知时，求吊索 AC、BC 所受的力。

【分析】　经分析结构的特点及所受的力，选吊钩为研究对象，分析其所受的力系为平面汇交力系，列平衡方程：

$$\sum F_x = 0 \quad -S_1\sin\theta + S_2\sin\theta = 0$$
$$\sum F_y = 0 \quad T - S_1\cos\theta - S_2\cos\theta = 0$$

解得：$S_1 = S_2 = \dfrac{T}{2\cos\theta} = \dfrac{P}{2\cos\theta}$

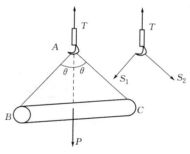

图 2-6　起重机水平梁受力分析

【例 2-4】　重 $G = 100$ N 的球放在与水平面成 30°角的光滑斜面上，并用与斜面平行的绳 AB 系住如图 2-7(a)所示。试求 AB 绳受的拉力及球对斜面的压力。

【分析】

(1)取球为研究对象。

(2)画受力图如图 2-7(b)所示。球受力有：自重 G，光滑面约束反力 N，柔体约束反力 T。

(3)选坐标轴，如图 2-7(b)所示。

(4)列平衡方程：

$$\sum F_x = 0, \quad T\cos30° - N\cos60° = 0 \qquad ①$$
$$\sum F_y = 0, \quad T\sin30° + N\sin60° - G = 0 \qquad ②$$

(5)解方程求出未知量，由式①得

$$T = \frac{\cos60°}{\cos30°}N = \frac{\sqrt{3}}{3}N \qquad ③$$

代入式②得
$$\frac{\sqrt{3}}{3}N\sin30°+N\sin60°=G$$

即
$$\frac{4\sqrt{3}}{6}N=G$$

所以
$$N=\frac{\sqrt{3}}{2}G=\frac{\sqrt{3}}{2}\times100=86.6(\text{N})$$

将 N 值代入式③得
$$T=\frac{\sqrt{3}}{3}N=\frac{\sqrt{3}}{3}\times86.6=50(\text{N})$$

本题若在和斜面平行的方向取 x 轴如图 2-7(c)所示,则解题比较简单,列平衡方程:
$$\sum F_x=0, \quad T-G\cos60°=0$$

故
$$T=G\cos60°=100\times0.5=50(\text{N})$$
$$\sum F_y=0, N-G\sin60°=0$$
$$N=G\sin60°=100\times\frac{\sqrt{3}}{2}=86.6(\text{N})$$

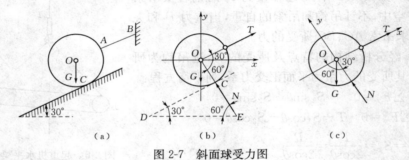

图 2-7 斜面球受力图

可见,若解题时将坐标轴选取在未知力垂直的方向,则列出的平衡方程式中该未知力将不出现,这样就能直接求出另一未知力。

【例 2-5】 如图 2-8 所示,物体重量 $W=20$ kN,利用绞车和绕过定滑轮 A 的绳子吊起,滑轮由两铰接的刚杆 AB 和 AC 支持。杆及滑轮重量均不计。分析 AB 和 AC 所受之力。

【分析】 (1)确定分析方法

在上述实际问题中,分析 AB 和 AC 受力,要确定整个物体受力的力系性质。在这个问题中,AB 和 AC 两杆及重物、绳子受力都交于点 A,属于平面汇交力系。因此我们可以用前面所讲相关平面汇交力系平衡的解析条件的知识进行分析解决。

(2)选择研究对象

杆 AB 和 AC 皆为二力杆,为求其受力可选取滑轮 A 为研究对象。

(3)分析滑轮 A 受力并画受力图

滑轮 A 受力包括:刚杆 AB 和 AC 的支撑力,重物 G 和绞车绳子的拉力。滑轮受两边绳子拉力 F 和 G 且 $F=G=20$ kN,杆 AB 和 AC 的反力 F_1、F_2 的方向都是沿各杆两端铰链中心的连线并假定这两个力都是压力,如图 2-8 所示,即假定两杆本身都受压。

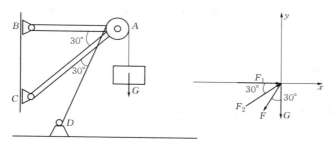

图 2-8　绞车受力图

(4)选取坐标轴,写出滑轮的平衡方程式并求解:

$$\sum F_x = 0 \quad F_1 + F_2\cos 30° - F\sin 30° = 0$$
$$\sum F_y = 0 \quad F_2\sin 30° - F\cos 30° - G = 0$$

解上述两式求得 $F_2 = 74.5$ kN, $F_1 = -54.5$ kN, F_1 为负值,这表明 F_1 的实际指向与原假定的指向相反,即杆 AB 实际上受拉力。

通过上述实例分析,可总结出求解平面汇交力系平衡问题的主要步骤及注意点:

(1)选取研究对象画受力图。一般情况下是以与待求量直接相关的物体为研究对象,但在解物系的平衡问题时,往往要选两个甚至更多的研究对象,使问题逐步解决,而第一个研究对象应取有已知力作用且未知力不超过两个的物体。

(2)选取坐标轴。最好有一坐标轴与一个未知力垂直。

(3)列平衡方程。要注意各力投影的正负号。

(4)求解未知量。计算结果中出现负号时,说明所设方向与实际受力方向相反。

知识拓展

物系的平衡问题,往往要选取两个甚至更多的研究对象,使问题解决。阅读相关问题的课外资料。

本章小结

通过本章学习,学生应能掌握平面汇交力系解题方法。

(1)选取研究对象画受力图。一般情况下是以与待求量直接相关的物体为研究对象。

(2)选取坐标轴。最好有一坐标轴与一个未知力垂直。

(3)列平衡方程。要注意各力投影的正负号。

(4)求解未知量。计算结果中出现负号时,说明所设方向与实际受力方向相反。

习题

1. 填空题

(1)平面汇交力系平衡的充分必要条件是该力系的＿＿＿＿＿＿＿。

(2)合力在某一轴上的投影等于各分力在同一轴上的投影的_____,这一定理称为_____。

(3)平面汇交力系的平衡方程为_____。

(4)各力的作用线在同一平面内称为_____。

(5)力作用线交于一点的称_____。

(6)平面汇交力系几何平衡条件是_____。

2. 简答题

(1)从图 2-9 中所示的平面汇交力系的力多边形中,判断哪个力系是平衡的,哪个力系有合力,并指出合力。

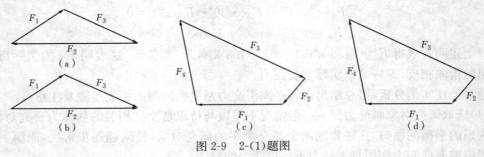

图 2-9　2-(1)题图

(2)如图 2-10 所示力 F 相对于两个不同的坐标系,试分析力 F 在此两个坐标系中的投影有何不同?分力有何不同?

(3)如图 2-11 所示,已知重为 P 的钢管被吊索 AC、AB 吊在空中,不计吊钩和吊索的自重,当重力 P 和夹角 θ 已知时,求吊索 AC、BC 所受的力。

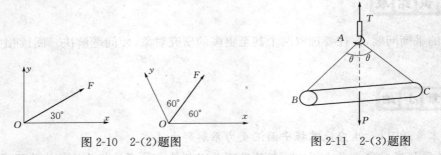

图 2-10　2-(2)题图　　　　图 2-11　2-(3)题图

(4)用解析法求平面汇交力系的合力时,若选取不同的直角坐标系,计算出的合力的大小有无变化?计算出的合力与坐标轴的夹角有无变化?

3. 计算题

(1)试写出图 2-12 中所示各力在 x 和 y 轴上投影的计算式。

(2)图 2-13 中 $F_1=10$ N,$F_2=6$ N,$F_3=8$ N,$F_4=12$ N,求该力系的合力。

(3)如图 2-14 所示,$F_1=10$ kN,如令 F_1、F_2 的合力沿 x 轴的方向,求 F_2 的大小是多少?

(4)AC、BC 二杆以铰链固定于墙上(图 2-15),已知 $G=10$ kN,作用于铰链 C 处,试求杆 AC、BC 的受力(杆自重不计)。

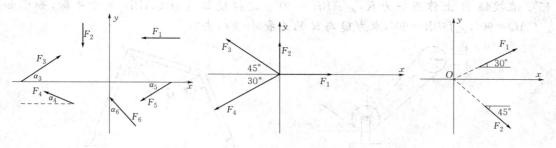

图 2-12　3-(1)题图　　　　　图 2-13　3-(2)题图　　　　　图 2-14　3-(3)题图

(5)三角架 BAC 上装一滑轮(轮重不计)重量 $G=20$ kN 的物体由跨过滑轮的绳子用铰车 D 吊起,A、B、C 都是铰链(图 2-16)。试求该物体匀速上升时 AB 和 AC 所受的力。

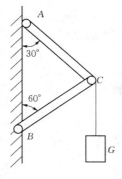

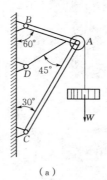

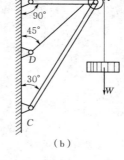

(a)　　　　　　　　　　　(b)

图 2-15　3-(4)题图　　　　　　　图 2-16　3-(5)题图

(6)将重 W 的球放在光滑的水平面上,球上系两绳 AB 及 AC,两绳都通过球心,并绕过滑轮 B 和 C,两端分别挂一重物 P 及 Q,并假设 $Q>P$(图 2-17)。试求平衡时绳 AC 与水平线成的角 α 及水平面上的压力 N。

(7)拔桩架如图 2-18 所示,在 D 点用力 F 向下拉,即有较 F 大若干倍的力将桩拔起。若 AB 及 BD 各为铅直及水平方向,BC 及 DE 各与铅直及水平方向成角 $\alpha=4°$,$F=40$ kN,试求桩上所受的力。

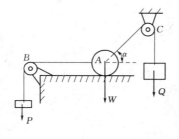

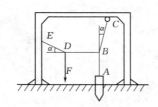

图 2-17　3-(6)题图　　　　　图 2-18　3-(7)题图

(8)货物 A 重 $G=1\,000$ N,以滑轮(滑轮尺寸略去不计)装置吊运如图 2-19 所示,试求在图示平衡位置时所需拉力 T 的大小和方向。

(9)铰链四连杆机构 $CABD$ 的 CD 边固定(图 2-20),在铰链 A 上作用一力 Q,$\angle BAQ=$

45°。在铰链 B 上作用一力 R，$\angle ABR = 30°$。这样使四边形 $CABD$ 处于平衡，如已知 $\angle CAQ = 90°$，$\angle DBR = 60°$，求力 Q 与 R 的关系，杆重略去不计。

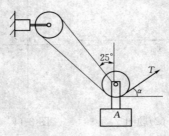

图 2-19 3-(8)题图

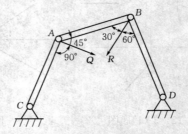

图 2-20 3-(9)题图

第三章 · 平面力偶系

在生产实践和日常生活中,经常遇到大小相等、方向相反、作用力不重合的两个平行力组成的力系,这种力系只能使物体产生转动效应而不能使物体产生移动效应,我们称为平面力偶系。力偶有哪些性质,平面力偶系怎样进行合成,有哪些平衡条件,掌握相关知识可以更好地帮我们解决一些实际生产和生活中遇到的问题。

相关应用

力对点之矩是很早以前人们在使用杠杆、滑车、绞盘等机械搬运或提升重物时所形成的概念。在电气化铁道尤其是高速铁路中力矩的应用也很广泛。如图 3-1 所示,高铁腕臂每一颗螺丝都有明确的规定,都要使用力矩扳手紧固。在哈大高速铁路中,腕臂支撑上的螺丝力矩要求,主 50 N·m,备 50 N·m。思考为什么要明确力矩的大小。

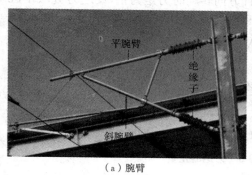

（a）腕臂

（b）力矩扳手

图 3-1　案例图

第一节　力　矩

力对物体的运动效应分为移动与转动两种。其中力的移动效应由力矢量的大小和方向来度量,而力的转动效应则由力对点之矩来度量。

一、力对点之矩

考虑扳手拧紧螺母的情况,如图 3-2 所示。当用扳手拧紧螺母时,力 F 对螺母的拧紧程

度不仅与力 F 的大小有关而且与螺母中心到力 F 作用线的垂直距离 d 有关。显然,力 F 的值越大,距离 d 越大,螺母拧得越紧。此外,如果力 F 的作用方向与图 3-2 所示相反,扳手将使螺母松开。因此在力学中以乘积 Fd 为度量力 F 使物体绕 O 点转动效应的物理量,这个量称为力 F 对 O 点之矩,简称力矩。

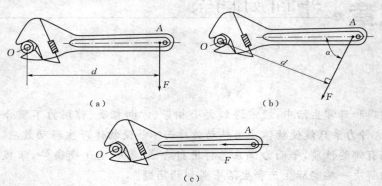

图 3-2   扳手拧螺母的受力分析

1. 力矩的概念

力使物体产生绕某一点的转动效应和量。力的大小与力臂的乘积,是度量力 F 使物体绕 O 点转动效果的物理量,称为力 F 对 O 点的矩,用 $M_O(F)$ 表示。

(1)将转动中心称为矩心。

(2)矩心到力作用线的垂直距离称为力臂,用符号 d 表示。

(3)通常规定:力使物体绕矩心逆时针方向转动时力矩为正,反之为负,如图 3-3 所示。

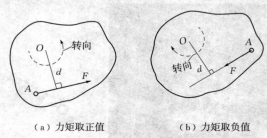

（a）力矩取正值   （b）力矩取负值

图 3-3   力矩的正负

力矩的表达式为

$$M_O(F)=\pm F \cdot d \tag{3-1}$$

力矩的国际单位是:牛·米(N·m)或千牛·米(kN·m)。

2. 力矩的特性

(1)力对已知点的矩不会由于力沿作用线移动而改变(这符合力的可传性原理)。

(2)力的作用线如通过矩心,则力矩为零。如果一个力的大小不为零,而它对某点的矩为零,则该力的作用线必过该点(矩心)。

(3)相互平衡的两力,对同一点的矩的代数和为零(符合二力平衡原理)。

【例 3-1】   如图 3-4 所示,已知皮带紧边的拉力 $F_{T1}=2\,000$ N,松边的拉力 $F_{T2}=1\,000$ N,轮子的直径 $D=500$ mm。试分别求皮带两边拉力对轮心 O 的矩。

【分析】 由于皮带拉力沿着轮缘的切线,所以轮的半径就是拉力对轮心 O 的力臂,即

$$d = D/2 = 250(\text{mm}) = 0.25(\text{m})$$

于是

$$M_O(F_{T1}) = F_{T1} \cdot d = 2\,000 \times 0.25 = 500(\text{N} \cdot \text{m})$$

$$M_O(F_{T2}) = -F_{T2} \cdot d = -1\,000 \times 0.25 = -250(\text{N} \cdot \text{m})$$

拉力 F_{T1} 使轮逆时针转动,故其力矩为正;F_{T2} 使轮顺时针转动,故其力矩为负。

【例 3-2】 设电线杆上端的两根钢丝绳的拉力为 $F_1 = 120$ N,$F_2 = 100$ N,如图 3-5 所示。试计算 F_1 与 F_2 对电线杆下端 O 点之矩。

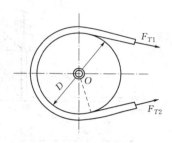

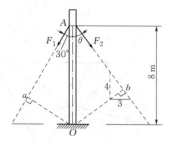

图 3-4 皮带受力图　　　　　图 3-5 拉线受力图

【分析】 从矩心 O 点向力 F_1 和 F_2 的作用线分别作垂线,得 F_1 的力臂 Oa 和 F_2 的力臂 Ob。可根据(特性 3)得出:

$$m_O(F_1) = F_1 \times Oa = F_1 \times OA\sin 30° = 120 \times 8 \times \frac{1}{2} = 480(\text{N} \cdot \text{m})$$

$$m_O(F_2) = -(F_2 \times Ob) = -(F_2 \times OA\sin\theta) = -\left(100 \times 8 \times \frac{3}{5}\right) = -480(\text{N} \cdot \text{m})$$

架空线路的电杆在架线以后,会发生受力不平衡现象,因此必须用拉线稳固电杆。此外,当电杆的埋设基础不牢固时,也常使用拉线来补偿;当负荷超过电杆的安全强度时,也常用拉线来减少其弯曲力矩。拉线与电杆的夹角一般为 45°。

拉线与电杆的夹角大小,直接影响着拉线受力的大小和拉线的长短,而拉线受力的大小又影响着拉线棒/拉线盘的大小。经过实验证明,当电杆与拉线的夹角为 45°时,拉线消耗的材料最少,称为经济夹角。

3. 合力矩定理

在力矩的计算中,有时力臂的计算较烦琐,所以常常利用分力对某点之矩和合力对该点之矩的关系来计算,这就是下面要讨论的合力矩定理。

平面汇交力系的合力对平面内任意一点之矩,等于所有各分力对同点之矩的代数和。即

$$M_O(F_R) = M_O(F_1) + M_O(F_2) + \cdots + M_O(F_n) = \sum M_O(F_i) \qquad (3\text{-}2)$$

证明:设平面汇交力系 $F_1, F_2, \cdots, F_n$ 的合力为 F_R,即

$$F_R = F_1 + F_2 + \cdots + F_n$$

如图 3-6 所示,用矢径 r 左乘上式两端(作矢积),有

$$r \times F_R = r \times (F_1 + F_2 + \cdots + F_n)$$

由于各力与矩心 O 共面,因此上式中各矢积相互平行,矢量和可按代数和进行计算,而

各矢量积的大小也就是力对点 O 之矩,故得

$$M_O(F_R)=M_O(F_1)+M_O(F_2)+\cdots+M_O(F_n)=\sum M_O(F_i)$$

定理得证。

必须指出,合力矩定理不仅对平面汇交力系成立,而且对于有合力的其他任何力系都成立。

【例 3-3】 如图 3-7 所示,在 ABO 折杆上 A 点作用一力 F,已知 $a=180$ mm,$b=400$ mm,$\alpha=60°$,$F=100$ N。求力 F 对 O 点之矩。

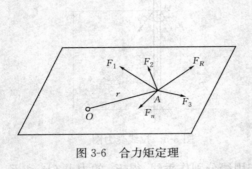

图 3-6 合力矩定理

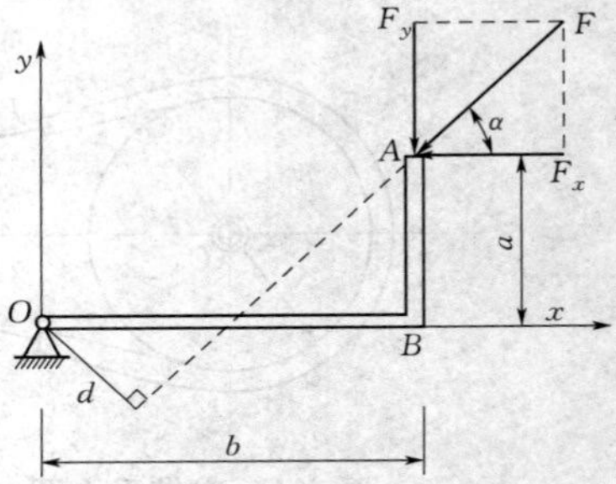

图 3-7 杠杆受力

【分析】 由力矩的定义式(3-1)可得

$$M_O(F)=-F \cdot d$$

因为力臂 d 值计算较繁,应用合力矩定理式(3-2),则可以较方便地计算出结果:

$$M_O(F)=M_O(F_x)+M_O(F_y)=F_x \cdot a-F_y \cdot b=F\cos60°\times a-F\sin60°\times b$$
$$=-F(b\sin60°-a\cos60°)=-100\times(0.4\times0.866-0.18\times0.5)=-25.6(\text{N}\cdot\text{m})$$

【例 3-4】 如图 3-8 所示圆柱齿轮,受到与它相啮合的另一齿轮的作用力 $F_n=980$ N,压力角 $\alpha=20°$,齿轮节圆直径 $D=0.16$ N,试求力 F_n 对齿轮轴心 O 之矩。

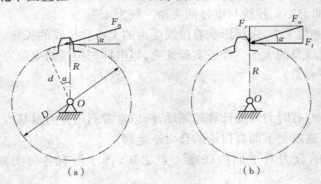

图 3-8 齿轮受力图

【分析】 (1)应用力矩公式计算。如图 3-7(a)所示,齿轮轴心 O 为矩心,力臂 $d=\dfrac{D}{2}\cos\alpha$,则力 F_n 对 O 点之矩为

$$M_O(F_n)=F_n \cdot d=F_n\times\frac{D}{2}\times\cos\alpha=980 \text{ N}\times0.08 \text{ m}\times\cos20°=73.7(\text{N}\cdot\text{m})$$

(2)应用合力矩定理计算。

如图 3-7(b)所示将力 F_n 分解为圆周力 F_t 和径向力 F_r,即

$$F_t = F_n \cdot \cos\alpha$$
$$F_r = F_n \cdot \sin\alpha$$

由合力矩定理可得

$$M_O(F_n) = M_O(F_t) + M_O(F_r)$$

因为径向力 F_r 通过矩心 O,故 $M_O(F_y) = 0$,于是

$$M_O(F_n) = M_O(F_t) = F_t \frac{D}{2} = F_n \times \cos\alpha \times \frac{D}{2} = 73.7(\text{N} \cdot \text{m})$$

第二节　力偶及其性质

一、力偶的概念

在日常生活和工程中,经常会遇到物体受大小相等、方向相反、作用线平行的两个力作用的情形。例如,汽车的方向盘,钳工用丝锥攻丝螺纹,拧水龙头等,如图 3-9 所示。

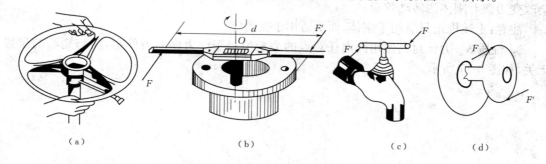

(a)　　　　　　　　(b)　　　　　　　　(c)　　　(d)

图 3-9　力偶示例

1. 把大小相等、方向相反,不共线的两个平行力组成的力系,称为力偶,用 (F, F') 表示。力偶中两力作用线间的垂直距离 d 称为力偶臂。力偶中两个力所在的平面称为力偶作用面。

2. 实践证明,力偶只对物体产生纯转动效应,因此,只改变物体的转动状态。

二、力偶矩

力偶对刚体的作用效应,用力偶中的一力的大小 F 与力偶臂 d 的乘积 $F \cdot d$ 来度量,称为力偶矩,记作 $M(F, F')$,简记为 M,即

$$M(F, F') = \pm F \cdot d$$

或　　　　　　　　$M = \pm F \cdot d$ 　　　　　　(3-3)

力偶矩的正负号规定:逆时针方向转动为正,顺时针方向转动为负,如图 3-10 所示。

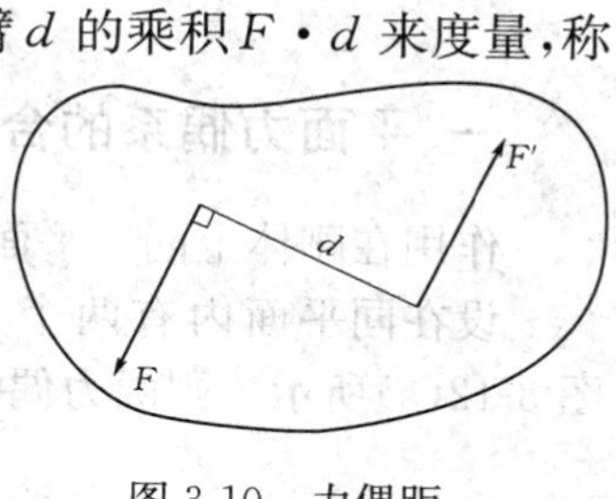

力偶矩的单位与力矩的单位相同,为 N·m 或 kN·m。

图 3-10　力偶距

三、力偶的三要素

力偶对刚体的转动效应与力偶矩的**大小、力偶的转向**和**力偶的作用平面**有关，这三者称为力偶的三要素。

三要素中的任何一个发生了改变，力偶对刚体的转动效应就会改变。若两个力偶的三要素相同，则这两个力偶彼此等效。

四、力偶的性质

1. 性质 1 力偶在任何坐标轴上的投影为零。

它表明不能将力偶简化为一个力，或者说力偶没有合力。即力偶不能与一个力等效，也不能用一个力来平衡。力偶只能与力偶等效。也只能与力偶相平衡。故力偶对刚体只有转动效应，而无移动效应。

2. 性质 2 力偶对刚体的作用效应取决于力偶的三要素，而与作用位置无关。

（1）**推论 1** 力偶可以在作用面及平行于作用面的平面内任意搬移，而不会改变对刚体的转动效应。

（2）**推论 2** 只要保持力偶矩不变，可以任意改变力的大小和方向及力偶臂的长短，而不会改变力偶对刚体的转动效应。

注意：上述推论只适用于刚体，而不适用于变形体。

3. 性质 3 力偶对其作用面内任意点的力矩恒等于此力偶的力偶矩，而与矩心的位置无关，如图 3-11 所示。

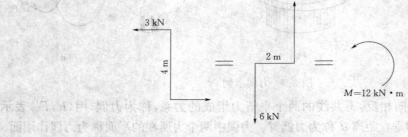

图 3-11 等效力偶

第三节 平面力偶系的合成与平衡

一、平面力偶系的合成

作用在刚体上同一平面内的若干个力偶所组成的系统，称为平面力偶系。

设在同平面内有两个力偶 (F_1, F_1') 和 (F_2, F_2')，它们的力偶臂分别为 d_1 和 d_2，如图 3-12(a)所示。则两力偶的力偶矩分别为

$$M_1 = +F_1 \cdot d_1, M_2 = -F_2 \cdot d_2 \tag{3-4}$$

分别将作用在 A 点的两个力和 B 点的两个力合成（设 $F_3 > F_4$），可得

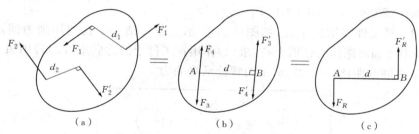

图 3-12 平面力偶系

$$F_R = F_3 - F_4$$
$$F'_R = F'_3 - F'_4$$

F_R 与 F'_R 为一对等值、反向、不共线的平行力，它们组成的力偶就是原来两个力偶的合力偶，其合力偶矩为

$$M = F_R \cdot d = (F_3 - F_4) \cdot d = F_3 d - F_4 d = M_1 + M_2$$

合力偶矩为

$$M = M_1 + M_2 + \cdots + M_n = \sum M_i \tag{3-5}$$

即平面力偶系合成的结果为一个合力偶，合力偶矩等于力偶系中各力偶矩的代数和。

二、平面力偶系的平衡

平面力偶系平衡的充分与必要条件是所有各分力偶矩的代数和等于零。即

$$\sum M_i = 0 \tag{3-6}$$

这就是平面力偶系的平衡方程，应用该方程可以求解一个未知量。

【例 3-5】 多头钻床在水平工件上钻孔，如图 3-13 所示。设每个钻头作用于工件上的切削力在水平面上构成一个力偶。$M_1 = M_2 = 13.5\ \text{N} \cdot \text{m}$，$M_3 = 17\ \text{N} \cdot \text{m}$。求工件受到的合力偶矩。如果工件在 A、B 两处用螺栓固定，A 和 B 之间的距离 $l = 0.2\ \text{m}$，试求两螺栓在工件平面内所受的力。

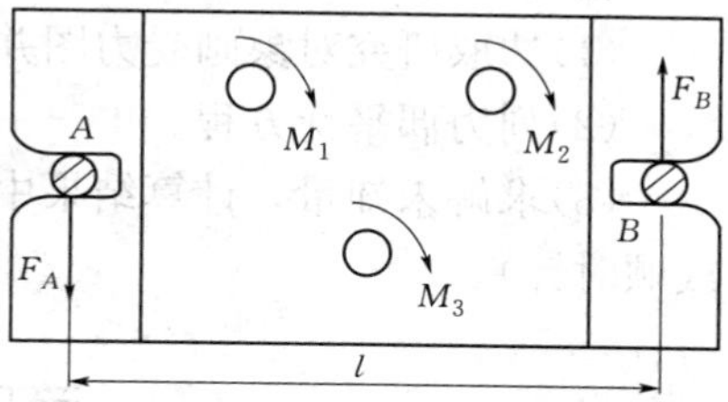

【分析】 （1）求三个主动力偶的合力偶矩

$$M = \sum M_i = -M_1 - M_2 - M_3$$
$$= -13.5 - 13.5 - 17 = -44(\text{N} \cdot \text{m})$$

负号表示合力偶矩为顺时针方向。

（2）求两个螺栓所受的力

选工件为研究对象，工件受三个主动力偶作用和两个螺栓的反力作用而平衡，故两个螺栓的反力作用而平衡，故两个螺栓的反力 F_A 与 F_B 必然组成为一力偶，设它们的方向如图 3-12 所示，由平面力偶系的平衡条件，有

图 3-13 工件受力图

$$\sum M_i = 0$$
$$F_A l - M_1 - M_2 - M_3 = 0$$

解得

$$F_A = \frac{M_1 + M_2 + M_3}{l} = 220(\text{N})$$

$F_A = F_B = 220$ N,方向如图 3-13 所示。

【例 3-6】 某工件要钻四个孔,如图 3-14 所示。若每钻一个孔的切削力偶矩为 $M_1 = 15$ N·m,今用多轴转床同时钻四个孔,求(1)作用在工件上的力偶矩;(2)若用 A、B 两螺栓固定,A 与 B 之间的距离 $l = 0.2$ m,求两螺栓承受的力。

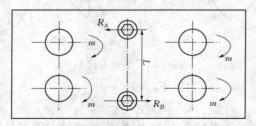

图 3-14 多个力偶作用于物体

【分析】 (1)确定分析方法

用多轴钻床同时钻 4 个孔时,作用于工件上的 4 个切削力偶为一平面力偶系。可用平面力偶的合成来解决,两螺栓受力可用力偶系的平衡条件来求得。

(2)具体解决过程

①作用在工件上的力偶为

$$M = \sum M_1 = 4 \times (-15) = -60(N \cdot m)$$

式中负号说明总切削力偶为顺时针转向。

②螺栓给工件的约束反力必定构成一力偶,且与切削合力偶的转向相反,由

$$R_A \times 0.2 - 4 \times 15 = 0$$

$$\sum M = 0$$

$$R_A = R_B = \frac{60}{0.2} = 300(N)$$

综上所述利用力偶系平衡的条件解决实际问题的方法:

(1)选取研究对象画受力图并找出力偶。

(2)列力偶平衡方程。

(3)求解未知量。计算结果中出现负号时,说明所设方向与实际受力方向相反(逆时针或顺时针)。

第四节 力的平移定理

我们知道,力沿其作用线任意移动时,不会改变它对物体的作用效果。如果将力平行其作用线搬移到另一位置,它对物体的作用效果将会改变。如何才能使力平移后对物体的作用不变? 这就是本节要研究的问题。

定理:作用在刚体上某点的力 F,可平移到刚体内的任意一指定点,但必须同时附加一个力偶,其附加力偶矩等于原力对指定点之矩。

证明:设力 F 作用于刚体上的 A 点,如图 3-15(a)所示。在刚体上任一点 O 加上一对与原力 F 平行的平衡力 F'、F''并且使 $F' = F'' = F$,如图 3-15(b)所示。

显然，力系(F,F',F'')与原力F等效，但力系(F,F',F'')可以看作是作用在O点的一个力F'和一个力偶(F,F'')，其力偶矩为M，如图3-15(c)所示。这就是说，若要把作用在A点的力F平移到O点而保持对物体的作用效果不变，就必须附加一个力偶，因附加力偶的力偶矩

$$M=F \cdot d = M_B(F) \tag{3-7}$$

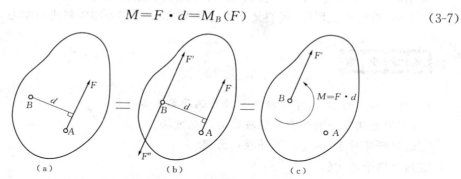

图3-15　力的平移定理

证毕。

力的平移定理，可以看成为一个力分解为一个与其等值的平行力和一个位于平移平面内的力偶。同样，利用力的平移定理也可将一个力偶和一个位于该力偶作用面内的力，合成为一个该作用面内的合力。合力与原力矢量相等，其作用线平移的距离为

$$d=\left|\frac{M}{F}\right| \tag{3-8}$$

合力的作用线在原力作用线的哪一侧应根据力偶的转向确定。

例如，用扳手和丝锥攻螺纹时，如果只在扳手的一端加力F，如图3-16(a)所示，由力的平移定理可知，力F'却使丝锥弯曲，从而影响攻丝精度，甚至使丝锥折断，因此这样操作是不允许的。

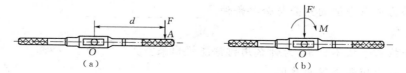

图3-16　攻螺纹受力

再例如打乒乓球，如图3-17所示。一个力F作用线通过球的中心，根据力的平移定理，可以分解为，一个力F_1作用在A点同时附加一个力偶M，则球在空中一方面移动，一方面绕中心转动。

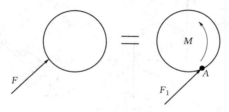

图3-17　等效力偶

知识拓展

　　同学们已经学习完平面力偶系了,对于平面力偶系已经有了足够的认识,平面力偶系只适用于刚体,但对于变形体,我们又该如何解决呢,同学们查阅资料进行学习,充实自己。

📋 本章小结

　　(1)通过本章的学习,学生应能掌握力偶及其基本性质。

　　(2)利用力偶系平衡的条件解决实际问题方法。

　　①选取研究对象,画受力图并找出力偶。

　　②列力偶平衡方程。

　　③求解未知量。计算结果中出现负号时,说明所设方向与实际受力方向相反(逆时针或顺时针)。

习 题

1. 填空题

　　(1)矩心到作用线的_____称为力臂。

　　(2)力使物体绕矩心逆时针转动时,力矩取_____值;反之为_____。

　　(3)由两个_____、_____的平行力组成的力系,称为_____。

　　(4)由力偶的性质可知,力偶作用在物体上的作用效果取决于力偶矩的_____、_____、_____,称为力偶三要素。

　　(5)平面力偶系平衡的充分与必要条件是_____。

2. 简答题

　　(1)用手拔钉子拔不出来,为什么用钉锤能拔出来?

　　(2)试比较力矩和力偶的异同。

　　(3)试用力的平移定理说明用一只手扳丝锥攻螺纹所产生的后果。

　　(4)图3-18中为圆轮分别受力的两种情况,试分析对圆轮的作用效果是否相同?为什么?

　　(5)如图3-19所示,能否将作用于AB杆上的力偶搬移至BC杆上?为什么?

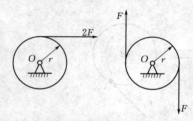　　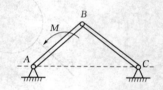

图3-18　2-(4)题图　　　　　　图3-19　2-(5)题图

(6)求图 3-20 所示各杆件的作用力对杆端 O 的力矩。

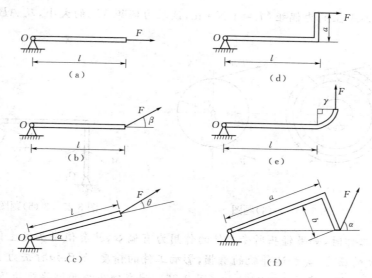

图 3-20　2-(6)题图

3. 计算题

(1)若 F_1 和 F_2 的合力 R 对 A 点的力矩为 $M_a(R)=60\ \text{N}\cdot\text{m}$，$P_1=10\ \text{N}$，$P_2=40\ \text{N}$，杆 AB 长 2 m(图 3-21)，求 P_2 力和杆 AB 间的夹角 α。

(2)构件的载荷及支承情况如图 3-22 所示，$l=4\ \text{m}$，求支座 A、B 的约束反力。

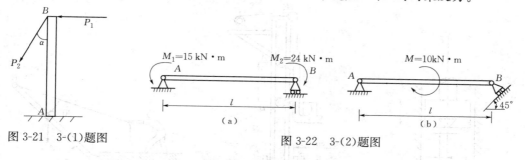

图 3-21　3-(1)题图

图 3-22　3-(2)题图

(3)已知梁 AB 上作用有一力偶 M，其力偶矩为 m，梁长为 l(图 3-23)，求下列两种情况下支座 A、B 处的约束反力。

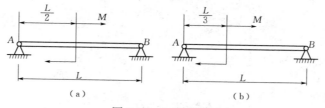

图 3-23　3-(3)题图

(4)求图 3-24 所示齿轮和皮带上各力对点 O 之矩。已知：$F=1\ \text{kN}$，$\alpha=20°$，$D=160\ \text{mm}$，$F_{T1}=200\ \text{N}$，$F_{T2}=100\ \text{N}$。

(5)铰接四连杆机构 O_2ABO_1，在图 3-25 所示位置平衡，已知 $O_2A=40$ cm，$O_1B=60$ cm，作用在 O_2A 上的力偶矩 $M_1=1$ N·m，试求力偶矩 M_2 的大小，及 AB 杆所受力 $\vec{F}$，各杆重量不计。

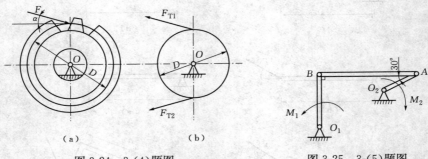

图 3-24　3-(4)题图　　　　　　　图 3-25　3-(5)题图

(6)锻锤在工作时，如果锤头所受工件的作用力有偏心，就会使锤头发生偏斜，这样在导轨上将产生很大的压力，会加速导轨的磨损，影响工件的精度，如已知打击力 $P=1\,000$ kN，偏心矩 $e=20$ mm，锤头高度 $h=200$ mm（图 3-26），试求锤头给两侧导轨的压力。

(7)卷扬机结构如图 3-27 所示，重物放在小台车 C 上，小台车装有 A、B 轮，可沿垂直导轨 ED 上下运动，已知重物 $Q=2\,000$ N，试求导轨加给 A、B 两轮的约束反力。

(8)一均质杆重 1 kN，将其竖起如图 3-28 所示。在图 3-28 所示位置平衡时，求绳子的拉力和 A 处的支座反力。

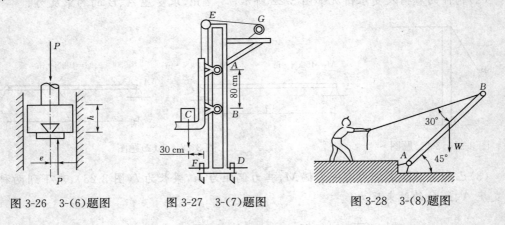

图 3-26　3-(6)题图　　　图 3-27　3-(7)题图　　　图 3-28　3-(8)题图

第四章 • 平面任意力系

平面任意力系是工程实践中最常见的一种力系,分析和解决平面任意力系问题的方法具有普遍性,因而研究平面任意力系具有重要意义。

相关应用

图 4-1 所示为腕臂整体实物图,各力的作用线在同一平面内,是一组既不全部汇交于一点,也不全部平行。这种力系称为平面任意力系,在电气化铁道中普遍存在。平面任意力系是工程实践中最常见的一种力系,分析和解决平面任意力系问题的方法是具有普遍性的,试以腕臂为例,思考平面任意力系的平衡问题。

（a）腕臂整体

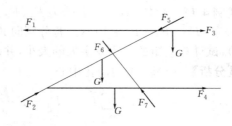

（b）腕臂整体受力分析

图 4-1　腕臂整体受力分析

第一节　平面力系的简化

一、平面力系向一点的简化

刚体上作用着平面任意力系($F_1, F_2, \cdots, F_n$)如图 4-2（a）所示,在力系所在平面上任取一点 O,称该点为简化中心,根据力的平移定理,把力系中的各力都平移到 O 点。于是得到汇交于 O 点的平面汇交力系($F_1', F_2', \cdots, F_n'$)和与各力相对应的附加力偶(其力偶矩分别为($M_1, M_2, \cdots, M_n$),所组成的平面力偶系如图 4-2（b）所示。

对于平面汇交力系 $F_1', F_2', \cdots, F_n'$,可以进一步合成为一个 F_R',其作用线点也通过简化中心 O 点,称它为平面任意力系的主矢,如图 4-2（c）所示。

简化中心——力系所在平面内任取一点 O。

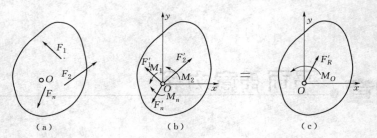

图 4-2 平面力系化简

主矢——合矢量 F'_R，体现原力系对刚体的移动效应。

$$F'_R = F'_1 + F'_2 + \cdots + F'_n = \sum F'_i$$

$$F'_R = F_1 + F_2 + \cdots + F_n = \sum F_i \tag{4-1}$$

主矩——附加力偶矩等于原力对简化中心 O 点之矩的代数和，体现原力系对刚体绕简化中心的转动效应。

$$M_O = M_O(F_1) + M_O(F_2) + \cdots + M_O(F_n) = \sum M_O(F_i) \tag{4-2}$$

综上所述可知，平面力系向一点（简化中心）简化的一般结果是一个力和一个力偶：这个力作用于简化中心，称为原力系的主矢，它等于原力系中所有各力的矢量和；这个力偶的矩称为原力系对简化中心的主矩，它等于原力系中所有各力对于简化中心力矩的代数和。力系的主矢与简化中心的位置无关。主矩一般随简化中心的位置不同而改变。

【例 4-1】　物体 $ABCD$ 上受力 F_1、F_2、F_3、F_4、F_5 五个力作用，如图 4-3（a）所示，已知 $F_1 = F_2 = F_3 = F_4 = F_5 = 10$ N。若分别向 A 点和 D 点简化（即分别以 A 点和 D 点为简化中心），试计算主矩的大小及主矢的大小，并确定主矢的方向。

【分析】　（1）以 A 为简化中心

$$\sum_{i=1}^{5} F_{ix} = F_1 - F_2 - F_5 \cos 45° = -5\sqrt{2} \ (\text{N})$$

$$\sum_{i=1}^{5} F_{iy} = F_3 - F_4 - F_5 \sin 45° = -5\sqrt{2} \ (\text{N})$$

主矢的大小　　　$F'_{RA} = \sqrt{\left(-5\sqrt{2}\right)^2 + \left(-5\sqrt{2}\right)^2} = 10 (\text{N})$

主矢与 X 轴的夹角　　　$\theta_A = \cot \left| \dfrac{-5\sqrt{2}}{-5\sqrt{2}} \right| = 45°$

主矩　　　$M_A = \sum_{i=1}^{5} M_A(F_i) = 0.4F_2 - 0.4F_4 = 0$

因主矩 $M_A = 0$，故向 A 点简化后只有主矢 F'_{RA}，因 $\sum_{i=1}^{5} F_{ix}$ 和 $\sum_{i=1}^{5} F_{iy}$ 均为负，故 F'_{RA} 指向左下方如图 4-3（b）所示，显然，这时的 F'_{RA} 就是力系的合力。

（2）以 D 为简化中心

$$\sum_{i=1}^{5} F_{ix} = F_1 - F_2 - F_5 \cos 45° = -5\sqrt{2} (\text{N})$$

$$\sum_{i=1}^{5} F_{iy} = F_3 - F_4 - F_5 \sin 45° = -5\sqrt{2} (\text{N})$$

主矢的大小 $\qquad F'_{RD}=\sqrt{(-5\sqrt{2})^2+(-5\sqrt{2})^2}=10(\mathrm{N})$

主矢与 x 轴的夹角 $\qquad \theta_A=\cot\left|\dfrac{-5\sqrt{2}}{-5\sqrt{2}}\right|=45°$

主矩 $\quad M_D=\displaystyle\sum_{i=1}^{5}M_D(F_i)=0.4F_2-0.4F_3+0.4F_5\sin45°=2\sqrt{2}(\mathrm{N\cdot m})$

向 D 化简后,主矢为 F'_{RD},主矩为 M_D 如图 4-3(c)所示,因 $F'_{RD}\neq0$,故 F'_{RD} 不是力系的合力。

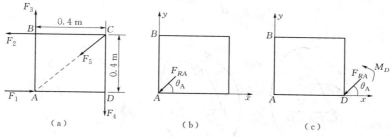

图 4-3 物体受力图

由上例可以看出,简化中心位置改变时,主矢的大小和方向都不变(只是作用点不同),而主矩的大小改变了。

二、固定端约束

物体的一部分固定嵌于另一物体所构成的约束,称为固定端约束。这种约束不仅限制物体在约束处沿任何方向的移动,也限制物体在约束处的转动。如建筑物中的阳台、跳水比赛中的跳板等都是受固定约束的实例。固定端约束的力学模型如图 4-4(a)所示。

梁在主动力 F 的作用下,其插入部分受到墙的约束,梁上每个与墙接触的点所受的约束反力的大小和方向都不一样,这样杂乱分布的约束反力组成了一个平面任意系。把这个力系向 A 点简化,可得到一个作用在梁 A 点的约束反力和一个力偶 M_A 的约束反力偶如图 4-4(b)所示,约束反力一般用两个正交分力 F_{Ax} 和 F_{Ay} 来代替如图 4-4(c)所示。约束反力 F_{Ax},F_{Ay} 限制梁的移动,约束反力偶 M_A 则限制梁绕 A 点转动。

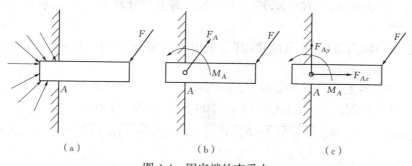

图 4-4 固定端约束受力

三、平面力系简化的最后结果

1. 若主矢 $F'_R\neq0$,则不论主矩 M_O 是否等于零,原力系简化的最后结果为一个力,此力称为平面力系的合力。这时又可分为两种情况：

（1）当 $M_O=0$ 时，则作用于简化中心的力 F'_R 就是原力系的合力 F_R。此时简化中心 O 恰好选在了平面力系合力的作用线上。

（2）当 $M_O\neq0$ 时，原力系简化为作用线通过简化中心的一个力 F'_R 和一个矩为 M_O 的力偶，如图 4-5（a）所示，根据力的平移定理的逆定理，可以把此力与力偶进一步合成为一合力 F_R。合力 F_R 作用线与简化中心 O 的垂直距离为

$$d=\frac{|M_O|}{F'_R} \tag{4-3}$$

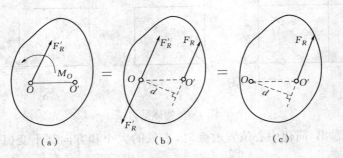

图 4-5　平面力系化简最后结果

合力 F_R 的作用线在简化中心 O 的哪一侧，应根据主矩 M_O 的转向决定，合力 F_R 对简化中心之矩与主矩的转向应一致。

2. 若主矢 $F'_R=0$，主矩 $M_O\neq0$，则原力系简化的最后结果为一个力偶，此力偶称为平面力系的合力偶，其力偶矩等于主矩，即 $M=M_O=\sum M_O(F_i)$。

此时主矩与简化中心的位置无关，是一常量，亦即原力系向任意点简化的结果都是其矩为 M_o 的力偶，这也反映了力偶可在作用面内任意移转这一特性。

3. 若主矢 $F'_R=0$，主矩 $M_O=0$，这说明原力系合成为零力系，则原力系平衡，这种情况将在下一章重点讨论。

【例 4-2】　铆接薄钢板的铆钉 A、B、C 上分别受到力 F_1、F_2、F_3 的作用，如图 4-6 所示。已知 $F_1=200$ N，$F_2=150$ N，$F_3=100$ N。图上尺寸单位为 m。求这三个力的合成结果。

【分析】　（1）将力系向 A 点简化，其主矢为 F'_R，主矩为 M_A 主矢 F'_R 在 x、y 轴上的投影为

$$F'_{Rx}=\sum F_x=F_1\cos60°-F_2=200\text{ N}\times\cos60°-150\text{ N}=-50\text{ N}$$

$$F'_{Ry}=\sum F_y=F_1\sin60°-F_3=200\text{ N}\times\sin60°-100\text{ N}=73.21\text{ N}$$

主矢大小：　　$F'_R=\sqrt{(F'_{Rx})^2+(F'_{Ry})^2}=\sqrt{(-50)^2+(73.21)^2}=88.65(\text{N})$

主矢方向：　　$\tan\alpha=\left|\dfrac{F'_{Ry}}{F'_{Rx}}\right|=\left|\dfrac{73.21}{-50}\right|=1.464$　　　$\alpha=55.66°$

主矩：　　　　$M_A=\sum M_A(F)=0.3F_2-0.2F_3=25(\text{N}\cdot\text{m})$

（2）因为 $F'_R\neq0$，$M_A\neq0$，所以原力系还可以进一步简化为一个合力 F_R，其大小与方向和主矢 F'_R 相同，即 $F'_R=F_R$。

合力的作用线位置到 A 点的垂直距离为

$$d_A = \frac{|M_A|}{F_R'} = \frac{25\ \text{N} \cdot \text{m}}{88.65\ \text{N}} = 0.282\ \text{m}$$

因为 M_A 为逆时针，故最终合力的作用线在 A 点的右边，如图 4-6(d)所示。

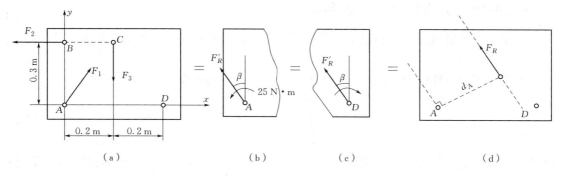

图 4-6　铆钉受力图

【例 4-3】　胶带运输机传动滚筒的半径 $R = 0.325$ m，由驱动装置传来的力偶矩 $M = 4.65$ kN·m，紧边皮带张力 $F_{T1} = 19$ kN，松边皮带张力 $F_{T2} = 4.7$ kN，皮带包角为 210°，坐标位置如图 4-7(a)所示，试将此力系向点 O 简化。

【分析】　将力系向 O 点简化

(1)求主矢　主矢 F_R' 在 x、y 轴上的投影为

$$F_{Rx}' = \sum F_x = F_{T1} + F_{T2} \times \cos 30° = 19\ \text{kN} + 4.7\ \text{kN} \times \cos 30° = 23.07\ \text{kN}$$

$$F_{Ry}' = \sum F_y = F_{T2} \cdot \sin 30° = 4.7\ \text{kN} \times \sin 30° = 2.35\ \text{kN}$$

主矢大小：　$F_R' = \sqrt{(\sum F_x)^2 + (\sum F_y)^2} = \sqrt{(23.07\ \text{kN})^2 + (2.35\ \text{kN})^2} = 23.1\ \text{kN}$

主矢方向：　$\tan\alpha = \left| \dfrac{\sum F_y}{\sum F_x} \right| = \left| \dfrac{2.35}{23.07} \right| = 0.102 \qquad \alpha = 5°49'$

(2)求主矩

$$M_O = \sum M_O(F) = M - F_{T1} \cdot R + F_{T2} \cdot R$$
$$= 4.65\ \text{kN} \cdot \text{m} - 19\ \text{kN} \times 0.325\ \text{m} + 4.7\ \text{kN} \times 0.325\ \text{m} = 0$$

由于主矩为零，故力系的合力 F_R 即等于主矢，且合力的作用线通过简化中心 O，如图 4-7(b)所示。

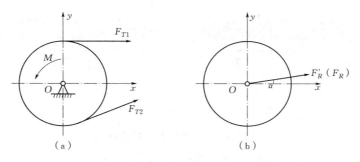

图 4-7　传动滚筒受力

第二节　平面力系的平衡方程及其应用

一、平面力系的平衡条件与平衡方程

平面力系平衡的充分与必要条件是力系的主矢和力系对任意点的主矩都等于零。即

$$F'_R = 0, M_O = 0 \tag{4-4}$$

上面的平衡条件可用下面的解析式表示为平面力系的平衡方程(基本形式)

$$\left.\begin{array}{l} \sum F_{ix} = 0 \\ \sum F_{iy} = 0 \\ \sum M_O(F_i) = 0 \end{array}\right\} \tag{4-5}$$

前两式表示力系中各力在作用面内任选的两个不相平行的坐标轴上投影的代数和等于零,称为投影式;第三式表示力系中各力对其作用面内任意点之矩的代数和等于零,称为力矩式。前者说明力系对刚体无任何方向的移动效应,后者说明力系使刚体无绕任一点的转动效应。

二、平面力系平衡方程的应用

【例 4-4】　简易起重机的水平梁 AB, A 端以铰链固定, B 端用拉杆 BC 拉住,如图 4-8(a) 所示。水平梁 AB 自重 $G = 4$ kN,载荷 $F_P = 10$ kN,尺寸单位为 m, BC 杆自重不计,求拉杆 BC 所受的拉力和铰链 A 的约束反力。

【分析】　(1)选取梁 AB(包括重物)为研究对象,画其受力图。梁 AB 除受到主动力 G、 F_P 作用外,还有未知约束反力,包括拉杆的拉力 F_T 和铰链 A 的约束反力 F_{Ax}、F_{Ay}。因杆 BC 为二力杆,故拉力 F_T 沿 BC 中心线方向。这些力的作用线可近似认为分布在同一平面内,如图 4-8(b)所示。

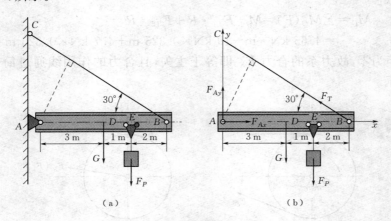

图 4-8　起重机水平梁受力

(2)选取坐标系 Axy,矩心为 A 点,如图 4-7(b)所示。

(3)各个力向 x, y 轴投影,并对 A 点取力矩建立平衡方程:

$$\sum F_{ix}=0 \qquad F_{Ax}-F_T\cos30°=0 \qquad ①$$
$$\sum F_{iy}=0 \qquad F_{Ay}+F_T\sin30°-G-F_P=0 \qquad ②$$
$$\sum M_A(F_i)=0 \qquad F_T \cdot AB \cdot \sin30°-G \cdot AD-F_P \cdot AE=0 \qquad ③$$

将已知量代入③式得 $\qquad\qquad F_T=17.3\ \text{kN}$

将 F_T 代入①、②式得

$$F_{Ax}=15.0\ \text{kN}$$
$$F_{Ay}=5.34\ \text{kN}$$

计算结果 F_{Ax}、F_{Ay} 和 F_T 皆为正值,表明这些力的实际指向与图示假设的指向相同。

讨论:计算结果正确与否,可任意列一个上边未用过的平衡方程进行校核。

例如:选取 D 点为矩心,因

$$\sum M_D(F)=-F_{Ay}AD-F_P DE+F_T\sin30°DB$$
$$=-5.34\ \text{kN}\times3\ \text{m}-10\ \text{kN}\times1\ \text{m}+17.3\ \text{kN}\times0.5\times3\ \text{m}=0$$

故原计算结果正确。

【例 4-5】 起重机重 $W=10\ \text{kN}$,可绕铅垂轴 AB 转动。起重机的挂钩上挂一重为 $F_P=40\ \text{kN}$ 的重物。起重机的重心 C 到转动轴的距离为 $1.5\ \text{m}$,其他尺寸(均以 m 计)如图 4-9(a)所示。求在轴 A 和轴 B 处的约束反力。

【分析】 (1)以起重机为研究对象,画出受力图。起重机上作用有主动力 W 和 F_P;轴 A 处有轴向反力 F_{Ay} 和径向反力 F_{Ax};轴 B 处只有一个垂直于转轴的径向反力 F_B,其指向假设向右,如图 4-9(b)所示。

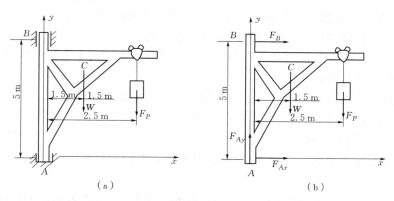

图 4-9　起重机轴承受力分析

(2)选取坐标系 Axy,如图 4-8(b)所示,列平衡方程并求解:

$$\sum F_{ix}=0 \qquad F_{Ax}+F_B=0$$
$$\sum F_{iy}=0 \qquad F_{Ax}-F_P-W=0$$
$$\sum M_A(F_i)=0 \qquad -F_B\times5\ \text{m}-F_P\times1.5\ \text{m}-W\times3.5\ \text{m}=0$$

解得: $\qquad\qquad F_B=-31\ \text{kN}$

$$F_{Ax}=-F_B=31\ \text{kN}$$
$$F_{Ay}=50\ \text{kN}$$

F_B 为负值,说明它的方向与受力图中假设的方向相反,即正确的指向应向左。

平面任意力系的平衡方程还有下列两种形式：

$$\sum M_A(F_i)=0$$

(1)二矩式： $$\sum M_B(F_i)=0 \qquad (4\text{-}6)$$

$$\sum F_{ix}=0$$

其中，投影轴 x 不能与矩心 A、B 两点的连线相垂直。

这是因为平面任意力系满足 $\sum M_A(F_i)=0$，则表明该力系不可能简化为一力偶，只可能是作用线通过 A 点的一合力或平衡。若力系又满足 $\sum M_B(F_i)=0$，同理可以断定，该力系简化结果只可能为一作用线通过 A、B 两点的一个合力，如图 4-10 所示或平衡。如果力系又满足 $\sum F_{iy}=0$，而投影轴 x 不垂直于 AB 连线，显然力系不可能有合力，因此，力系必为平衡力系。

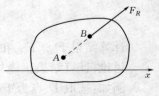

图 4-10　受力示意图

$$\sum M_A(F_i)=0$$

(2)三矩式： $$\sum M_B(F_i)=0 \qquad (4\text{-}7)$$

$$\sum M_C(F_i)=0$$

其中，矩心 A、B、C 三点不能在一直线上。

以上讨论了平面力系的三种不同形式的平衡方程，在解决实际问题时，可根据具体条件选择其中某一种形式。原则是应当尽量避免解联立方程，在此必须强调指出，无论采用何种形式的平衡方程，都只能写出三个独立的方程，可求解三个未知量。任何第四个方程只是前三个的线性组合，因而都不是独立的，我们可以利用这个方程来校核计算的结果。

应用平衡方程求解物体在平面力系作用下平衡问题的步骤：

(1)确定研究对象，画其受力图，判断平面力系的类型。

注意：一般应选取有已知力和未知力同时作用的物体为考虑平衡问题的研究对象。

(2)选取坐标轴和矩心。

由于坐标轴和矩心的选择是任意的，在选择时应遵循以下原则：

①坐标轴应与尽可能多的未知力垂直（或平行）。

②矩心应选在较多未知力的汇交点处。

(3)将各个力向两坐标轴投影，对矩心取力矩建立平衡方程求解。

(4)校核。

可选取一个不独立的平衡方程，对某一个解答作重复运算，以校核解的正确性。

第三节　平面特殊力系的平衡方程

一、平面汇交力系

显然，平面汇交力系平衡时如图 4-11 所示，亦应满足平面力系的平衡方程式。其 $M_O=\sum M_O(F_i)=0$ 是恒等式，因此，平面汇交力系独立的平衡方程为两个投影方程。即

$$\begin{cases} \sum F_x=0 \\ \sum F_y=0 \end{cases} \qquad (4\text{-}8)$$

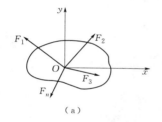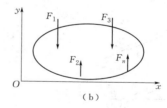

（a）　　　　　　　　　　　　　　（b）

图 4-11　平面汇交力系的平衡

二、平面平行力系

若取 x 轴与各力的作用线垂直。则不论平行力系是否平衡，各力在 x 轴上的投影均为零。即 $\sum F_{ix}=0$ 是恒等式。因此平面平行力系独立的平衡方程为

$$\sum F_{iy}=0$$
$$\sum M_O(F_i)=0 \tag{4-9}$$

二矩式为：

$$\sum M_A(F_i)=0$$
$$\sum M_B(F_i)=0 \tag{4-10}$$

其中，矩心 A、B 两点的连线不能与各力的作用线平行。

平面汇交力系或平面平行力系只有两个独立平衡方程。因此只能求解两个未知量。

若力在一定范围内连续均匀分布于物体上，则称之为均布载荷，即 $q=$ 常数。载荷集度的单位是 N/m 或 kN/m。图 4-12 所示为沿杆件轴线均匀、连续分布的载荷，在进行受力分析计算时常将均布载荷简化为一个集中力 F，其大小为 $F=ql$（l 为载荷作用的长度），作用线通过作用长度的中点。

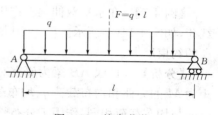

图 4-12　均布载荷

【例 4-6】　如图 4-13(a)所示，物重 $G=20$ kN，用钢丝绳经过滑轮 B 再缠绕在绞车 D 上。杆 AB 与 BC 铰接，并以铰链 A、C 与墙连接。设两杆和滑轮的自重不计，并略去摩擦和滑轮的尺寸，求平衡时杆 AB 和 BC 所受的力。

【分析】　(1)由于滑轮 B 上作用着已知力和未知力，故取滑轮 B 为研究对象并画其受力图。滑轮受钢丝绳拉力 F_{T1} 与 F_{T2} 作用，且 $F_{T2}=F_{T2}=G$。滑轮同时还受到二力杆 AB 与 BC 的约束反力 F_{BA} 和 F_{BC} 作用，滑轮在四个力作用下处于平衡，由于滑轮尺寸不计，这些力可看作平衡的平面汇交力系，滑轮 B 的受力图如图 4-13(d)所示。

(2)由于两未知力 F_{BA} 和 F_{BC} 相互垂直，故选取坐标轴 x,y，如图 4-13(d)所示。

(3)列平衡方程并求解：

$$\sum F_{ix}=0 \qquad -F_{BA}+F_{T1}\cos60°-F_{T2}\cos30°=0$$
$$\sum F_{iy}=0 \qquad F_{BC}-F_{T1}\cos30°-F_{T2}\cos60°=0$$

$$F_{BA}=F_{T1}\frac{1}{2}-F_{T2}\frac{\sqrt{3}}{2}=\frac{1}{2}G-\frac{\sqrt{3}}{2}G=-7.32(\text{kN})$$

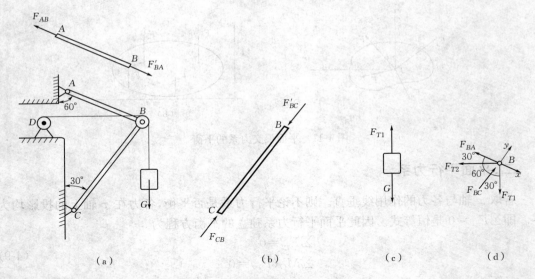

图 4-13　滑轮吊垂物受力分析

$$F_{BC}=F_{T1}\frac{\sqrt{3}}{2}+F_{T2}\frac{1}{2}=\frac{\sqrt{3}}{2}G+\frac{1}{2}G=27.32(\text{kN})$$

F_{AB} 为负值，表示此力的实际指向与图示相反，即 AB 杆受压力。

【例 4-7】　在水平双伸梁上作用有集中载荷 F_P，力偶矩为 M 的力偶和集度为 q 的均布载荷，如图 4-14(a)所示。$F_P=20$ kN，$M=16$ kN·m，$q=20$ kN/m，$a=0.8$ m。求支座 A、B 的约束反力。

【分析】　(1)取 AB 梁为研究对象，画受力图。作用于梁上的主动力有集中力 F_P、力偶矩为 M 的力偶和均布载荷 q，均布载荷可以合成为一个力，其大小为 $qa=20\times0.8=16$ kN，方向与均布载荷相同，作用于分布长度的中点，B 支座反力 F_B 铅垂向上；因以上各力（力偶）均无水平分力，故 A 支座反力 F_A 必定沿铅垂方向。这些力组成一平衡的平面平行力系，如图 4-14(b)所示。

(2)选取坐标系 Axy，矩心为 A，如图 4-14(b)所示。

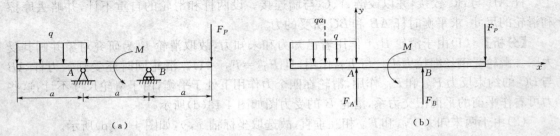

图 4-14　水平双伸梁受力分析

(3)列平衡方程如下：

$$\sum M_A(F_i)=0 \qquad F_Ba+\frac{qa}{2}+M-F_P(2a)=0 \qquad ①$$

$$\sum F_y = 0 \qquad F_A + F_B - qa - F_P = 0 \qquad ②$$

解方程①、②得

$$F_B = -\frac{qa}{2} - \frac{M}{a} + 2F_P = -\frac{20 \text{ kN/m} \times 0.8 \text{ m}}{2} - \frac{16 \text{ kN} \cdot \text{m}}{0.8 \text{ m}} + 2 \times 20 \text{ kN} = 12 \text{ kN}$$

$$F_A = F_P + qa - F_B = 20 \text{ kN} + 20 \text{ kN/m} \times 0.8 \text{ m} - 12 \text{ kN} = 24 \text{ kN}$$

【例 4-8】 塔式起重机的结构简图如图 4-15 所示,设机架自重为 W,且 W 的作用线距右轨 B 的距离为 e,起吊载荷的重为 P,离右轨 B 的最远距离为 L,设机架平衡时平衡块重为 Q,离左轨 A 的距离为 a,AB 间的距离为 b。欲使起重机在空载和满载且载重 P 在最远处时均不翻倒,求平衡块重 Q 应为多少。

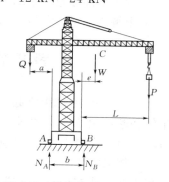

图 4-15 塔式起重机的结构简图

【分析】 (1)空载情况。空载时 $P=0$。如整机翻倒,只能以 A 为矩心,向左翻倒,此时右轨 B 上所受的压力为零。因此,要保证起重机不翻倒,必须满足条件:

$$N_B \geqslant 0$$

列平衡方程:

$$\sum m_A(F) = 0 \qquad N_B \times b + Q \times a - W \times (b+e) = 0$$

得

$$N_B = \frac{1}{b} [W(b+e) - Q \times a]$$

根据整机不翻倒的条件:$N_B \geqslant 0$ 有

$$\frac{1}{b} [W(b+e) - Q \times a] \geqslant 0$$

得

$$Q \leqslant \frac{W(b+e)}{a}$$

(2)满载情况

要使满载且载重处于最远端时整机不翻倒的条件是:$N_A \geqslant 0$

列平衡方程:

$$\sum m_B(F) = 0 \qquad Q \times (a+b) - W \times e - PL - N_A b = 0$$

得

$$N_A = -\frac{1}{b} [We + PL - Q(b+a)]$$

按满载切载荷处于最远端时整机不翻倒的条件:$N_B \geqslant 0$ 有

$$-\frac{1}{b} [We + PL - Q(b+a)] \geqslant 0$$

得

$$Q \geqslant \frac{We + PL}{a+b}$$

综上所述,要想整机无论在空载还是在满载且载荷处于最远端时都不翻倒,则平衡块的重量必须要满足的条件是

$$\frac{1}{a} W(b+e) \geqslant Q \geqslant \frac{We + PL}{a+b}$$

用力的平移定理可将平面任意力系简化为作用于简化中心的力和平面内的一个力偶，此力等于力系各力的矢量和，称为力系的主矢量。此力偶之矩等于力系中各力对简化中心的力矩代数和，称为力系的主矩。主矢量与简化中心位置无关，而主矩则与简化中心位置有关。

（1）选取研究对象画受力图。

（2）列出平面任意力系的平衡方程。

（3）求解未知量。负号说明所得力与所设方向相反。

第四节　考虑摩擦时的平衡问题

在工程实际中，摩擦常起重要的作用。例如，我们常见的火车、汽车利用摩擦进行制动，皮带轮和摩擦轮的传动，尖劈顶重等，攀登电线杆时也要考虑摩擦力，受电弓与接触线接触取流时也会产生摩擦力，就必须考虑摩擦力的作用。

按照接触物体之间可能发生的相对运动分类，摩擦可分为滑动摩擦和滚动阻碍，滑动摩擦是指当两物体有相对滑动或相对滑动趋势时的摩擦；滚动摩擦是指当两物体有相对滚动或相对滚动趋势时的摩擦。

一、滑动摩擦

两个表面粗糙相互接触的物体，当发生相对滑动或有滑动趋势时，在接触面上产生阻碍相对滑动的力，这种阻力称为滑动摩擦力，简称摩擦力。在两物体开始相对滑动之前的摩擦力，称为静摩擦力；滑动之后的摩擦力，称为动摩擦力。可通过图 4-16 所示来观察摩擦现象。

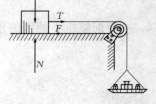

图 4-16　物体受力示意图

放在桌面上的物体受水平拉力 T 的作用，拉力的大小由砝码的重量决定。拉力有使物体向右滑动的趋势，而桌面对物体的摩擦力 F 阻碍它向右滑动，当拉力不大时，物体处于平衡。因此摩擦力与拉力大小相等，即 $F=T$。

若拉力逐渐增大，滑动的趋势增大，静摩擦力 F 也相应地增大。当拉力增至某一值 T_k 时，物体处于将动而未动的状态，称为临界平衡状态或临界状态。显然，这时的摩擦力是所有静摩擦力中的最大值，即

$$F_{max}=T_k$$

式中　F_{max}——物体处于临界平衡状态时的摩擦力，称为最大静滑动摩擦力。

由上面的实验可知，静摩擦力随外力的增大而增大，但它最多等于最大静摩擦力，即

$$0 \leqslant F \leqslant F_{max} \tag{4-11}$$

这就是说，如果水平力 T 的值不超过 F_{max}，则由于摩擦力的存在，物体总能保持平衡（相对静止）。

通过上述实验，可以概括静摩擦力的性质如下：

（1）当物体与约束面之间有法向力，且有滑动趋势时，沿接触面的切线方向有静摩擦力存在，其方向与滑动趋势的方向相反。

（2）静摩擦力的大小由于平衡条件决定，其数值决定于使物体产生滑动趋势的外力，且在零与最大静摩擦力之间，即

$$0 \leqslant F \leqslant F_{max}$$ (4-12)

（3）当物体处于临界平衡状态时，摩擦力达到最大值 F_{max}。

大量实验证明：最大静摩擦力的方向与相对滑动趋势的方向相反，最大静摩擦力的方向与相对滑动趋势的方向相反，最大静摩擦力的大小与两物体间的正压力成正比，即

$$F_{max} = fN$$ (4-13)

这就是静滑动摩擦定律。式中的比例常数 f 称为静滑动摩擦系数，它是一个无量纲的正数。静摩擦系数 f 主要与接触物体的材料和表面状况有关，可由实验测定，也可在机械工程手册中查到。

对于动摩擦力，通过实验也可得出与静摩擦定律相似的动滑动摩擦定律，即

$$F' = f'N$$ (4-14)

式中 f'——动摩擦系数，它是无量纲数。

动摩擦力与静摩擦力不同，基本上没有变化范围。一般动摩擦系数略小于静摩擦系数。动摩擦系数除与接触物体的材料和表面情况有关外，还与接触物体间相对滑动的速度大小有关。一般说来，动摩擦系数随相对速度的增大而减小。当相对速度不大时，f' 可近似地认为是个常数，动摩擦系数也可在机械工程手册中查到。

综上所述可知，当考虑摩擦问题时，首先要分清物体是处于静止，临界状态或相对滑动三种情况中的哪一种，然后选用相应的方法来计算摩擦力。

（1）静止时

静摩擦力 F 的大小由平衡条件确定，其值在 0 与 F_{max} 之间，随作用于物体上的其他外力的大小而变化。

（2）临界状态时

$$F = F_{max} = fN$$ (4-15)

（3）相对滑动时

$$F' = f'N$$ (4-16)

对于一般工程中的非精确计算，可近似采用 $f' = f$。

二、摩擦角

在考虑摩擦的情况下，接触面对物体的约束反力由两部分组成，即法向力 N 与沿接触面的摩擦力 F，它们的合力称为接触面的全约束反力，简称全反力，以 R 表示（图 4-16），全反力 R 与法向力 N 之间夹角 α 将随着摩擦力 F 的增大而增大。当摩擦力 F 达到 F_{max} 时，夹角 α 也达到最大值 φ_m，φ_m 称为摩擦角，由图 4-17 可得：

$$\tan\varphi_m = \frac{F_{max}}{N} = \frac{fN}{N} = f$$ (4-16)

摩擦角 φ_m 的正切等于静摩擦系数。可见，摩擦角也是表示材料摩擦性质的物理量。

根据摩擦角的定义可知，全反力的作用线不可能超出摩擦角以外，即全反力必在摩擦角之内。物块平衡时，有 $0 \leqslant \varphi \leqslant \varphi_m$。

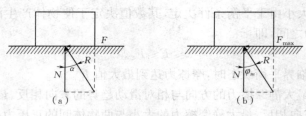

图 4-17   摩擦角

三、自锁现象

如图 4-18 所示,设主动力为 P,其作用线与法线间的夹角为 α,现研究 α 取不同值时,物块平衡的可能性。

(1)$\alpha \leqslant \varphi_m$ 时,如图 4-18(a)所示,主动力的合力 P 和全反力 F_R 必能满足二力平衡条件,且 $\varphi = \alpha \leqslant \varphi_m$。

即:作用于物体上的主动力的合力 P,不论其大小如何,只要其作用线与接触面法线间的夹角 α 小于或等于摩擦角 φ_m,物体便处于静止状态。这种现象称为自锁。这种与主动力的大小无关,而只和摩擦角有关的平衡条件称为自锁条件。

(2)$\alpha \geqslant \varphi_m$ 时,如图 4-18(b)所示,在这种情况下,主动力的合力 P 和全反力 F_R 必不满足二力平衡条件,因此,物块不可能保持平衡。

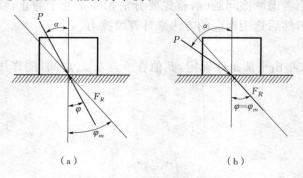

图 4-18   自锁受力分析

即:当主动力合力的作用线在摩擦角范围之外时,则无论主动力有多小,物块必定滑动。工程实际中常应用自锁原理设计一些机构或夹具,使它们始终保持在平衡状态下工作,如举起重物的千斤顶和攀登电杆用的脚扣等;而有时又要设法避免自锁,如升降机等。

四、考虑摩擦的平衡问题

有摩擦的平衡问题仍可应用平衡方程求解,不过在画受力图和列平衡方程式时,都必须考虑摩擦力。求解此类问题时,最重要的一点是判断摩擦力的方向和计算摩擦力的大小。因此,此类问题有如下一些特点:

1. 分析物体受力时,摩擦力 F_f 方向一般不能任意假设,要根据相关物体接触面的相对滑动趋势预先判断确定。必须记住,摩擦力的方向总是与物体的相对滑动趋势方向相反。

2. 作用于物体上的力系,包括摩擦力 F_f 在内,除应满足平衡条件外,摩擦力 F_f 还必须满足摩擦的物理条件(补充方程),即 $F_f \leqslant F_{fm}$,补充方程的数目与摩擦力的数目相同。

3. 由于物体平衡时摩擦力有一定范围($0 \leqslant F_f \leqslant F_{fm}$),故有摩擦的平衡问题的解也有一定的范围,而不是一个确定的值。但为了计算方便,一般先在临界状态下计算,求得结果后再分析、讨论其解的平衡范围。

延伸:利用脚扣攀爬 H 形钢柱的原理分析,如图 4-19 所示。

H 形钢柱即表面镀锌工字钢,表面光滑等径坚固,非常不利于攀爬。脚扣的结构如图 4-20 所示,我们在用脚扣攀登电线杆过程中,需要增大摩擦力,而摩擦力的大小与接触面的粗糙程度、接触面的大小、接触面的压力大小($F=\mu N$)有关,所以增加脚扣与电线杆接触面的摩擦力也要从这三方面考虑。

图 4-19　脚扣攀爬 H 型钢柱

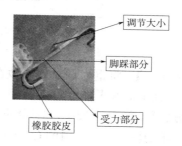

图 4-20　脚扣的结构

(1)增加脚扣与 H 型钢柱接触面的粗糙程度,在脚扣上加装更粗糙的胶皮。

(2)改善脚扣加装胶皮的柔软度,增加脚扣与 H 型钢柱的接触面积。(在身体重力的作用下胶皮凹陷使得与钢柱未接触的部分也接触,从而增加接触面积,增大摩擦力。)

(3)增大接触面的压力,根据 $F=\mu N$ 从而增加摩擦力。

攀爬方法:身体后倾,与柱形成一定角度,两腿向外侧敞开,具体分析见例 4-9。

【例 4-9】　攀登电线杆时用脚扣,如图 4-21(a)所示,已知脚扣尺寸 b、电线杆直径 d、摩擦系数 f。试求脚扣不致下滑时人的重量 W 的作用线与电线杆中心线的距离 l。

【分析】　以脚扣为研究对象,其受力如图 4-21(b)所示。脚扣在 A、B 两处都有摩擦,分析脚扣平衡的临界状态,两处同时达到最大摩擦力。列平衡方程及 A、B 两处的补充方程

$$\sum F_x = 0, F_{NB} - F_{NA} = 0,$$
$$\sum F_y = 0, F_{fA} + F_{fB} - W = 0$$
$$\sum M_A(F) = 0, F_{NB}b + F_{fB}d - W\left(l + \frac{d}{2}\right) = 0$$
$$F_{fA} = fF_{NA}, F_{fB} = fF_{NB}$$

联立求解得,脚扣不致下滑的临界条件为 $l = \dfrac{b}{2f}$;

经过判断得,脚扣不致下滑时 l 的范围为 $l \geqslant \dfrac{b}{2f}$。

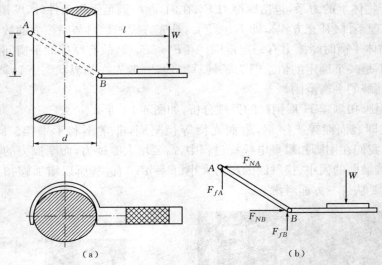

图 4-21　脚扣受力分析示意图

【例 4-10】　将重为 G 的物块放在斜面上,斜面倾角为 α,静摩擦系数为 f。求能使物块静止于斜面上的水平推力 Q 的大小,如图 4-22 所示。

【分析】　若 Q 力较小,物体将向下滑,若 Q 较大,物体将向上滑动。

（1）求物块不致向下滑的 Q 力（Q 的最小值）,由于物块有向下滑的趋势,所以摩擦力 F 应沿斜面向上,物块此时的受力图如图 4-22(b)所示。选坐标并列出平衡方程：

$$\sum F_x = 0, Q\cos\alpha - G\sin\alpha + F = 0$$
$$\sum F_y = 0, N - G\cos\alpha - Q\sin\alpha = 0$$

因要求 Q 的最小值,故可视为物块处于下滑的临界状态,于是 $F = fN$

$$F = f(G\cos\alpha + Q\sin\alpha)$$
$$Q_{min} = G\frac{\sin\alpha - f\cos\alpha}{\cos\alpha + f\sin\alpha}$$

（2）求物块不致上滑的力（Q 的最大值）。此时摩擦力沿斜面向下并达到最大值,物块的受力如图 4-22(c)所示,列出其平衡方程：

$$\sum F_x = 0, Q\cos\alpha - G\sin\alpha - F = 0$$
$$\sum F_y = 0, N - G\cos\alpha - Q\sin\alpha = 0$$
$$F = fN$$
$$Q_{max} = G\frac{\sin\alpha + f\cos\alpha}{\cos\alpha - f\sin\alpha}$$

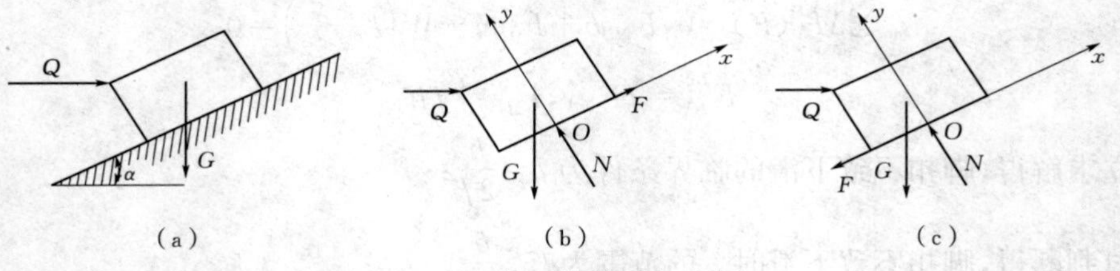

图 4-22　斜面物体受力分析

可见,当 Q 的值在下列范围内时,物块可以静止在斜面上,即

$$G\frac{\sin\alpha-f\cos\alpha}{\cos\alpha+f\sin\alpha}\leqslant Q\leqslant G\frac{\sin\alpha+f\cos\alpha}{\cos\alpha-f\sin\alpha}$$

【例 4-11】　长 4 m,重 200 N 的梯子,斜靠在光滑的墙上如图 4-23(a)所示,梯子与地面成 $\alpha=60°$角,梯子与地面的静摩擦系数 $f=0.4$。有一重 600 N 的人登梯而上,问他上梯到何处时梯子就要滑倒。

【分析】　设梯子将要滑倒时,人站在 C 点,令 $BC=x$。

(1)以梯子为研究对象画受力图 4-23(b)所示。因梯子与墙光滑接触,故 A 点只有水平反力 N_A,B 点有垂直反力 N_B,摩擦力 F。

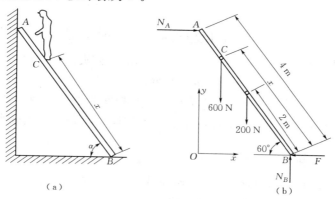

（a）

图 4-23　梯子受力分析示意图

(2)选坐标轴 x,y,列平衡方程并求解未知量。

$$\sum F_y=0,N_B-600-200=0$$

所以
$$N_B=800\text{ N}$$

因梯子将要滑动时处于临界状态,故摩擦力为最大静摩擦力,即

$$F=fN_B=0.4\times800=320\text{(N)}$$

$$\sum F_x=0,N_A-F=0$$

故
$$N_A=F=320\text{ N}$$

$$\sum m_B(F)=0,\qquad -4N_A\sin60°+600x\cos60°+2\times200\cos60°=0$$

即
$$-4\times320\times\frac{\sqrt{3}}{2}+\frac{1}{2}\times600x+2\times200\times\frac{1}{2}=0$$

或
$$300x=640\sqrt{3}-200$$

所以
$$x=\frac{640\sqrt{3}-200}{300}=3.03\text{(m)}$$

【例 4-12】　如图 4-24(a)所示砖夹宽 280 mm,爪 AHB 和 $BCED$ 在 B 点绞接。被提起的砖重 G,提举力 F 作用在砖夹中心线上。若砖夹与砖之间的摩擦系数 $f=0.5$,则尺寸 b 应为多大才能保证砖被夹住不滑掉?

【分析】　(1)如图 4-24(b)所示,分析砖的受力情况。由结构及受力的对称性得

$$F_{NA}=F_{ND},F_{fA}=F_{fD}=\frac{G}{2}$$

（2）如图4-20(c)所示，分析砖夹AB部分

$$\sum M_B(F)=0, F'_{fA}\times100-F'_{NA}\cdot b+F\times40=0$$

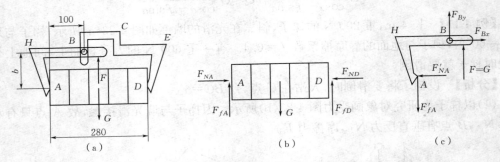

图4-24　砖夹受力分析示意图（单位：mm）

又临界状态时有$F'_{fA}=fF'_{NA}$，解得$b=90$ mm，故砖被夹住不滑掉的条件为

$$b\leqslant90\text{ mm}$$

延伸：接触网受电弓摩擦力分析。首先分析电力机车受电弓的两种受力状态，一种是电力机车停车时的静止状态；另一种就是行车过程中的运动状态。要想减小摩擦力必须一一分析。

（1）停车时的静止状态

进行受力分析，静止状态时，受电弓受到升弓装置恒定的"升力"方向向上，接触线的张力方向向下，此时的摩擦力属于静摩擦力，如图4-25所示。

此时由于没有运动，所以接触线与受电弓滑板不产生磨耗。

（2）行车过程中的运动状态

受力分析如图4-26所示，此时，①受电弓受到接触线向下的张力，接触线对受电弓向后的摩擦力；②而接触线受到受电弓向上的抬升力，受电弓碳滑板对接触线向前的摩擦力；③运动过程中还会受到接触线与受电弓左右相对的摩擦力等。

图4-25　受电弓静止时受力分析

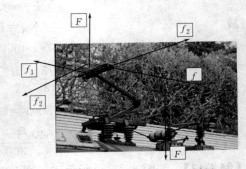

图4-26　受电弓运动时受力分析

（3）决定摩擦力大小的因素

摩擦力的大小与接触面的粗糙程度、压力的大小、接触面积的大小有关。

（4）如何减小摩擦力

①从接触面的粗糙程度方面，改善接触线和受电弓滑板表面光滑度。

②从压力大小方面,在保证正常取流的情况下,减小受电弓的抬升压力。

③从接触面积方面,在保证正常取流的情况下,减少滑板的数量,宽度。

④从接触线、受电弓振荡方面,加强接触、受电弓的稳定性,减少横向摩擦。

知识拓展

工程实际问题形式多样,为简化平面任意力系平衡问题的计算,同学们课后对腕臂进行受力分析,画出受力图,应用所学平面任意力系平衡方程进行求解未知量。求解时要注意坐标轴的合理选择、解题方案的优化,对求解平面任意力系平衡问题有进一步的掌握。

本章小结

通过本章学习同学们应能掌握平面力系作用下平衡问题解题方法。

(1)确定研究对象,画其受力图,判断平面力系的类型。

(2)选取坐标轴和矩心。

由于坐标轴和矩心的选择是任意的,在选择时应遵循以下原则:

①坐标轴应与尽可能多的未知力垂直(或平行)。

②矩心应选在较多未知力的汇交点处。

(3)将各个力向两坐标轴投影,对矩心取力矩建立平衡方程求解。

(4)校核。

习题

1. 填空题

(1)力的平移定理:作用在刚体上某点的力,可以将它平移到刚体上任一新作用点,但必须同时附加一个_____。

(2)平面任意力系向其作用面内任意一点简化,可得到_____和_____,该力作用于_____;该力偶的力偶矩等于原力系中各力对简化中心_____。

(3)平面任意力系平衡的必要和充分条件是_____。

(4)力系中各力作用线在同一平面内,且彼此平行的力称为_____。

2. 简答题

(1)设平面任意力系向一点简化得到一个合力,如果适当选取另一点为简化中心,问力系能否简化成一个力偶?

(2)试解释应用二矩式方程时,为什么要附加两矩心 A、B 连线不能与投影轴垂直?

3. 计算题

(1)已知图 4-27 中 $F_1=8$ N,$F_2=6$ N,$F_3=10$ N,$F_4=5$ N。求该力系的合力(图中每格为 10 mm)。

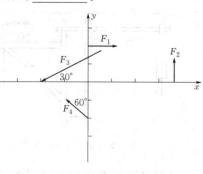

图 4-27 3-(1)题图

(2)求下列组合梁的支座反力。其中 $q=1$ kN/m,$a=1$ m,$P=3$ kN,$M=5$ kN·m(图 4-28)。

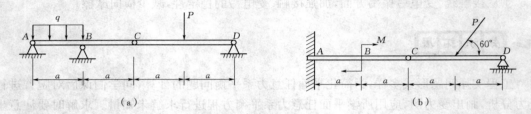

图 4-28　3-(2)题图

(3)窗外凉台的水平梁上作用有 $q=2.5$ kN/m 的均布荷载,在水平梁的外端从柱上传下荷载 $F=10$ kN,柱的轴线到墙的距离 $a=2$ m(图 4-29),求插入端的约束反力。

(4)梯子的两部分 AB 和 AC 在 A 点铰接,在 D、E 两点用水平绳连接,且放在光滑的水平面上,当铅垂力 $P=700$ N,$l=3$ m,$\alpha=60°$,$a=2$ m,$h=1.5$ m 时(图 4-30),求绳子的拉力和 B、C 两点的支撑力。

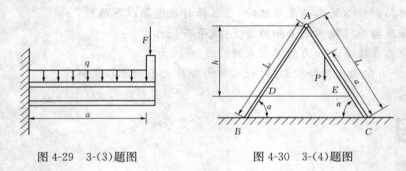

图 4-29　3-(3)题图　　　　　图 4-30　3-(4)题图

(5)台秤的结构如图 4-31 所示,BCE 为整体台面,AOB 为杠杆,如不计各构件的自重,试求平衡砝码的重量 G_1 与被测物体重 G_2 的比值。

(6)图 4-32 所示汽车起重机的车重 $W_Q=26$ kN,臂重 $G=4.5$ kN,起重机旋转及固定部分的重量 $W=31$ kN。设伸臂在起重机对称面内。试求图 4-32 所示位置汽车不致翻倒的最大起重载荷 G_P。

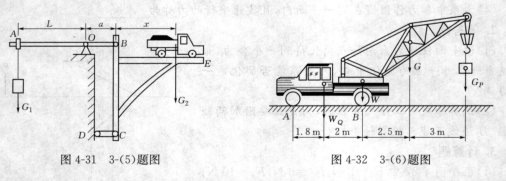

图 4-31　3-(5)题图　　　　　图 4-32　3-(6)题图

(7)水塔总重量 $G=160$ kN,固定在支架 A、B、C、D 上,A 为固定铰链支座,B 为活动铰支,水箱左侧受风压为 $q=16$ kN/m,如图 4-33 所示。为保证水塔平衡,试求 A、B 间最小距离。

（8）体重为 W 的体操运动员在吊环上做十字支撑。已知 l、θ、d（两肩关节间距离）、W_1（两臂总重）,如图 4-34 所示。假设手臂为均质杆,试求肩关节受力。

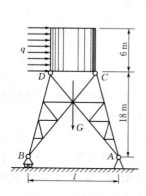

图 4-33　3-(7)题图

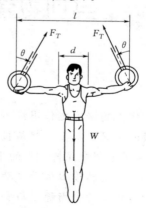

图 4-34　3-(8)题图

第五章 · 空间力系与重心

若作用在刚体上的诸力之作用线不在同一平面内时,这种力系称为空间力系。空间任意力系是最一般的情况。起重机起吊接触网支柱或电力杆时,吊钩必须位于被吊物体重心的上方,才能使起吊过程中保持物体的平衡稳定;机械设备中高速旋转的构件,如电机转子、砂轮、飞轮等,都要求它的重心位于转动轴线上,否则就会使机器产生剧烈的振动,甚至引起破坏,因此,重心与物体的平衡稳定与安全生产有着密切的关系。分析研究物体在空间力系作用下的平衡问题以及确定物体重心的方法有着重要的实际意义。

相关应用

在生产实践中经常碰到一些空间力系的问题,在电气化铁路中也是普遍存在的,用来作补偿装置的棘轮的受力可以看作空间力系,如图 5-1 所示。试分析棘轮的受力和平衡问题。

（a）棘轮

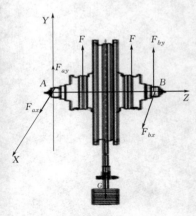

（b）受力示意图

图 5-1　棘轮受力分析

第一节　力在空间直角坐标轴上的投影和力对轴之矩

在研究空间力系问题时,经常要把一个力分解为相互垂直的三个分力。因此在讨论空间力系的简化和平衡之前,需要先介绍力在空间直角坐标轴上的投影和力对轴的矩的概念。

一、力在空间直角坐标轴上的投影

1. 直接投影法

根据力在坐标轴上投影的概念，可以求得一个任意的力在空间直角坐标轴上的三个投影，如图 5-2 所示。

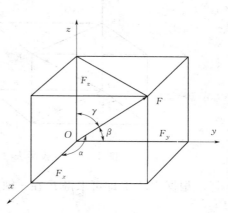

$$F_x = \pm F \cdot \cos\alpha$$
$$F_y = \pm F \cdot \cos\beta \qquad (5\text{-}1)$$
$$F_z = \pm F \cdot \cos\gamma$$

以上投影方法称为直接投影法或一次投影法。

投影的"＋、－"号规定：当力的起点投影至终点投影的连线方向与坐标轴正向一致时取正号；反之，取负号。

图 5-2　直接投影法

已知力 F 的三个投影，求 F 力的大小与方向。为此把式（5-1）的每一个等式分别平方相加，并注意到

$$\cos^2\alpha + \cos^2\beta + \cos^2\gamma = 1$$

得

$$\left.\begin{array}{l} F = \sqrt{F_x^2 + F_y^2 + F_z^2} \\[2mm] \cos\alpha = \dfrac{F_x}{F}, \cos\beta = \dfrac{F_y}{F}, \cos\gamma = \dfrac{F_z}{F} \end{array}\right\} \qquad (5\text{-}2)$$

$\cos\alpha$、$\cos\beta$、$\cos\gamma$ 称为力 F 的方向余弦。

2. 二次投影法

如图 5-3 所示，当空间的力 F 与某一坐标轴（如 z 轴）的夹角 γ 及力在垂直此轴的坐标面（oxy）上的投影与另一坐标轴（如 x 轴）的夹角 φ 已知时，可先将力 F 投影到该坐标面内，然后再将力向其他两坐标轴上投影，这种投影方法称作二次投影法。

$$F \Rightarrow \left\{\begin{array}{l} F_z = \pm F \cdot \cos\gamma \\[2mm] F_{xy} = F \cdot \sin\gamma \end{array}\right. \Rightarrow \left\{\begin{array}{l} F_x = \pm F_{xy} \cdot \cos\varphi = \pm F \cdot \sin\gamma \cdot \cos\varphi \\[2mm] F_y = \pm F_{xy} \cdot \sin\varphi = \pm F \cdot \sin\gamma \cdot \sin\varphi \end{array}\right. \qquad (5\text{-}3)$$

式中　γ——力 F 与 z 轴所夹的锐角。

　　　φ——力 F 与 z 轴所确定的平面与 x 轴所夹的锐角。

当力的起点投影至终点投影的连线方向与坐标轴正向一致时取正号；反之，取负号。

注意：力在轴上的投影是代数量，而力在平面上的投影为矢量。

【例 5-1】　设力 F 作用于长方体在顶点 C，其作用线沿长方体的对角线，若长方体三个棱边长为 $AB = a$，$BC = b$，$BE = c$，求力在图 5-4 所示坐标上的投影。

【分析】　由已知条件可知

$$\cos\gamma = \frac{CH}{CD} = \frac{c}{\sqrt{a^2 + b^2 + c^2}}$$

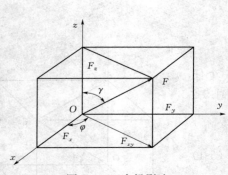

图 5-3 二次投影法

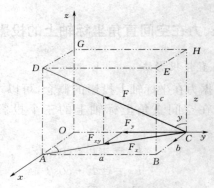

图 5-4 空间受力图

根据式(5-3)即可求得 F 在 z 轴上的投影

$$F_z = F\cos\gamma = \frac{c}{\sqrt{a^2+b^2+c^2}}F$$

同样,可用二次投影法求 F 在 x、y 上的投影。

$$F_x = F\sin\gamma\cos\varphi = F \times \frac{\sqrt{a^2+b^2}}{\sqrt{a^2+b^2+c^2}} \times \frac{b}{\sqrt{a^2+b^2}} = \frac{b}{\sqrt{a^2+b^2+c^2}}F$$

$$F_y = F\sin\gamma\sin\varphi = F \times \frac{\sqrt{a^2+b^2}}{\sqrt{a^2+b^2+c^2}} \times \frac{a}{\sqrt{a^2+b^2}} = \frac{-a}{\sqrt{a^2+b^2+c^2}}F$$

【例 5-2】 已知圆柱斜齿轮所受的啮合力 $F_n = 1\ 410$ N,齿轮压力角 $\alpha = 20°$,螺旋角 $\beta = 25°$,如图 5-5 所示。试计算齿轮所受的圆周力 F_t、轴向力 F_a、径向力 F_r 的大小。

【分析】 取空间直角坐标系,使 x、y、z 方向分别沿齿轮的轴向、圆周的切线方向和径向,如图 5-5(a)所示。先把啮合力 F_n 向 z 轴和 Oxy 坐标平面投影,得

$$F_z = -F_r = -F_n\sin\alpha = -1\ 410\ \text{N} \times \sin 20° = -482\ \text{N}$$

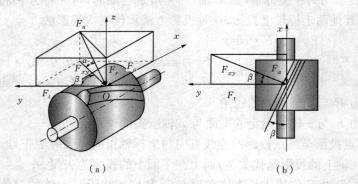

（a） （b）

图 5-5 齿轮受力分析

F_n 在 oxy 平面上的分力 F_{xy},其大小为 $F_{xy} = F_n\cos\alpha = 1\ 410$ N $\times \cos 20° = 1\ 325$ N
然后再把 F_{xy} 投影到 x、y 轴得

$$F_x = F_a = -F_{xy} \times \sin\beta = -F_n\cos\alpha\cos\beta = -1\ 410\ \text{N} \times \cos 20° \times \sin 25° = -560\ \text{N}$$

$$F_y = F_t = -F_{xy} \times \cos\beta = -F_n\cos\alpha\cos\beta = -1\ 410\ \text{N} \times \cos 20° \times \cos 25° = -1\ 201\ \text{N}$$

二、力对轴之矩

1. 力对轴之矩的概念

今以开门为例来说明(图 5-6)。设门上的作用力 F 不在垂直于转动轴 z 的平面内将力分解为 F_{xy} 和 F_z。分力 F_z 平行于 z 轴,分力 F_{xy} 在垂直于 z 轴的平面 β 内。因 F_z 在 β 面上的投影为零,对 O 点无矩,故力 F_z 不能使门转动,即力 F_z 对 z 轴之矩为零。分力 F_{xy} 在垂直于 z 轴的平面内,它对 z 轴之矩实际上就是它对平面内 O 点之矩。

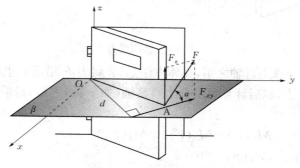

图 5-6 开门受力图

力对轴之矩是力使物体绕轴转动效应的度量,它是代数量,其大小等于力在垂直于该轴的平面上的分力对于此平面与该轴交点之矩。

$$M_z(F) = M_z(F_{xy}) = M_O(F_{xy}) = \pm F_{xy}d \tag{5-4}$$

其正负号可用右手规则来确定:以右手的四指指向符合力矩转向而握拳时,若大姆指指向与该轴的正向一致时取正号,反之则取负号,如图 5-7 所示。

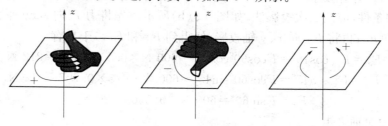

图 5-7 右手规则

如图 5-8 所示,在推门时,若力的作用线与门的转轴平行或相交(在同一平面内),则无论力有多大都不能把门推开。力对轴的矩等于零的两种情况是:

(1)力与轴平行($F_{xy} = 0$);

(2)力与轴相交($d = 0$)。

也就是说力与轴在同一平面内时,力对轴之矩为零。

力对轴之矩的单位为 N·m。

2. 合力矩定理

与平面力系合力矩定理类似,空间力系的合力矩定理为:空间力系的合力对某轴之矩,等于力系中各分力对同一轴之矩的代数和。即

$$M_z(F_R) = M_z(F_1) + M_z(F_2) + \cdots + M_z(F_n) = \sum M_z(F_i)$$

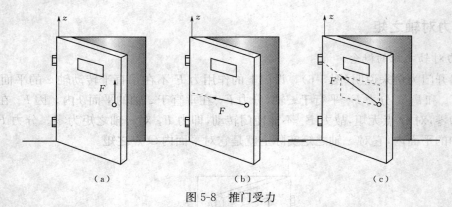

图 5-8 推门受力

应用合力矩定理计算力对轴之矩,具体方法是:先将力 F 沿所取坐标轴 x、y、z 分解,得到 F_x、F_y、F_z 三个分力,然后计算每一分力对某轴(如 z 轴)之矩,最后求其代数和,即得出力 F 对该轴之矩,即

$$M_z(F)=M_z(F_x)+M_z(F_y)+M_z(F_z)$$

由于 F_z 与 z 轴平行,$M_z(F_z)=0$

$$M_z(F)=M_z(F_x)+M_z(F_y)$$

于是可得
$$M_x(F)=M_x(F_y)+M_x(F_z) \tag{5-5}$$
$$M_z(F)=M_y(F_x)+M_y(F_z)$$

【例 5-3】 曲拐轴受力如图 5-9(a)所示,已知 $F=600$ N。求:(1)力 F 在 x、y、z 轴上的投影;(2)力 F 对 x、y、z 轴之矩。

【分析】 (1)计算投影

根据已知条件,应用二次投影法,如图 5-9(b)所示。先将力 F 向 Axy 平面和 Az 轴投影,得到 F_{xy} 和 F_z;再将 F_{xy} 向 x、y 轴投影,便得到 F_x 和 F_y。于是有

$$F_x=F_{xy}\cos45°=F\cos60°\cos45°=600 \text{ N}×0.5×0.707=212 \text{ N}$$
$$F_y=F_{xy}\sin45°=F\cos60°\sin45°=600 \text{ N}×0.5×0.707=212 \text{ N}$$
$$F_z=F\sin60°=600 \text{ N}×0.866=520 \text{ N}$$

(2)计算力对轴之矩

先将力 F 在作用点处沿 x,y,z 方向分解,得到 3 个分量 F_x,F_y,F_z,如图 5-9(b)所示,它们的大小分别等于投影 F_x,F_y,F_z 的大小。

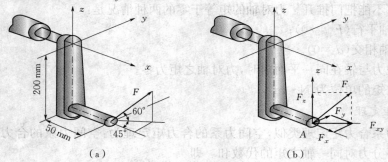

图 5-9 曲拐轴受力

根据合力矩定理,可求得力 F 对原指定的 x,y,z 三轴之矩如下:

$$M_x(F)=M_x(F_x)+M_x(F_y)+M_x(F_z)=0+F_y\times0.2+0=212\text{ N}\times0.2\text{ m}=42.4\text{ N}\cdot\text{m}$$

$$M_y(F)=M_y(F_x)+M_y(F_y)+M_y(F_z)=F_x\times0.2-0-F_x\times0.05$$

$$=-212\text{ N}\times0.2\text{ m}-520\text{ N}\times0.05\text{ m}=-68.4\text{ N}\cdot\text{m}$$

$$M_z(F)=M_z(F_x)+M_z(F_y)+M_z(F_z)=0+F_y\times0.05+0=212\text{ N}\times0.05\text{ m}=10.6\text{ N}\cdot\text{m}$$

第二节　空间力系的简化与平衡

一、空间力系的简化

设物体上作用空间力系 $F_1,F_2,\cdots,F_n$。与平面任意力系的简化方法一样,在物体内任意取一点 O 作为简化中心,依据力的平移定理,将图 5-10 中各力移到 O 点,加上相应的附加力偶,这样就可以得到一个作用于简化中心 O 点的空间交汇力系和一个附加的空间力偶系。将作用于简化中心的汇交力系和附加的空间力偶系分别合成,便可以得到一个作用于简化中心 O 点的主矢 F'_R 和一个主矩 M_O。

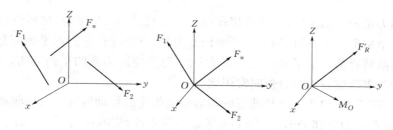

图 5-10　空间力系的化简

(1)主矢 F'_R 的大小和方向余弦

$$F'_R=\sqrt{F'^2_{Rx}+F'^2_{Rx}+F'^2_{Rx}}=\sqrt{(\sum F_{ix})^2+(F_{iy})^2+(\sum F_{iz})^2} \tag{5-6}$$

$$\left.\begin{aligned}\cos(F'_R,x)&=\frac{\sum F_{ix}}{F'_R}\\[2mm]\cos(F'_R,y)&=\frac{\sum F_{iy}}{F'_R}\\[2mm]\cos(F'_R,z)&=\frac{\sum F_{iz}}{F'_R}\end{aligned}\right\} \tag{5-7}$$

(2)主矩 M_O 的大小和方向余弦

$$M_O=\sqrt{[\sum M_x(F_i)]^2+[\sum M_y(F_i)]^2+[\sum M_z(F_i)]^2} \tag{5-8}$$

$$\left.\begin{aligned}\cos(M_O,x)&=\frac{\sum M_x(F_i)}{M_O}\\[2mm]\cos(M_O,y)&=\frac{\sum M_y(F_i)}{M_O}\\[2mm]\cos(M_O,z)&=\frac{\sum M_z(F_i)}{M_O}\end{aligned}\right\} \tag{5-9}$$

二、空间力系的平衡

（1）空间力系平衡的充分与必要条件

空间力系平衡的充分与必要条件是：力系的主矢和对任一点的主矩都等于零。即

$$F'_R=0$$
$$M_O=0 \tag{5-10}$$

（2）空间力系平衡方程

空间力系平衡方程　将式(5-7)和式(5-9)代入平衡条件式(5-10)得到解析式表示为

$$\sum F_{ix}=0, \sum F_{iy}=0, \sum F_{iz}=0$$
$$\sum M_x(F_i)=0, \sum M_y(F_i)=0, \sum M_z(F_i)=0 \tag{5-11}$$

式(5-11)表示，力系中各力在任意空间坐标系每一个坐标轴上投影的代数和分别等于零；同时各力对每一个坐标轴之矩的代数和也分别等于零。空间力系共有六个独立的平衡方程，因此可以解出六个未知量。

三、空间任意力系平衡问题的平面解法

对于空间力系的平衡问题，可以直接运用平衡方程式(5-11)来解，也可以将空间力系分别投影到三个坐标平面上，转化为三个平面任意力系，分别建立它们的平衡方程来解。这种将空间问题分散转化为三个平面问题的讨论方法，称为空间力系的平面解法。机械工程中，尤其是对轮轴类零件进行受力分析时常用此方法。

【例5-4】　图5-11(a)为一电机通过联轴器带动带轮的传动装置。已知驱动力偶矩$M=20\ N\cdot m$，带轮直径$D=16\ cm,a=20\ cm$，轮轴自重不计，带的拉力$F_{T1}=2F_{T2}$。试求A、B二处的轴承反力。

【分析】　取轮轴为研究对象，画受力图如图5-11(b)所示，分别将此受力图向三个坐标平面投影，分别得到三个平面受力图，如图5-12所示。

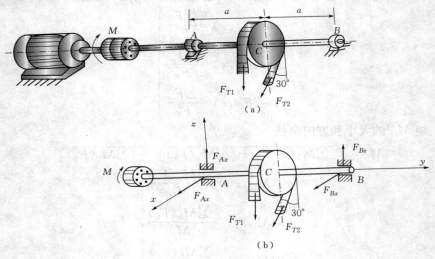

图 5-11　轮轴受力分析

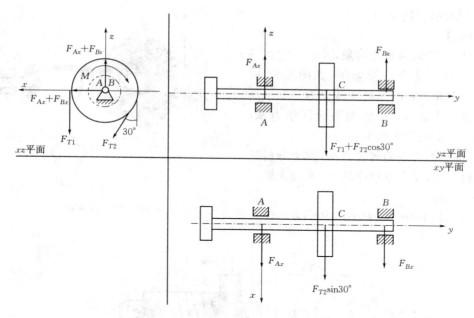

图 5-12　轮轴受力的投影

（1）在 xz 平面建立平衡方程

$$\sum M_B(F_i)=0 \qquad F_{T1}\frac{D}{2}-F_{T2}\frac{D}{2}-M=0$$

以 $F_{T1}=2F_{T2}$ 代入得 $\qquad F_{T2}=\frac{2M}{D}=\frac{2\times20\ \text{N·m}}{0.16\ \text{m}}=250\ \text{N}$

$$F_{T1}=2F_{T2}=500\ \text{N}$$

（2）在 yz 平面建立平衡方程

$$\sum M_A(F_i)=0 \qquad F_{Bz}2a-(F_{T1}+F_{T2}\times\cos30°)a=0$$

得 $\qquad F_{Bz}=\frac{(F_{T1}+F_{T2}\times\cos30°)a}{2a}=\frac{500\ \text{N}+250\ \text{N}\times\cos30°}{2}=358.25\ \text{N}$

$$\sum F_z=0 \qquad F_{Az}+F_{Bz}-F_{T1}-F_{T2}\cos30°=0$$

得 $\quad F_{Az}=-F_{Bz}+F_{T1}+F_{T2}\cos30°=-358.25\ \text{N}+500\ \text{N}+250\ \text{N}\times\cos30°=358.25\ \text{N}$

（3）在 xy 平面建立平衡方程

$$\sum M_A(F_i)=0 \qquad -F_{Bx}2a-F_{T2}\sin30°a=0$$

得 $\qquad F_{Bx}=\frac{-F_{T2}\sin30°a}{2a}=\frac{-250\ \text{N}\times\sin30°}{2}=-62.5\ \text{N}$

$$\sum F_x=0 \qquad F_{Ax}+F_{Bx}+F_{T2}\sin30°=0$$

得 $\qquad F_{Ax}=-F_{Bx}-F_{T2}\sin30°=-(-62.5\ \text{N})-250\ \text{N}\times\sin30°=-62.5\ \text{N}$

负号说明 F_{Ax}、F_{Bx} 的实际指向与图 5-11 中假设指向相反。

【例 5-5】　有一起重绞车的鼓轮轴如图 5-13 所示。已知 $G=10$ kN，$b=c=30$ cm，$a=20$ cm，大齿轮半径 $R=20$ cm，在最高处 E 点受 F_n 的作用，F_n 与齿轮分度圆切线之夹角为 $\alpha=20°$，鼓轮半径 $r=10$ cm，A、B 两端为向心轴承。试用平面解法求轮齿的作用力 F_n 以及

A、B 两轴承所受的反力。

【分析】

(1)取鼓轮轴为研究对象,并画出它在三个坐标平面上受力的投影图,如图 5-14 所示。一个空间力系的问题就转化为三个平面力系问题。本题 xz 平面为平面任意力系,yz 与 xy 平面则为平面平行力系。

(2)按平面力系的解题方法,逐个分析三个受力投影图,发现本题应从 xz 平面先解。

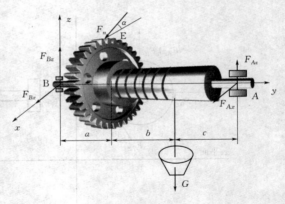

图 5-13 鼓轮轴

xz 平面:

$$\sum M_A(F_i)=0 \qquad F_n\cos\alpha R - Gr = 0$$

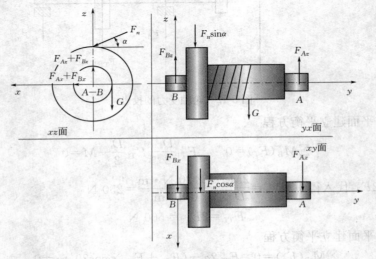

图 5-14 鼓轮轴受力图

$$F_n = \frac{Gr}{R\cos\alpha} = \frac{10\text{ kN}\times10\text{ cm}}{20\text{ cm}\times\cos20°} = 5.32\text{ kN}$$

yz 平面:

$$\sum M_B(F_i)=0 \qquad F_{Az}(a+b+c)-G(a+b)-F_n\sin\alpha\cdot a=0$$

$$F_{Az} = \frac{G(a+b)+F_n\sin\alpha\cdot a}{a+b+c}$$

$$= \frac{10\text{ kN}\times(20\text{ cm}+30\text{ cm})+5.32\text{ kN}\times\sin20°\times20\text{ cm}}{20\text{ cm}+30\text{ cm}+30\text{ cm}} = 6.7\text{ kN}$$

$$\sum F_z = 0 \qquad F_{Az}+F_{Bz}-F_n\sin\alpha-G=0$$

$$F_{Bz} = F_n\sin\alpha+G-F_{Az} = 5.32\text{ kN}\times\sin20°+10\text{ kN}-6.7\text{ kN} = 5.12\text{ kN}$$

xy 平面:

$$\sum M_B(F_i)=0 \qquad -F_n\cos\alpha a - F_{Ax}(a+b+c)=0$$

$$F_{Ax} = \frac{-F_n\cos\alpha\cdot a}{a+b+c} = \frac{-5.32\text{ kN}\times\cos20°\times20\text{ cm}}{20\text{ cm}+30\text{ cm}+30\text{ cm}} = -1.25\text{ kN}$$

$$\sum F_x = 0 \qquad F_{Ax} + F_{Bx} + F_n\cos\alpha = 0$$

$$F_{Bx} = -F_{Ax} - F_n\cos\alpha = -(-1.25\ \text{kN}) - 5.32\ \text{kN}\times\cos20° = -3.75\ \text{kN}$$

负号表明,图中所标力的方向与实际方向相反。

工程实际中常见的轮轴受力计算,应用平面解法较为方便,此方法是我们本章的重点。

第三节　平行力系的中心、重心

一、平行力系的中心

平行力系也是工程实际中较常见的一种力系,如风对建筑物的压力,物体受到的地球引力,水对堤坝的压力等。在解决这类实际问题时就要确定力系的合力及其作用点的位置。在力学中将平行力系合力的作用点称为平行力系的中心。下面来讨论平行力系中心位置的确定,如图 5-15 所示。

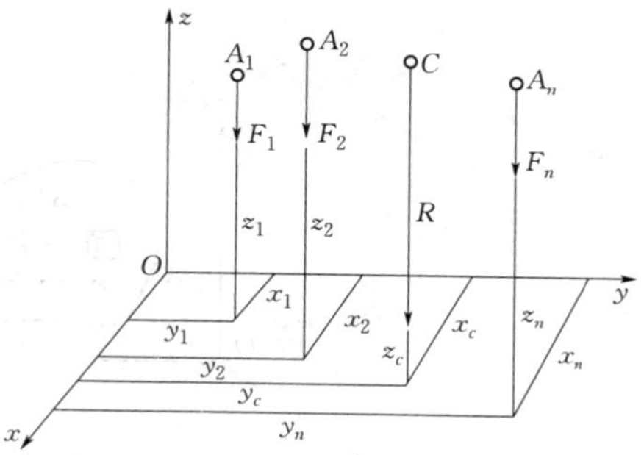

根据合力矩定理有

$$M_i(R) = \sum M_x(F_i) = \sum F_i y_i$$

$$M_x(R) = R \cdot y_c = y_c \sum F_i$$

图 5-15　平行力系

所以
$$x_c = \frac{\sum F_i x_i}{\sum F_i},\ y_c = \frac{\sum F_i y_i}{\sum F_i},\ z_c = \frac{\sum F_i z_i}{\sum F_i}$$

上述公式适用于任何平行力系,但应注意,式中的分子、分母均为代数量。另外,可以证明,平行力系的中心的位置只与力系中各力的大小和作用点的位置有关,与各力的方向无关,因此,当保持各力的大小和作用点不变时,各力绕其作用点向相同方向转过相同的角度,力系的中心位置不变。

二、物体的重心

确定物体的重心位置,在工程实际中有很重要的意义。如在起吊机器或其他重物时,吊钩必须位于重物重心的正上方,否则,会产生晃动或翻倒。再如转动机械的重心偏离转轴,会引起强烈的震动,甚至会导致机器受到损坏。物体所受的重力实际上就是一个平行力系,物体的重心就是这一平行力系的中心,求物体重心就是前面讨论的确定平行力系中心的问题。

$$\left.\begin{array}{l} x_c = \dfrac{\sum W_i x_i}{W} \\[2mm] y_c = \dfrac{\sum W_i y_i}{W} \\[2mm] z_c = \dfrac{\sum W_i z_i}{W} \end{array}\right\} \qquad (5\text{-}12)$$

在工程实际中,许多物体被视为均质的,如图 5-16 所示。令均质物体的比重为 γ,则重心位置坐标公式转化为

$$x_c = \frac{\sum \Delta V_i x_i}{V} \qquad y_c = \frac{\sum \Delta V_i y_i}{V} \qquad z_c = \frac{\sum \Delta V_i z_i}{V}$$

由上面的公式可看出,均质物体的重心与物体的自重无关,只取决于物体的几何形状。故均质物体的重心又称为物体的形心。如图 5-17 所示,均质薄板的厚度为 d,面积为 S,微元体的面积为 ΔS_i,其形心公式为

$$\left. \begin{aligned} x_c &= \frac{\sum \Delta S_i x_i}{S} \\ y_c &= \frac{\sum \Delta S_i y_i}{S} \end{aligned} \right\} \tag{5-13}$$

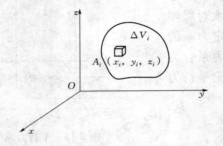

图 5-16　均压物体重心

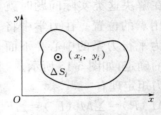

图 5-17　均压薄板

同理,均质细杆的形心位置坐标为

$$\left. \begin{aligned} x_c &= \frac{\sum \Delta l_i x_i}{l} \\ y_c &= \frac{\sum \Delta l_i y_i}{l} \end{aligned} \right\} \tag{5-14}$$

式中　l——杆的总长。

　　Δl——微元体的长度。

三、实际问题中确定重心的几种方法

1. 对称法

对于具有对称性的均质物体:

(1)若物体具有对称中心,该中心即为重心。

(2)若物体具有对称轴,其重心必在对称轴上。

(3)若物体具有对称平面,其重心必在对称平面上。

(4)若物体具有两条对称轴,其重心必在两对称轴的交点上。

(5)若物体具有两个对称平面,其重心必在两对称平面的交线上。

2. 组合法(分割法)

当均质物体是由几个简单规则形状的物体组合而成的,而且这几个简单形状的物体的

重心已知或容易确定,就可将组合物体看成是由几个规则形状的物体构成,直接应用上述公式求出物体的重心或形心。

3. 实验法

在实际问题中,有许多物体的形状不规则或是非均质的,用上述方法求重心非常麻烦或无法确定,就只有采用实验的方法来确定其重心。

(1)悬挂法

对于较轻薄的物体,可采用此法。在物体上的不同两点分别将物体悬挂起来,待物体静止后,通过悬挂点分别作两条竖直线。根据二力平衡条件,则两竖直线的交点即为重心。

(2)称重法

对于形状复杂,体积庞大的物体,需采用此法。这种方法是根据合力矩定理来进行实验和推导的。

【例 5-6】 求图 5-18 所示工字形截面的形心位置。尺寸如图 5-18 所示,单位为 mm。

【分析】 将工字形截面看成是由三个矩形截面组合而成,利用组合法可求出整个截面的形心位置。建立直角坐标系 xoy 如图 5-18 所示。

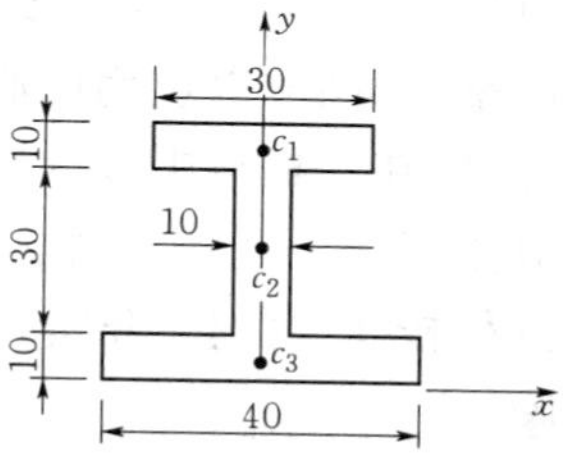

图 5-18 工字形截面尺寸

(1)确定每个矩形在坐标系中的坐标及面积:

$$x_1=0 \text{ mm}, y_1=45 \text{ mm}, S_1=300 \text{ mm}^2$$
$$x_2=0 \text{ mm}, y_2=25 \text{ mm}, S_2=300 \text{ mm}^2$$
$$x_3=0 \text{ mm}, y_3=5 \text{ mm}, S_3=400 \text{ mm}^2$$

(2)按照前面推出的薄板的形心公式求截面的形心位置坐标

$$x_c=\frac{x_1S_1+x_2S_2+x_3S_3}{S_1+S_2+S_3}=\frac{0\times300+0\times300+0\times400}{300+300+400}=0$$

$$y_c=\frac{y_1S_1+y_2S_2+y_3S_3}{S_1+S_2+S_3}=\frac{45\times300+25\times300+5\times400}{300+300+400}=23(\text{mm})$$

【例 5-7】 求图 5-19 所示的平面图形阴影部分的形心位置,其中 $R=100$ mm,$r=17$ mm,$d=13$ mm。

【分析】 图中的阴影部分是一个比较复杂的图形,为了计算的方便,可将其看成是由两个半圆形图形组合后再从中挖掉一个圆。建立图示的坐标系,利用组合法求出形心。

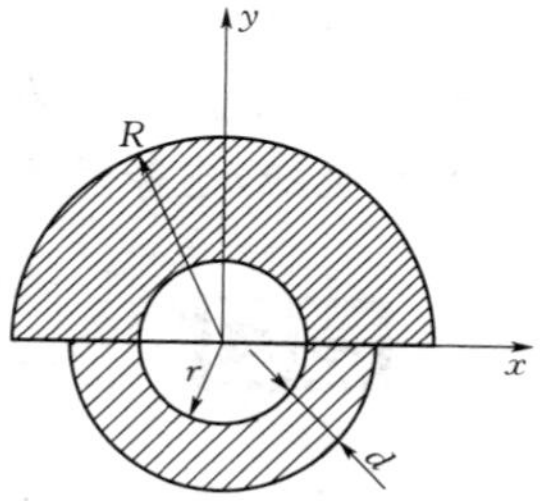

(1)分别确定三部分的形心在对应坐标系中的坐标及图形的面积

图 5-19 平面图形

$$x_1=0, y_1=\frac{4R}{3\pi}=42.4(\text{mm}), S_1=\frac{1}{2}\pi R^2=1\,570(\text{mm}^2)$$

$$x_2=0, y_2=-\frac{4(r+d)}{3\pi}=-12.7(\text{mm}), S_2=\frac{\pi}{2}(r+d)^2=141(\text{mm}^2)$$

$$x_3=0, y_3=0, S_3=-\pi r^2=-90.7(\text{mm}^2)$$

（2）求出截面的形心位置坐标

$$x_c = 0$$

$$y_c = \frac{y_1 S_1 + y_2 S_2 + y_3 S_3}{S_1 + S_2 + S_3} = \frac{1\ 570 \times 42.4 + 141 \times (-12.7) + 0}{1\ 570 + 141 + (-90.7)} = 40(\text{mm})$$

延伸：重心在电杆起吊过程的应用。

用汽车吊起立电杆的方法：首先应将吊车停在合适的地方，放好支腿，若遇土质松软的地方，支脚下垫一块面积较大的厚木板。起吊电杆的钢丝绳套，一般可拴在电杆重心以上的部位，对于拔梢杆的重心在距大头端电杆全长的 2/5 处并加上 0.5 mm。等径杆的重心在电杆的 1/2 处。如果是组装横担后整体起立，电杆头部较重时，应将钢丝绳套适当上移。拴好钢丝套后，再在杆顶向下 500 mm 处临时结三根调整绳。起吊时坑边站两人负责电杆根部进坑，另三人各扯一根调整绳，站成以坑为中心的三角形，由一人指挥。立杆时，在立杆范围以内应禁止行人走动，非工作人员应撤离施工现场以外。电杆在吊至杆坑中之后，应进行校正、填土、夯实，其后方可拆除钢丝绳套，如图 5-20 所示。

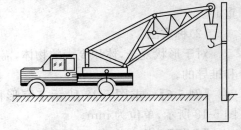

图 5-20　汽车立杆示意图

知识拓展

空间力系的平衡条件也是通过力系简化得出的，列平衡方程也要对研究对象进行受力分析才能得出，因此学习过程中要多作练习，多阅读相关参考书。关于重心的求法除本书所讲之外还有积分法、查表法等，请同学们阅读相关的资料。

本章小结

空间力系向任一点简化，可得到一力和一力偶。该力通过简化中心，其力矢称为力系的力矢，它等于力系诸力的矢量和，并与简化中心无关；这个力偶的力偶矩矢称为力系对简化中心的主矩，它等于力系诸力对简化中心之矩矢的矢量和，并与简化中心无关。

习题

1. 已知在边长为 a 的正六面体上有 $F_1 = 6$ kN，$F_2 = 2$ kN，$F_3 = 4$ kN，如图 5-21 所示。试计算各力在三坐标轴上的投影。

2. 水平圆轮上 A 处有一力 $F = 1$ kN 作用，F 在垂直平面内，与过 A 点的切线成夹角 $\alpha = 60°$，OA 与 y 向之夹角 $\beta = 45°$，$h = r = 1$ m，如图 5-22 所示。试计算 F_x、F_y、F_z 及 $M_x(F)$、$M_y(F)$、$M_z(F)$ 之值。

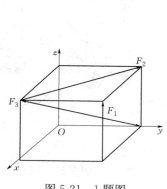
图 5-21 1 题图

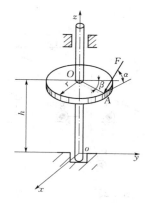
图 5-22 2 题图

3. 已知作用于手柄之力 $F=100$ N，$AB=10$ cm，$BC=40$ cm，$CD=20$ cm，$\alpha=30°$，如图 5-23 所示。试求 F 对 y 轴之矩。

4. 重物的重力 $G=10$ kN，悬挂于支架 $CABD$ 上，各杆角度如图 5-24 所示。试求 CD、AD 和 BD 三个杆所受的内力。

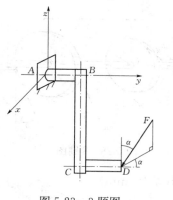
图 5-23 3 题图

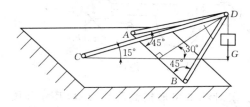
图 5-24 4 题图

5. 起重机装在三轮小车 ABC 上。已知起重机的尺寸为：$AD=DB=1$ m，$CD=1.5$ m，$CM=1$ m，$KL=4$ m。机身连同平衡锤 F 共重 $P_1=100$ kN，作用在 G 点，G 点在平面 MNF 之内，到机身轴线 MN 的距离 $GH=0.5$ m，如图 5-25 所示。所举重物 $P_2=30$ kN。求当起重机的平面 LMN 平行于 AB 时车轮对轨道的压力。

6. 变速箱中间轴装有两直齿圆柱齿轮，其分度圆半径 $r_1=100$ mm，$r_2=72$ mm，啮合点分别在两齿轮的最低与最高位置，如图 5-26 所示。已知齿轮压力角 $\alpha=20°$。在齿轮 1 上的圆周力 $F_1=1.58$ kN。试求当轴平衡时作用于齿轮 2 上的圆周力 F_2 与 A、B 轴承的反力。

7. 水平传动轴 AB 上装有两个皮带轮 C 和 D，与轴 AB 一起转动，如图 5-27 所示。皮带轮的半径各为 $r_1=200$ mm 和 $r_2=250$ mm，皮带轮与轴承间的距离为 $a=b=500$ mm，两皮带轮间的距离 $c=1\,000$ mm。套在轮 C 上的皮带是水平的，其拉力为 $F_1=2F_2=5\,000$ N；套在轮 D 上的皮带与铅直线成角 $\alpha=30°$，其拉力为 $F_3=2F_4$。求在平衡情况下，拉力 F_3 和 F_4 的值，并求由皮带拉力所引起的轴承反力。

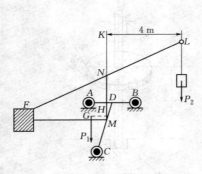

图 5-25 5 题图

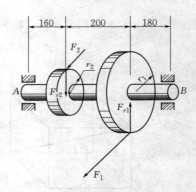

图 5-26 6 题图

8. 轴上装有直齿圆柱齿轮和直齿圆锥齿轮。如图 5-28 所示,圆柱齿轮 C 的直径 $D_1 = 200$ mm,其上作用有圆周力 $F_{t1} = 7.16$ kN,径向力 $F_{r1} = 2.6$ kN,圆锥齿轮在其平均直径处(平均直径 $D_2 = 100$ mm)作用有径向力 $F_{r2} = 4.52$ kN,轴向力 $F_{a2} = 2.6$ kN,圆周力 F_{t2}。若已知 $AC = CB = BD = 100$ mm,求圆周力 F_{t2} 和轴承 A、B 之反力。

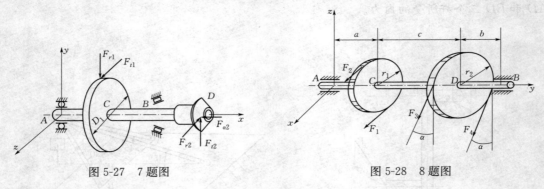

图 5-27 7 题图   图 5-28 8 题图

9. 求对称工字形钢截面的形心,尺寸如图 5-29 所示(单位:mm)。

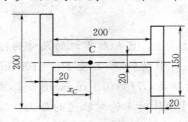

图 5-29 9 题图

第六章 · 材料力学基础

本章内容是材料力学的基础,从变形固体的基本假设入手,通过分析外力再用截面法求出内力,并通过实验观察得到的结论,进行假设,最后说明杆件的基本变形形式。

相关应用

图 6-1 所示是接触网腕臂结构图,图中的腕臂就是变形固体构件。

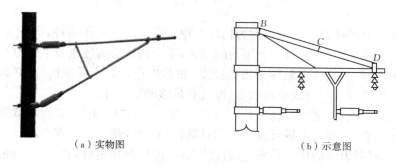

（a）实物图　　　　　　　　　（b）示意图

图 6-1　接触网腕臂结构图

第一节　变形固体及其基本假设

一、变形固体

材料力学是研究构件承载能力的科学。

1. 构件及变形

（1）构件

构件是指机械或工程结构中的组成部分,如图 6-1 所示。

在静力学中,我们把物体抽象化为刚体,实际上这样的刚体是不存在的。任何物体受力后,其几何形状和尺寸都会发生一定程度的改变。

（2）变形固体

构件几何形状和尺寸的改变,称为变形。在实际工程中的构件都是可变形的固体,简称为变形固体(或变形体)。

（3）弹性变形与塑性变形

工程上常用的各种材料在外力作用下将产生变形，当外力不超过某一限度时，绝大多数材料的变形在外力卸除后可以自行消失，材料在外力卸除后恢复其原来形状和尺寸的性质，称为弹性。外力卸除后，能够消失的变形称为弹性变形。如果作用在材料上的外力超过某一限度，外力卸除后，不能消失的变形，称为塑性变形。

一般情况下，要求构件只发生弹性变形，而不允许发生塑性变形。

2. 构件的承载能力

所谓构件的承载能力，是指构件在外力（载荷）作用下能够满足强度、刚度和稳定性要求的能力。

（1）强度

构件抵抗破坏的能力称为构件的强度。构件必须具有足够的强度，在载荷作用下，不发生塑性变形和断裂，这是保证其正常工作的最基本要求。

（2）刚度

构件抵抗变形的能力称为构件的刚度。对一些构件，除了要有足够的强度外，还要求其在载荷作用下所产生的弹性变形不超过给定的范围，即具有足够的刚度。

（3）稳定性

构件保持原有平衡状态的能力称为构件的稳定性。对于受压构件，当压力较小时，受压构件能保持其直线平衡状态，但随着压力的增大，受压构件会由原来直线形状的平衡突然变弯而丧失其工作能力，这种现象称为丧失稳定，简称失稳。对于受压构件，必须要求其在压力作用下始终保持原有的直线平衡状态，即具有足够的稳定性。

为满足构件在强度、刚度和稳定性三方面的要求，构件的材料、截面形状和尺寸的选择要合理。必须注意，还要考虑尽可能地节约材料，以满足经济性的要求。

综上所述，材料力学的任务是研究构件的强度、刚度和稳定性，在保证最经济的前提下，为构件选择合适的材料，确定合理的截面形状和尺寸，提供必要的理论基础、计算方法和实验技术。

二、变形固体的基本假设

为了便于理论分析和实际计算，对变形固体作以下基本假设。

（1）连续性假设

认为整个物体内充满了物质，没有任何空隙存在。我们知道，各种材料都是由无数颗粒组成的，材料内部存在着不同程度的孔隙，并不连续，但由于材料力学是从宏观的角度去研究构件的强度等问题，材料内部的孔隙与构件的尺寸相比要小得多，所以孔隙对材料性质和分析计算的影响都不算严重。根据这个假设，构件中的一些物理量即可用坐标的连续函数表示，并可用微积分的数学运算。

（2）均匀性假设

实际材料中，其基本组成部分的力学性能不尽相同。为了满足研究问题的需要，认为材料内任何部分的性质是完全一样的，即将材料各处的力学性能看作均匀，这样的研究结果可以满足工程需要。根据这个假设，可以采用无限小的分析方法对构件进行研究，然后将研究结果应用于整个构件。

（3）各向同性假设

认为材料在各个不同的方向都具有相同的力学性质。工程中常用的金属材料，就其每个颗粒或晶粒来说，其性质并非都如此，但由于它的体积远小于构件的体积，而且其排列也是不规则的。因此，它们的统计平均性质在各个方向就趋于一致了。

（4）小变形假设

工程实际中构件受力后产生的变形一般是很小的，它相对于构件的原有尺寸要小得多，认为是小变形。因此在分析构件上力的平衡关系时，变形的影响可略去不计，仍按构件原来的尺寸进行计算，这样的计算结果误差不大。

（5）线弹性假设

认为外力的数值没有超过一定限度时，构件只产生了弹性变形，并且认为外力与变形之间的关系是线性的。

第二节　外力、内力及应力的概念

一、外力及其分类

1. 外力

当研究某一构件时，可以设想把这一构件从周围物体中单独取出，用力来代替周围各物体对构件的作用。这些来自构件外部的力就是外力（载荷）。

2. 外力的分类

（1）按作用方式分类

外力按作用方式分为体积力和表面力。体积力是作用在物体内所有质点上的外力，如物体自重、惯性力等。表面力是作用于物体表面的力，又可分为分布力和集中力。

沿某一面积或长度连续作用于构件上的外力，称为分布力或分布载荷，如作用于油缸内壁的油压力、作用于船体上的水压力、楼板对屋梁的作用力等。

若外力分布的面积远小于物体的整体尺寸，或沿长度的分布力其分布长度远小于轴线的长度，则这样的外力可以看成是作用于一点的集中力，如火车轮子对钢轨的压力、轴承对轴的反力等。

（2）按载荷随时间的变化分类

外力按载荷随时间的变化情况，可分成动载荷和静载荷。若载荷由零缓慢地增加到某一定值，以后即保持不变，则这样的载荷称为静载荷。随时间变化的载荷称为动载荷。动载荷又可分为交变载荷和冲击载荷。随时间作周期性变化的载荷称为交变载荷，如齿轮转动时轮齿受到的力等。在瞬间内发生突然变化的载荷称为冲击载荷，如锻压时汽锤锤杆所受到的载荷等。

二、内力与截面法

1. 内力

物体是由无数颗粒组成的，这些颗粒之间存在着相互作用的内力，从而使各颗粒相互联系以维持物体的原有形状。这说明物体在未受外力作用之前已经存在着颗粒间相互作用的内力。物体受外力作用后产生变形，即各颗粒间的相对位置发生了改变，这时颗粒间相互作用的内力也发生变化。材料力学中所研究的内力，就是这种因外力作用而引起的内力改变量，也称为附加内力，简称内力。

注意，内力是由外力引起的，它随外力的改变而改变。但是，它的变化是有一定限度的，它不能随外力的增加而无限量地增加。当外力增加到一定程度时，内力不再随外力的增加而增加，这时构件就破坏了。由此可知，内力与构件的强度、刚度均有密切联系，所以内力是材料力学研究的重要内容。

2. 截面法

求内力的方法用截面法。用截面假想地把物体分成两部分，以显示并确定内力的方法称为截面法。

【例 6-1】 某杆件所受载荷如图 6-2 所示，求该杆件任一截面 $m\text{-}m$ 上的内力。

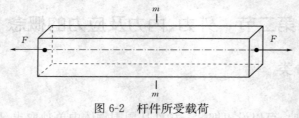

图 6-2　杆件所受载荷

【分析】

（1）用一假想平面在 $m\text{-}m$ 处，将杆件分成两部分，如图 6-3(a)所示。

（2）任取其中一部分为研究对象，如左侧部分；并将右侧部分对左侧部分的作用以内力 F_N 代替，如图 6-3(b)所示。

（3）列出左侧部分的平衡方程

$$\sum F_x = 0, F_N - F = 0$$

解得

$$F_N = F(\text{方向如图 6-3 所示})$$

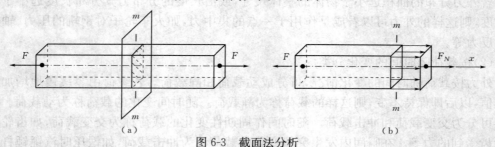

图 6-3　截面法分析

若以右侧部分为研究对象，内力大小相同，但方向不同。实际上，左、右两部分的内力是一对作用力与反作用力。因此，对同一截面，如果选取不同的研究对象，所求得的内力必然数值相等，方向相反。

截面法的步骤归纳如下：

①截开　欲求某一截面上的内力时，沿该截面假想地把构件分为两部分，任取一部分作

为研究对象。

②代替 用作用于截面上的内力(力或力偶)代替另一部分对被研究部分的作用。

③平衡 对研究部分建立平衡方程,从而确定截面上内力的大小和方向。

三、应力

1. 应力的概念

应用截面法可以求出构件的内力,但是仅仅求出内力还不能解决构件的强度问题。因为同样大小的内力作用在大小不同的横截面上,会产生不同的效果。众所周知,两根材料相同、横截面积不等的直杆,若受相同的轴向拉力(此时横截面上的内力也相同),则随着拉力的增加,细杆将先被拉断(破坏)。这说明,相等的内力分布在较大的面积上时,比较安全;分布在较小的面积上时,就比较危险。也就是说,构件的危险程度取决于截面上分布内力的密集程度,而不是取决于分布内力的总和。因此,为了解决强度问题,还必须研究内力在某一点处的密集程度,这种密集程度用分布在单位面积上的内力来衡量,称为该点的应力。

2. 截面上一点的应力

在构件的截面上,围绕任一点 C 取微小面积 ΔA,如图 6-4(a)所示。其上连续地分布着内力,设 ΔA 上分布的内力的微合力 ΔF,定义 ΔA 上内力的平均密集度为 p_m,称 p_m 为微面积 ΔA 上的平均应力,即

$$p_m = \frac{\Delta F}{\Delta A} \qquad (6-1)$$

一般情况下,由于内力是非均匀分布的,平均应力 p_m 还不能真实地表明一点处内力的密集程度。利用高等数学中极值的概念,令上式中的 ΔA 趋于零,则 p_m 的极限值 p 称为 C 点处的应力,即

$$p = \lim_{\Delta A \to 0} p_m = \lim_{\Delta A \to 0} \frac{\Delta F}{\Delta A} = \frac{dF}{dA} \qquad (6-2)$$

上式即为应力的定义式,它表明:应力是一点处内力的密集度;也可以说,应力是单位面积上的内力,p 称为全应力。

3. 正应力和切应力

全应力 p 是一个矢量。一般说来它即不与截面垂直,又不与截面相切。因此,通常把全应力 p 分解成垂直于截面的分量 σ 和切于截面的分量 τ,如图 6-4(b)所示。其中,垂直于截面的分量 σ 称为正应力;切于截面的分量 τ 称为切应力。

4. 应力的单位

国际单位制中,应力的单位是牛顿/米²(N/m²),称为帕斯卡或简称帕(Pa)。由于这个单位太小,使用不便,工程中常采用的单位是:千帕(kPa)、兆帕(MPa)、吉帕(GPa)。它们与帕的关系为:

$$1 \text{ kPa} = 10^3 \text{ Pa}; \quad 1 \text{ MPa} = 10^6 \text{ Pa}; \quad 1 \text{ GPa} = 10^9 \text{ Pa}。$$

工程中构件的截面尺寸常用 mm² 表示,又由于

$$1 \text{ MPa} = 10^6 \text{ Pa} = 10^6 \times \frac{N}{m^2} = 10^6 \times \frac{N}{10^6 \times mm^2} = 1 \text{ N/mm}^2$$

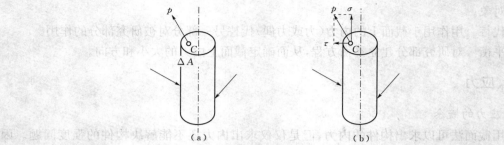

图 6-4 应力分析

所以在计算中常直接使用：1 N/mm² = 1 MPa。

【例 6-2】 某杆件受到轴线方向的拉力为 1 000 N，截面积为 200 mm²，试求该杆件内横截面上所受的正应力。

【分析】

方法一：
$$\sigma = \frac{F}{A} = \frac{1\ 000}{200 \times 10^{-6}} = 5 \times 10^{6}\ \text{N/m}^2 = 5 \times 10^{6}\ \text{Pa}$$

方法二：
$$\sigma = \frac{F}{A} = \frac{1\ 000}{200} = 5\ \text{N/mm}^2 = 5\ \text{MPa}$$

可见，用方法二非常简便。

第三节 杆件的基本变形形式

横向(垂直于长度方向)尺寸远小于纵向(长度方向)尺寸的构件称为杆件。

一、杆件的类型

杆件有两个主要几何因素，即轴线和横截面。轴线和横截面之间存在一定的关系，即轴线通过横截面的形心，横截面与轴线正交。

根据轴线与横截面的特征，杆件可分为等截面杆和变截面杆，直杆和曲杆。

1. 等截面杆

各横截面大小相等的杆件，如图 6-5(a)、(b)、(d)所示。

2. 变截面杆

横截面大小不相等的杆件，如图 6-5(c)所示。

3. 直杆

轴线为直线的杆件，如图 6-5(a)、(b)、(c)所示。

4. 曲杆

轴线为曲线的杆件，如图 6-5(d)所示。

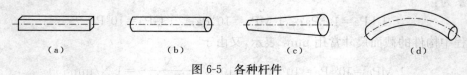

（a）　　　　　　　（b）　　　　　　　（c）　　　　　　　（d）

图 6-5 各种杆件

材料力学主要研究等截面直杆,简称等直杆。

二、杆件的基本变形形式

当外力以不同方式作用在杆件上时,杆件将产生不同形式的变形。变形的基本形式有以下四种:

1. 轴向拉压

杆件受到沿轴线的拉力或压力作用,杆件伸长[图 6-6(a)]或缩短[图 6-6(b)]。

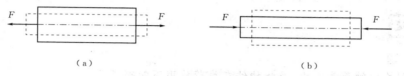

（a）　　　　　　　　　　　（b）

图 6-6　轴向拉压

2. 剪切

在大小相等,方向相反且相距很近的两个横向外力作用下,杆件在二力间的各横截面产生相对错动,如图 6-7 所示。

3. 扭转

在一对大小相等、转向相反、作用面与杆的轴线垂直的力偶作用下,两力偶作用面间各横截面将绕轴线产生相对转动,如图 6-8 所示。

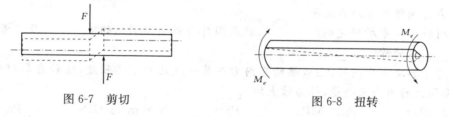

图 6-7　剪切　　　　　　　　　图 6-8　扭转

4. 弯曲

在垂直于杆件轴线的横向力作用下,杆件轴线由直线弯成曲线,如图 6-9 所示。

在工程实际中,杆件的变形都比较复杂,但可以看成是由以上几种基本变形组合而成的。

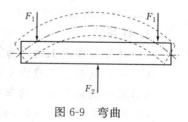

图 6-9　弯曲

知识拓展

同学们刚刚接触材料力学,容易把理论力学中的概念和处理问题的方法照搬过来,造成错误。

理论力学中把物体抽象为质点或刚体,研究它们的平衡和运动规律,它们的理论基础是牛顿三大定律。

材料力学把物体视为弹性体,在弹性范围内,研究其变形和破坏规律,因此,理论力学中的原理在材料力学中并不都是适用的,要加以具体分析,"力的可传性原理"就是一例。

因此,在材料力学中,力不可沿轴线任意平移,即要注意力的作用点。同样,在材料力学中,力偶矩也是不能任意平移的,请同学们自己查阅相关资料或实例加以证明。

本章小结

通过本章学习学生能深入理解变形固体及连续性、均匀性、各向同性、小变形、线弹性等基本假设;明确外力、内力及应力的概念,会用截面法求杆件的内力,掌握正应力和切应力及其单位;会判断杆件的轴向拉压、剪切、扭转、弯曲等基本变形形式。

习题

1. 填空题

(1)所谓构件的承载能力,是指构件在载荷作用下能够满足_____、_____和_____要求的能力。

(2)为了便于理论分析和实际计算,对变形固体作以下基本假设:_____、_____、_____、_____。

(3)构件抵抗破坏的能力称为构件的_____。构件抵抗变形的能力称为构件的_____。构件保持原有平衡状态的能力称为构件的_____。

(4)用截面假想地把物体分成两部分,以显示并确定内力的方法称为_____。

(5)截面法的解题步骤可归纳为_____、_____、_____等三步。

(6)来自构件外部的力就是_____。

(7)材料力学中所研究的_____,就是因外力作用而引起的_____改变量,也称为附加_____,简称_____。

(8)为了解决强度问题,还必须研究内力在某一点处的密集程度,这种密集程度用分布在单位面积上的内力来衡量,称为该点的_____。

(9)1 kPa=_____Pa;1 MPa=_____Pa=_____N/mm²;1 GPa=_____Pa。

(10)杆件的基本变形有_____、_____、_____、_____等四种形式。

2. 判断题

(1)杆件某截面上的内力是该截面上应力的代数和。 ( )

(2)同一截面上正应力 σ 与切应力 τ 必相互垂直。 ( )

(3)同一截面上各点的正应力 σ 必定大小相等、方向相同。 ( )

(4)同一截面上各点的切应力 τ 必相互平行。 ( )

3. 判断题

(1)利用截面法,求图 6-10 所示杆中指定截面上的内力。

(2)利用截面法,求图 6-11 所示杆中指定截面上的内力。

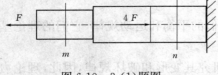

图 6-10 3-(1)题图

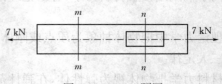

图 6-11 3-(2)题图

（3）利用截面法，求图 6-12 所示简支梁 m-m 面的内力分量。

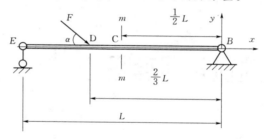

图 6-12　3-(3)题图

4. 判定杆件的变形形式

（1）图 6-13(a)中杆件的变形形式是＿＿＿＿；图 6-13(b)中杆件的变形形式是＿＿＿＿；图 6-13(c)中杆件的变形形式是＿＿＿＿；图 6-13(d)中杆件的变形形式是＿＿＿＿。

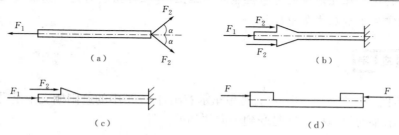

图 6-13　4-(1)题图

（2）图 6-14(a)中 BC 杆变形形式是＿＿＿＿；CD 杆变形形式是＿＿＿＿；BE 杆变形形式是＿＿＿＿。图 6-14(b)中的 BD 杆变形形式是＿＿＿＿；CE 杆变形形式是＿＿＿＿。图 6-14(c)中的 PQ 杆变形形式是＿＿＿＿；CD 杆变形形式是＿＿＿＿。图 6-14(d)中的 BC 杆变形形式是＿＿＿＿；BE 杆变形形式是＿＿＿＿；CE 杆变形形式是＿＿＿＿。

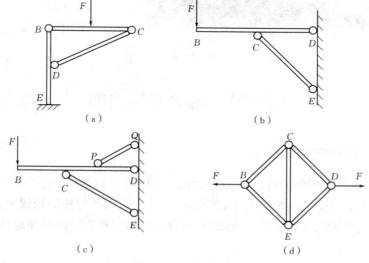

图 6-14　4-(2)题图

第七章 · 轴向拉压变形

从轴向拉伸、压缩、轴力的概念入手,通过轴力的计算,绘制出轴力图,根据变形之间的物理关系,得出横截面上各点应力的分布规律,导出应力的计算公式及虎克定律,建立强度条件,明确材料在拉压变形时的力学性能的基础上,建立许用应力的概念及设立安全系数的意义,最后让学生了解应力集中现象。

相关应用

图 7-1 案例是遮阳棚实例图和简易吊车示意图,图 7-1 中的遮阳棚支架是受到轴向压缩的杆件、简易吊车的斜拉杆 BD 是受到轴向拉伸的杆件。

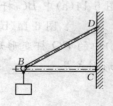

（a）遮阳棚　　　　　　　　　　　（b）简易吊车

图 7-1　案例

第一节　轴力与轴力图

一、轴向拉伸和压缩的概念

如果将实际拉伸或压缩的杆件抽象化为图 7-1 中的计算简图,则拉伸和压缩杆件的受力特点是:作用在直杆上的两个力大小相等、方向相反、作用线与杆的轴线重合;杆件的变形特点是:杆件产生沿轴线方向的伸长或缩短,这种变形形式称为轴向拉伸或轴向压缩。

二、轴力

垂直于杆件轴线的截面,称为横截面。研究轴向拉伸和压缩时,横截面上的内力即指横截面上分布内力的合力(总内力)。

为了说明轴力的概念,我们从分析杆件的内力入手。

如图 7-2 杆件受力所示,一杆件受到力 F 作用而平衡,求横截面 m-m 上的内力。为了求出 m-m 横截面上的内力,应用截面法。

在第六章我们已经介绍了截面法求内力的方法和步骤。将杆件沿截面 m-m 假想切开;取右段为研究对象,设作用在截面 m-m 上的内力为 F_N,如图 7-3 所示,对研究部分列出平衡方程

$$\sum F_x = 0,\ F - F_N = 0$$

得

$$F_N = F \tag{7-1}$$

可见,内力 F_N 与外力 F 构成二力平衡关系,其作用线与杆件的轴线重合。我们将与杆件轴线重合的内力称为轴力。轴力的正负号根据变形规定为:使杆件产生拉伸变形的轴力为正;使杆件产生压缩变形的轴力为负。也就是说,轴力方向与横截面外法线方向一致(背离截面方向)为正;反之(指向截面方向)为负。图 7-3 所示的杆件受拉,内力为正,方向背离截面。

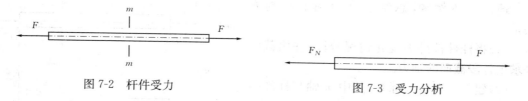

图 7-2　杆件受力　　　　　　　　　　　　　图 7-3　受力分析

当杆件受到多个力同时作用时,各段的轴力往往是不同的,如图 7-4 所示,BC 段的轴力与 CD 段的轴力是不相同的,所以求轴力时应分段计算。用例题加以说明。

【例 7-1】　如图 7-4 所示,杆件在 B、C、D 各截面处作用有外力,$F_1 = 14\ \text{N}$,$F_2 = 20\ \text{N}$,$F_3 = 6\ \text{N}$,求 m-m、n-n 截面处的轴力。

【分析※】　(1)求横截面 m-m 上的轴力,用截面法将杆件沿 m-m 截开,取左段为研究对象,以 F_{N1} 代表该截面上的轴力,受力如图 7-5(a)所示。对研究部分列平衡方程

$$\sum F_x = 0,\ F_{N1} - F_1 = 0$$

得

$$F_{N1} = F_1 = 14\ \text{N}$$

(2)求横截面 n-n 上的轴力,用截面法将杆件沿 n-n 截开,取左段为研究对象,以 F_{N2} 代表该截面上的轴力,受力如图 7-5(b)所示。对研究部分列平衡方程:

$$\sum F_x = 0,\ F_{N2} + F_2 - F_1 = 0$$

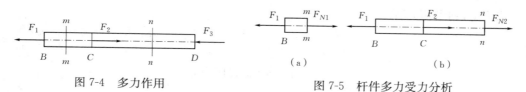

图 7-4　多力作用　　　　　　　　　　　　図 7-5　杆件多力受力分析

得

$$F_{N2}=F_1-F_2=14-20=-6\text{ N}$$

负号表示 F_{N2} 的实际方向与假设方向相反,指向截面,即为压力。

在采用截面法时应注意:外力不能沿其作用线移动;截面不能切在外力作用点处。

三、轴力图

为了表明各截面上的轴力沿轴线的变化情况,用平行于杆件轴线的坐标表示横截面的位置,再取垂直的坐标表示横截面上的轴力,按选定的比例尺和轴力的正负把轴力分别画在坐标轴的上下或左右两侧,这样绘出的图线称为轴力图。

【例 7-2】 画【例 7-1】的轴力图。

【分析】 在【例 7-1】中,已计算出各段的轴力

BC 段的轴力 $F_{N1}=14\text{ N}$。

CD 段的轴力 $F_{N2}=-6\text{ N}$。

可见,BC 段受拉,CD 段受压。

轴力图如图 7-6(b)所示。

通过上述例题,总结出轴力图的绘制方法是:

(1)将杆件按外力变化情况分段,并用截面法求出各段截面的轴力。

(2)建立一直角坐标系,其中 x 轴与杆件的轴线平行,表示杆件截面的位置;F_N 轴垂直于 x 轴,表示轴力的大小。通常坐标原点与杆件端部对齐。

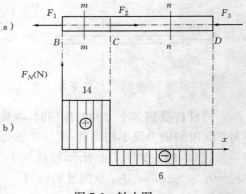

图 7-6 轴力图

(3)根据各段轴力的大小绘出图线(图 7-6 轴力图中的粗实线),标出纵标线(图 7-6 轴力图中的竖直方向细实线)、纵标值(图 7-6 轴力图中的 14、6)、正负号(图 7-6 轴力图中的 ⊕、⊖)、单位(图 7-6 轴力图中的 N)等。

【例 7-3】 一杆件受力如图 7-7(a)所示,其中 $F_1=8\text{ kN}$,$F_2=15\text{ kN}$,$F_3=36\text{ kN}$,求该杆件各段的轴力并绘制其轴力图。

【分析】 (1)求各段的轴力

根据杆件的受力情况,将杆件分成 BC、CD、DE 三段,用截面法分别求 BC 段的轴力 F_{N1},如图 7-7(b)所示,CD 段的轴力 F_{N2},如图 7-7(c)所示,DE 段的轴力 F_{N3},如图 7-7(d)所示。

求 F_{N1},列平衡方程

$$F_1-F_{N1}=0$$

得

$$F_{N1}=F_1=8\text{ kN(压力)}$$

求 F_{N2},列平衡方程

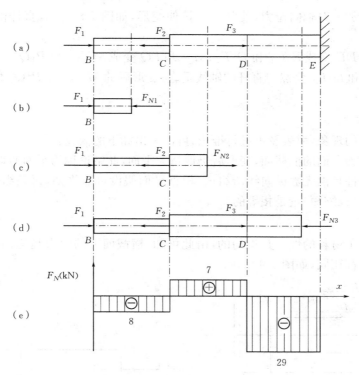

图 7-7　杆件受力与分析

$$F_1 - F_2 + F_{N2} = 0$$

得

$$F_{N2} = F_2 - F_1 = 15 - 8 = 7(\text{kN})(\text{拉力})$$

求 F_{N3}，列平衡方程

$$F_1 - F_2 + F_3 - F_{N3} = 0$$

得

$$F_{N3} = F_1 - F_2 + F_3 = 8 - 15 + 36 = 29(\text{kN})(\text{压力})$$

（2）根据所求的各段轴力，绘制轴力图，如图 7-7（e）所示。

第二节　轴向拉压变形时的应力

一、杆件拉压变形时横截面上的应力

由截面法求得各个截面上的轴力后，并不能直接判断杆件是否有足够的强度，必须用横截面上的应力来度量杆件的受力程度。为了确定横截面上的应力，必须了解内力在横截面上的分布情况，因为应力的分布与变形有关，所以先要研究杆件的变形。

1. 变形现象

取一个橡胶（或其他易于变形的材料）制成的等截面直杆，在其中间部分的侧面画两条垂直于直杆轴线的横线 BC 和 DE，在横线之间画两条平行于直杆轴线的纵线 MN 和 PQ，然后在直杆两端加一对轴向拉力,使其产生拉伸变形,如图 7-8 所示,直杆由图中的虚线位置变成实线位置。

这时 BC 和 DE 变成 B_1C_1 和 D_1E_1；MN 和 PQ 变成 M_1N_1 和 P_1Q_1。我们可以看到:变形后的 B_1C_1 和 D_1E_1 仍然与直杆的轴线垂直;变形后的 M_1N_1 和 P_1Q_1 仍然与直杆的轴线平行。

2. 平面假设

根据观察到的现象,由表及里进行推论,可以做出如下的假设:

直杆变形前为平面的横截面,变形后仍保持为平面,此结论称为平面假设。

可以假想杆件是由无数纵向线所组成,根据平面假设可以推知,每条纵向线受拉伸(或压缩)时,其伸长(或缩短)量是相等的。

3. 应力公式

前面已假设了材料的性质是均匀的,由此可知,横截面上的内力是均匀分布的,即横截面上各处的应力都相同,如图 7-9 所示。

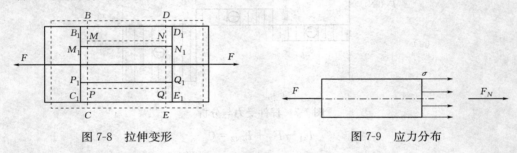

图 7-8 拉伸变形   图 7-9 应力分布

因此,杆件拉压变形时,横截面上正应力的计算公式为

$$\sigma = \frac{F_N}{A} \tag{7-2}$$

式中 σ——横截面上的正应力。

F_N——横截面上的内力(轴力)。

A——横截面的面积。

这个公式已为大量实验所证实,适用于任意形状横截面的等截面杆件的拉压变形。轴向拉伸时,横截面上的正应力 σ 为拉应力;轴向压缩时,横截面上的正应力 σ 为压应力。正应力 σ 的符号随轴力 F_N 的符号而定,即拉应力为正,压应力为负。

【例 7-4】 一横截面为正方形的混凝土柱分上下两段,所受力及横截面的尺寸如图 7-10(a)所示,$F_1 = 72$ kN,$F_2 = 120$ kN,求该混凝土柱的最大正应力。

【分析】 (1)用截面法求得 BC 段的轴力 $F_{N1} = -72$ kN,CD 段的轴力 $F_{N2} = -192$ kN,根据求出的轴力绘制轴力图,如图 7-10(b)所示。

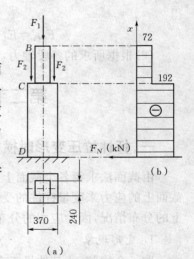

图 7-10 混凝土柱受力

（2）计算各段的正应力

$$\sigma_{BC} = \frac{F_{N1}}{A} = \frac{-72 \times 10^3}{240^2} = -1.25(\text{MPa})$$

$$\sigma_{CD} = \frac{F_{N2}}{A} = \frac{-192 \times 10^3}{370^2} = -1.4(\text{MPa})$$

由计算结果可知，该混凝土柱的最大正应力在 CD 段，其值为 1.4 MPa，是压应力。

4. 杆件拉压变形时斜截面上的应力

为了全面分析杆件的强度，确定杆件发生破坏的原因，必须进一步研究斜截面上的应力情况。如图 7-11(a)所示，现在研究与横截面成 α 角的斜截面 $m\text{-}m$ 上的应力情况。由截面法求得斜截面上的轴力 $F_N = F$，如图 7-11(b)所示。

依照横截面上正应力分布的推理方法，可得斜截面上应力 p_α 也是均匀分布的，如图 7-11(c)所示，其值为

$$p_\alpha = \frac{F_N}{A_\alpha}$$

式中　A_α——斜截面的面积。

若横截面的面积为 A，则

$$A_\alpha = \frac{A}{\cos\alpha}$$

将上述两式整理，得

$$p_\alpha = \frac{F_N}{A}\cos\alpha = \sigma\cos\alpha$$

式中　$\sigma = \dfrac{F_N}{A}$——横截面上的正应力。

将斜截面上的应力 p_α 分解为垂直于斜截面的正应力 σ_α 和平行于斜截面的切应力 τ_α，如图 7-11(d)所示，其值分别为

$$\sigma_\alpha = p_\alpha\cos\alpha = \sigma\cos^2\alpha \tag{7-3}$$

$$\tau_\alpha = p_\alpha\sin\alpha = \frac{1}{2}\sigma\sin2\alpha \tag{7-4}$$

上述两式就是杆件拉压变形时斜截面上的应力计算公式。

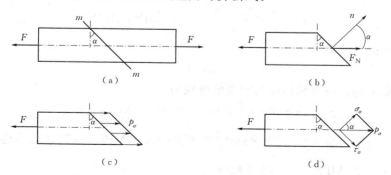

图 7-11　轴向拉伸等直杆

利用斜截面上的应力公式进行计算时,必须注意式中各量的正负号。规定:正应力 σ_α 仍以拉应力为正,压应力为负;对切应力 τ_α,取研究对象内任一点为矩心,切应力绕该点有顺时针转动的趋势时,切应力为正,反之为负,如图 7-12 所示。

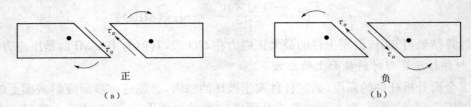

图 7-12 切应力

利用斜截面上的应力计算公式,对斜截面上的应力进行讨论分析,可得出如下结论:

(1)在轴向拉压杆内任一点的各个截面上,一般都存在正应力 σ_α 和切应力 τ_α,其大小和方向随 α 角作周期性变化。

(2)轴向拉压杆内任一点处的最大正应力发生在杆的横截面上,即当 $\alpha=0°$ 时,

$$\sigma_{0°}=\sigma\cos^2 0°=\sigma=\sigma_{max}（最大正应力）$$

(3)轴向拉压杆内任一点处的最大切应力发生在杆的 45° 斜截面上,其值等于该点处最大正应力的一半。即当 $\alpha=45°$ 时,

$$\tau_{45°}=\frac{1}{2}\sigma\sin(2\times 45°)=\frac{1}{2}\sigma=\tau_{max}（最大切应力）$$

(4)轴向拉压杆在平行于杆件轴线的纵向截面上不产生任何应力。即当 $\alpha=\pm 90°$ 时,

$$\sigma_{90°}=0,\tau_{90°}=0$$

【例 7-5】 如图 7-13(a)所示,其横截面尺寸为 30 mm×20 mm,所受载荷 $F=60$ kN。试求斜截面 $m\text{-}m$ 上的正应力与切应力。

【分析】 (1)直杆横截面的面积为

$$A=30\times 20=600（mm^2）$$

(2)横截面上的轴力为

$F_N=F=60$ kN(压力),如图 7-13(b)所示。

(3)横截面上的正应力为

$$\sigma=\frac{F_N}{A}=\frac{60\times 10^3}{600}=100（MPa）（压力）$$

(4)斜截面的角度为

$$\alpha=60°$$

(5)斜截面上的正应力和切应力的数值分别为

$$\sigma_{60°}=\sigma\cos^2\alpha=100\times\cos^2 60°=25（MPa）（压力）$$

$$\tau_{60°}=\frac{1}{2}\sigma\sin 2\alpha=\frac{1}{2}\times 100\times\sin(2\times 60°)=43.3（MPa）（顺时针转动趋势）$$

所以 $\sigma_{60°}=-25$ MPa,$\tau_{60°}=43.3$ MPa。

其方向如图 7-13(b)所示。

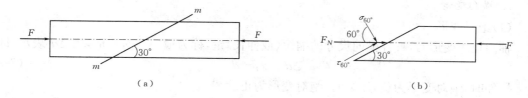

图 7-13　轴向受压矩形等截面直杆

第三节　轴向拉压变形　虎克定律

杆件在轴向拉压变形时,将引起纵向尺寸和横向尺寸的变化。下面研究这种变形。

一、轴向拉压变形

1. 纵向变形

设等截面直杆原来的纵向尺寸(长度)为 l、横向尺寸(宽度或直径)为 d,在轴向拉力作用下,变形后的纵向尺寸为 l_1、横向尺寸为 d_1,如图 7-14 所示。

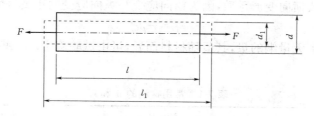

图 7-14　纵向变形

解:求横截面 $m\text{-}m$ 上的轴力,用截面法将杆件沿 $m\text{-}m$ 截开,取左段为研究对象,以 F_{N1} 代表该截面上的轴力,受力如图 7-5(a)所示。对研究部分列平衡方程:
$$\sum F_x=0, F_{N1}-F_1=0$$
得
$$F_{N1}=F_1=14 \text{ N}$$

(1)绝对变形

轴向拉压变形时,杆件纵向尺寸的伸长(或缩短)量,称为纵向绝对变形,用 Δl 表示,即
$$\Delta l=l-l_1 \tag{7-5}$$
拉伸时,绝对变形为正;压缩时,绝对变形为负。

(2)相对变形

绝对变形与杆件的原长度有关,为了消除原长度的影响,引入相对变形的概念。单位长度的变形称为相对变形或线应变,沿轴线方向单位长度的变形称为纵向相对变形或纵向线应变,用 ε 表示,即
$$\varepsilon=\frac{\Delta l}{l} \tag{7-6}$$

2. 横向变形

(1)绝对变形

轴向拉压变形时,杆件横向尺寸的缩短(或伸长)量,称为横向绝对变形,用 Δd 表示,即

$$\Delta d = d_1 - d \tag{7-7}$$

拉伸时,绝对变形为负,压缩时,绝对变形为正。

(2)相对变形

横向(即垂直轴线方向)单位长度的变形称为横向相对变形或横向线应变,用 ε_1 表示,即

$$\varepsilon_1 = \frac{\Delta d}{d} \tag{7-8}$$

二、泊松比

大量实验证明,对于同一种材料,在弹性变形内,其横向相对变形与纵向相对变形之比的绝对值为一常数,用 μ 表示此常数,则有

$$\mu = \left| \frac{\varepsilon_1}{\varepsilon} \right| \tag{7-9}$$

常数 μ 称为泊松比或横向变形系数,因为横向应变与纵向应变的正负号恒相反,故有

$$\varepsilon_1 = -\mu\varepsilon \tag{7-10}$$

泊松比 μ 是一个无量纲的量,其值随材料而异,可由试验确定。一些常用材料的 μ 值见表 7-1。

表 7-1 常用材料的 μ 和 E

材料名称	泊松比 μ	弹性模量 E(单位 GPa)
木材(顺纹)	0.054	10~12
混凝土	0.1~0.18	13.72~39.2
铝合金	0.20~0.33	70
灰铸铁	0.23~0.27	80~160
碳素钢	0.24~0.30	200~210
合金钢	0.25~0.30	186~206
铜及铜合金	0.31~0.42	72.6~128
电木	0.35~0.38	1.96~2.94
橡胶	0.47	0.007 8
低压聚乙烯	—	0.54~0.75
有机玻璃	—	2.35~29.42

三、虎克定律(又称胡克定律)

实验表明,杆件在轴向拉压变形时,当其应力不超过某一限度时,杆件的轴向变形与轴

向载荷及杆件纵向尺寸成正比,与杆件横截面面积成反比。这一关系称为虎克定律,即

$$\Delta l \propto \frac{Fl}{A} \tag{7-11}$$

引入与杆件材料有关的比例系数 E,则有

$$\Delta l = \frac{Fl}{EA} \tag{7-12}$$

由于轴向拉压变形时,$F = F_N$,故上式又可写为

$$\Delta l = \frac{F_N l}{EA} \tag{7-13}$$

此式就是虎克定律的表达式。

式中的系数 E 称为弹性模量。它表示材料抵抗拉压变形的能力,即表示材料的弹性性质。弹性模量的常用单位与应力的单位相同。各种材料的弹性模量可由试验确定。一些常用材料的弹性模量 E 值见表 7-1。

由虎克定律的表达式可知,对纵向尺寸及横截面面积相同、受力相等的等截面直杆,弹性模量愈大,变形愈小;对纵向尺寸相同,受力相等的杆件,EA 愈大,杆件的绝对变形 Δl 愈小。所以 EA 称为杆件的抗拉(压)刚度,它表示杆件抵抗拉压变形的能力。

将 $\sigma = \frac{F_N}{A}$ 和 $\varepsilon = \frac{\Delta l}{l}$ 代入虎克定律表达式,可得

$$\sigma = E\varepsilon \tag{7-14}$$

此式是虎克定律的又一表达形式,即虎克定律可以表述为:在弹性变形内,杆件横截面上的正应力与纵向线应变成正比。

【例 7-6】 一阶梯形杆件由两种材料组成,如图 7-15(a)所示。GH 段和 HI 段的材料为铸铁,其弹性模量 $E_1 = E_2 = 100$ GPa,GH 段的长度 $l_1 = 850$ mm,HI 段的长度 $l_2 = 750$ mm,此两段横截面的面积 $A_1 = A_2 = 400$ mm²;IJ 段的材料为合金钢,其弹性模量 $E_3 = 200$ GPa,长度 $l_3 = 950$ mm,横截面的面积 $A_3 = 200$ mm²。该杆件所受载荷 $F_1 = 45$ kN,$F_2 = 25$ kN。试求该杆件总的轴向变形。

【分析】 (1)计算杆件的轴力并绘制轴力图。

由截面法可得 GH 段的轴力为 $F_{N1} = 20$ kN,HI、IJ 两段的轴力为 $F_{N2} = F_{N3} = -25$ kN。其轴力图如图 7-15(b)所示。

(2)分别计算各段变形。

GH 段的变形: $\Delta l_1 = \frac{F_{N1} l_1}{E_1 A_1} = \frac{20 \times 10^3 \times 850}{100 \times 10^3 \times 400} = 0.425 \text{(mm)}$

HI 段的变形: $\Delta l_2 = \frac{F_{N2} l_2}{E_2 A_2} = \frac{-25 \times 10^3 \times 750}{100 \times 10^3 \times 400} = -0.469 \text{(mm)}$

IJ 段的变形: $\Delta l_3 = \frac{F_{N3} l_3}{E_3 A_3} = \frac{-25 \times 10^3 \times 950}{200 \times 10^3 \times 200} = -0.594 \text{(mm)}$

(3)计算该杆件总的轴向变形。

$$\Delta l = \Delta l_1 + \Delta l_2 + \Delta l_3 = 0.425 - 0.469 - 0.594 = -0.638 \text{(mm)}$$

总变形 Δl 为负值,表示该杆件在载荷作用下产生压缩变形。

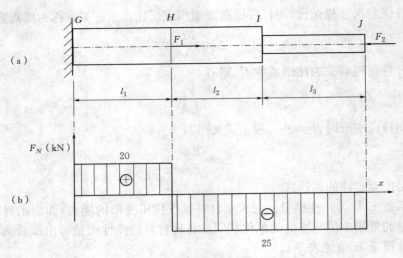

图 7-15　阶梯形杆件

第四节　材料在拉压变形时的力学性质

为了进行构件的强度计算,必须研究材料的力学性质。所谓材料的力学性质,就是材料在受力过程中在强度和变形方面所表现出的性能。

材料的力学性质都是通过试验得出的。试验不仅是确定材料力学性质的唯一方法,而且也是建立理论和验证理论的重要手段。

在材料试验中,静力拉伸和压缩试验是最简单和最重要的。这里简要说明一下静力拉伸试验的一般过程。拉伸试验前,把进行试验的材料做成具有一定形状和尺寸的标准试件,如图 7-16 所示。

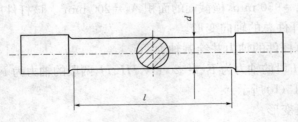

图 7-16　标准试件

试件的工作长度(标距)l 与其截面直径 d 的比例规定为 $l=5d$(短试件),$l=10d$(长试件)。试验时,将试件的两端装卡在试验机的上、下夹头里,然后对其施以缓慢增加的拉力,直到把试件拉断为止。

在试件受力的过程中,随着拉力的增加,试件的变形(伸长)也逐渐增加。试验机会自动记录下每一时刻拉力 F 的数值及与之对应的伸长变形 Δl。如果取纵坐标轴表示拉力 F,横坐标轴表示拉伸变形 Δl,即可得到拉力 F 与变形 Δl 间关系的曲线,该曲线称为试件的拉伸图。

一、低碳钢拉伸时的力学性质

图 7-17 所示是低碳钢的拉伸图。试件的拉伸图与试件的几何尺寸有关。为了消除试件几何尺寸的影响，可改用应力 $\sigma = \dfrac{F_N}{A}$、应变 $\varepsilon = \dfrac{\Delta l}{l}$ 分别作纵坐标和横坐标，得到的是应力与应变关系曲线。此曲线称为应力-应变图或 σ-ε 图，如图 7-18 所示。

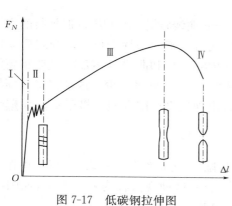

图 7-17　低碳钢拉伸图

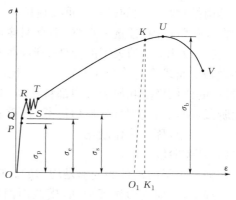

图 7-18　σ-ε 图

1. 低碳钢拉伸试验的四个阶段

低碳钢是工程中广泛应用的金属材料，其应力-应变曲线具有典型的意义。由图 7-18 可见，在拉伸试验的不同阶段，应力与应变关系的规律不同。根据应力-应变曲线可将低碳钢的拉伸过程分为以下四个阶段：

（1）弹性阶段

从图中可以看出，OP 段是直线，说明在此段范围内应力与应变成正比，即符合虎克定律。与 P 点对应的的应力，即应力与应变成正比的最高限，称为材料的比例极限，用 σ_p 表示。Q235 钢的比例极限约为 200 MPa。

在 OQ 段范围内，材料的变形是弹性的。即当 σ 小于 Q 点的应力时，如果卸去载荷，使应力逐渐减小到零，则相应的应变 ε 也随之完全消失。所以 OQ 段称为弹性阶段。与 Q 点对应的应力称为弹性极限，用 σ_e 表示。由于弹性极限与比例极限非常接近，所以实际应用中不作区分，认为二者相等，即将 P、Q 视为同一点，与之对应的应力统称为弹性极限。在理论研究中，当强调应力与变形成正比时，则采用比例极限。

（2）屈服阶段

当应力达到 R 点的相应值时，应力不再增加而应变却在急剧地增长，材料暂时失去了抵抗变形的能力。这种现象一直延续到 T 点。如果试件是经过抛光的，这时便可以看到试件表面出现许多与试件轴线成 45° 角的条纹，这些条纹称为滑移线。一般认为，这些条纹是材料内部的晶粒沿最大剪应力方向相互错开引起的。这种应力几乎不变，应变却不断增加，从而产生明显变形的现象，称为屈服现象，RT 段称为屈服阶段。R 点称为上屈服点；在应力波动中，应力下降到最低值，对应于曲线中的 S 点称为下屈服点。一般规定下屈服点作为材料的屈服点，与屈服点对应的应力值称为屈服极限，用 σ_s 表示。Q235 钢的屈服极限约为 235 MPa。

在这一阶段，如果卸载，将出现不能消失的塑性变形，这在工程中一般是不允许的。所以屈服极限是衡量材料强度的一个重要指标。

（3）强化阶段

经过屈服阶段以后，从 T 点开始曲线又逐渐上升，材料又恢复了抵抗变形的能力，要使它继续变形，必须增加应力。这种现象称为材料的强化，故 TU 段称为强化阶段。曲线的最高点 U 所对应的应力称为强度极限，用 σ_b 表示。Q235 钢的强度极限约为 400 MPa。强度极限是衡量材料强度的另一个重要指标。

在强化阶段内，任选一点 K，若此时缓慢卸载，σ-ε 曲线将沿着与 OP 近似平行的直线回到 O_1 点。$O_1 K_1$ 是消失了的弹性变形，而 OO_1 是残留下来的塑性变形。若卸载后立即重新加载，σ-ε 曲线将沿着 $O_1 KUV$ 变化。比较曲线 $OPRTUV$ 和曲线 $O_1 KUV$，说明重新加载时，材料的比例极限和屈服极限都将提高，但断裂后的塑性变形将减少。这种将材料预拉到强化阶段，使之出现塑性变形后卸载，再重新加载，出现比例极限和屈服极限提高而塑性变形降低的现象，称为冷作硬化。

（4）颈缩阶段

在强度极限前试件的变形是均匀的。在强度极限后，即曲线的 UV 段，变形集中在试件的某一局部，纵向变形显著增加，横截面面积显著减小，这种现象称为颈缩现象，如图 7-19 所示。由于局部横截面面积显著减小，试件迅速被拉断。

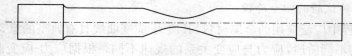

图 7-19　颈缩现象

2. 材料的塑性指标

试件拉断后，弹性变形消失了，只剩下残余变形。残余变形标志着材料的塑性。工程中常用延伸率 δ 来表示材料的塑性，规定

$$\delta = \frac{l_1 - l}{l} \times 100\% \qquad (7\text{-}15)$$

式中　l_1——试件拉断后的标距；

　　　l——原标距。

对长试件一般把 $\delta > 5\%$ 的材料称为塑性材料，把 $\delta < 5\%$ 的材料称为脆性材料。

另外，还可以用截面收缩率 ψ 来说明材料的塑性，规定

$$\psi = \frac{A - A_1}{A} \times 100\% \qquad (7\text{-}16)$$

式中　A_1——试件断口处的最小截面积。

　　　A——试件的原始截面积。

显然，材料的塑性越大，其 δ、ψ 值也就越大。因此，延伸率和截面收缩率是衡量材料塑性性质的两个重要指标。Q235 钢的延伸率为 $20\% \sim 30\%$、断面收缩率为 $60\% \sim 70\%$，所以它是典型的塑性材料。铸铁、混凝土、石料、陶瓷、玻璃等都没有明显的变形，都是脆性材料。

3. 铸铁拉伸时的力学性能

铸铁可作为脆性材料的代表,其应力-应变图如图 7-20 所示。从它的 σ-ε 图看出,图中没有明显的直线部分,没有屈服阶段。铸铁拉伸时无颈缩现象,断裂是突然出现的,断口与轴线垂直,塑性变形很小。衡量铸铁强度的唯一指标是强度极限 σ_b。

由于铸铁的 σ-ε 图中没有明显的直线部分,所以它不符合虎克定律。但由于铸铁总是在较小的应力范围内工作,故可近似地以直线 OP 代替曲线 OP,也就是认为在较小应力时符合虎克定律,且有不变的弹性模量 E。在工程计算中,以试件在产生 0.1% 的应变时所对应的应力范围作为弹性范围,并认为在这个范围内服从虎克定律。

三、其他材料拉伸时的力学性能

其他材料的拉伸试验与低碳钢的拉伸试验做法相同。但由于材料不同,各自所显示的力学性能和 σ-ε 曲线也有明显差别。通过图 7-21 所示的几种塑性材料的 σ-ε 曲线,可以看出,对于其他金属材料,其 σ-ε 曲线并不都像低碳钢那样具备四个阶段。一些材料没有明显的屈服阶段,但它们的弹性阶段、强化阶段和颈缩阶段比较明显;另外一些材料则只具有弹性阶段和强化阶段,而没有屈服阶段和颈缩阶段。这些材料的共同特点是延伸率均较大,它们和低碳钢一样都属于塑性材料。

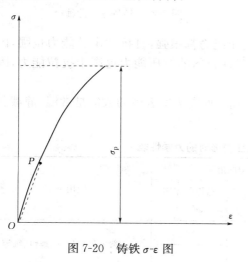

图 7-20 铸铁 σ-ε 图

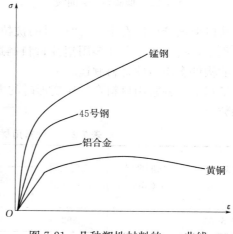

图 7-21 几种塑性材料的 σ-ε 曲线

对于没有屈服阶段的塑性材料,通常用名义屈服极限作为衡量材料强度的指标。国家标准规定,以产生 0.2% 塑性应变时的应力值作为材料的名义屈服极限,用 $\sigma_{0.2}$ 表示。

四、低碳钢压缩时的力学性能

材料在压缩时的力学性能由压缩试验确定。用低碳钢做成压缩试件,试件是圆柱体,一般做成高是直径的 1.5~3 倍。低碳钢压缩时的 σ-ε 曲线如图 7-22 中实线部分所示。

为了便于比较材料在拉伸和压缩时的力学性能,在图 7-22 中还以虚线给出了低碳钢在拉伸时的 σ-ε 曲线。比较低碳钢在拉伸和压缩时的 σ-ε 曲线可以看出,比例极限、屈服极限和弹性模量在拉伸和压缩时是相同的,而压缩时的 σ-ε 曲线中没有强度极限。

五、铸铁压缩时的力学性能

铸铁压缩的 σ-ε 曲线如图 7-23 中实线部分所示,它与拉伸时的 σ-ε 曲线(图中虚线部分)相似。值得注意的是,压缩时的强度极限有时比拉伸时的强度极限高 4~5 倍。最后试件是沿与轴成 $45°$~$50°$角的斜面破坏的。

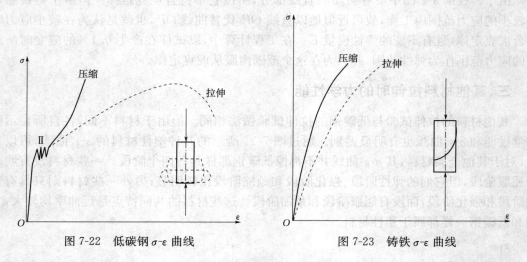

图 7-22　低碳钢 σ-ε 曲线　　　　　　　图 7-23　铸铁 σ-ε 曲线

从以上试验可以看出,塑性材料的抗拉和抗压能力都很强,且抗冲击的能力也强,因此在工程中,齿轮、轴等零件多用塑性材料制造。脆性材料的抗压能力远高于抗拉能力,因此受压的构件多用脆性材料制造。

工程上几种常用材料在拉压变形时的力学性能,见表 7-2,表中的数值是常温、静载状态下的数值。

表 7-2　几种常用材料拉压变形时的力学性能

材料名称或牌号	屈服极限 σ_s(MPa)	强度极限 σ_b(MPa)	塑性指标		应用举例
			延伸率 δ(%)	截面收缩率 ψ(%)	
Q235(A3)	235	392	24	—	一般零件如拉杆、螺钉、轴等
Q275(A5)	274	490~608	20	—	
35 号钢	313	539	20	45	机器零件
45 号钢	353	597	16	40	
15Mn2	303	519	23	50	可代替 Q235 钢
16Mn	274~343	470~509	19~21		
灰口铸铁	—	拉 147~372 压 640~1300	<1		轴承盖、基座、泵体、壳体等
球墨铸铁	294~412	392~588	1.5~10	—	轧辊、曲轴、凸轮轴、阀门等

第五节　轴向拉压变形时的强度计算

一、许用应力与安全系数

通过对材料力学性能的研究，我们知道，对于塑性材料，构件的工作应力达到屈服极限时，它就产生很大的塑性变形而影响构件的正常工作；对于脆性材料，工作应力达到强度极限时，构件就会破坏。这两种情况在工程上都是不允许的。

在设计构件时，有许多情况难以准确估计。另外，还要考虑给构件以必要的安全储备。

1. 极限应力

工程中将材料破坏时的应力，称为极限应力或危险应力，用 σ_u 表示。

对于塑性材料

$$取 \sigma_u = \sigma_s（或 \sigma_{0.2}） \tag{7-17}$$

对于脆性材料

$$取 \sigma_u = \sigma_b \tag{7-18}$$

2. 许用应力

构件在载荷作用下产生的应力称为工作应力。等截面直杆最大轴力处的横截面称为危险截面。危险截面上的应力称为最大工作应力。构件在工作时所允许产生的最大应力，称为许用应力，用 $[\sigma]$ 表示。显然，许用应力必须低于极限应力。

3. 安全系数

极限应力 σ_u 与许用应力 $[\sigma]$ 的比值称为安全系数，用 n 表示，即

$$n = \frac{\sigma_u}{[\sigma]} \tag{7-19}$$

对于塑性材料，许用应力为

$$[\sigma] = \frac{\sigma_s}{n_s} \quad 或 \quad [\sigma] = \frac{\sigma_{0.2}}{n_s} \tag{7-20}$$

对于脆性材料，许用应力为

$$[\sigma] = \frac{\sigma_b}{n_b} \tag{7-21}$$

式(7-20)、式(7-21)中 n_s、n_b 是对应于塑性材料和脆性材料的安全系数。

选择安全系数是一个复杂而重要的问题。过大的安全系数将造成材料的浪费、结构笨重和成本提高，而过小的安全系数会使构件的安全得不到保证，甚至造成事故。确定安全系数时，应全面衡量安全与经济两方面的要求。影响安全系数的主要因素有：

(1) 构件材料的不均匀性及不可避免的缺陷；

(2) 载荷和应力计算的精确程度；

(3) 构件的加工工艺、工作条件及其重要性。

安全系数通常由国家有关部门规定，具体数值可参阅有关规范。一般取 $n_s = 1.5 \sim 2.5$，$n_b = 2.0 \sim 3.5$。

二、轴向拉压变形时的强度计算

为了使构件在载荷作用下能够正常工作,必须使构件截面上的实际应力(工作应力)不超过材料的许用应力,即

$$\sigma_{max}=\frac{F_N}{A}\leqslant[\sigma] \qquad (7\text{-}22)$$

此式称为构件在轴向拉压变形时的强度条件。

利用强度条件,可以解决以下三类问题:

1. 强度校核

若已知杆件尺寸,所受载荷和材料的许用应力,则由上式校核杆件是否满足强度要求,即

$$\sigma_{max}\leqslant[\sigma] \qquad (7\text{-}23)$$

2. 设计截面尺寸

若已知杆件的载荷及材料的许用应力,则可得

$$A\geqslant\frac{F_N}{[\sigma]} \qquad (7\text{-}24)$$

由此确定满足强度条件的杆件所需的横截面面积,从而得到相应的截面尺寸。

3. 确定许用载荷

如已知杆件尺寸和材料的许用应力,则可得

$$F_{Nmax}\leqslant[\sigma]A \qquad (7\text{-}25)$$

由此式算出杆件所能承受的最大轴力,从而确定杆件的许用载荷。

必须指出,利用强度条件计算受压直杆,仅适用于较短粗的直杆,而对于细长的受压杆件,应进行稳定性计算。

【例 7-7】 如图 7-1 所示的简易吊车。BC 为圆截面木杆,面积 $A_1=11\,000\ \text{mm}^2$,许用压应力为 $[\sigma_1]=7\ \text{MPa}$;BD 为圆截面钢杆,面积 $A_2=700\ \text{mm}^2$,许用拉应力为 $[\sigma_2]=160\ \text{MPa}$。若起吊重物为 50 kN,试校核此结构是否安全?(两杆件间夹角为 $\alpha=30°$)

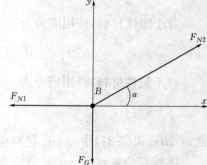

图 7-24 受力分析

【分析】 节点 B 的受力如图 7-24 所示,F_{N1} 为 BC 杆的轴力、F_{N2} 为 BD 杆的轴力、F_G 为起吊重物的重力。

(1)求两杆的轴力

对节点 B 列平衡方程:

$$F_{N2}\cos\alpha-F_{N1}=0$$
$$F_{N2}\sin\alpha-F_G=0$$

由上两式可解得 $F_{N2}=2F_G=100\ \text{kN}$,$F_{N1}=\sqrt{3}\,F_G=86.6\ \text{kN}$

(2)校核强度

根据轴向拉压变形的强度条件,有

BC 杆的最大应力 $\sigma_{\max1}=\dfrac{F_{N1}}{A_1}=\dfrac{86.6\times10^3}{11\,000}=7.87\ \text{MPa}>7\ \text{MPa}=[\sigma_1]$

BD 杆的最大应力 $\sigma_{\max2}=\dfrac{F_{N2}}{A_2}=\dfrac{100\times10^3}{700}=142.86\ \text{MPa}<160\ \text{MPa}=[\sigma_2]$

可见，BC 杆的最大工作应力超过了材料的许用应力，所以此结构不安全。

由上面的计算可知，若起吊重物为 50 kN，此结构不安全。那么，现在应该知道此吊车的最大起吊重量是多少呢？

解： 根据 BC 杆的强度要求，有

$$F_{N1}=\sqrt{3}\,F_G\leqslant[\sigma_1]A_1$$

$$F_{G1}\leqslant\frac{[\sigma_1]A_1}{\sqrt{3}}=\frac{7\times11\,000}{\sqrt{3}}=44\,457.3\ (\text{N})$$

根据 BD 杆的强度要求，有

$$F_{N2}=2F_G\leqslant[\sigma_2]A_2$$

$$F_{G2}\leqslant\frac{[\sigma_2]A_2}{2}=\frac{160\times700}{2}=56\,000(\text{N})$$

可见，该吊车的最大起吊重量是 44 457.3 N，即 44.46 kN。

第六节　应力集中的概念

一、应力集中的概念

等截面直杆轴向拉压变形时，远离杆端的截面，应力是均匀分布的。如果截面的尺寸、形状有急剧变化，比如直杆上有孔，如图 7-25（a）所示。通过观测弹性力学的试验，分析可以证明，孔附近的应力值急剧增大，且不均匀，如图 7-25（b）所示；远离孔的应力值迅速下降并趋于均匀，如图 7-25（c）所示。这种由于杆件截面的突然变化而引起局部应力增大的现象，称为应力集中。

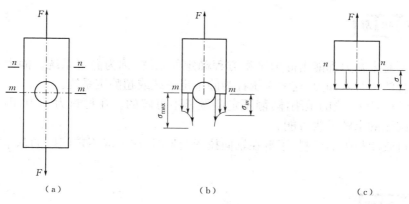

图 7-25　应力集中

发生应力集中的截面上，其最大应力 $\sigma_{\max}$ 与同截面上的平均应力 σ_m 的比值，称为应力

集中系数,用 k 表示,即

$$k = \frac{\sigma_{max}}{\sigma_m} \tag{7-26}$$

k 反映了应力集中的程度,是一个大于 1 的系数。应力集中系数 k 值取决于截面的几何形状与尺寸、开孔的大小及截面改变处过渡圆角的尺寸,而与材料性能无关。截面尺寸变化的越急剧,应力集中的程度旧越严重。

二、应力集中对构件强度的影响

在静载荷作用下,应力集中对构件强度的影响随材料性能不同而不同。因此在工程计算中的处理方法也有不同。

1. 对脆性材料的影响

对于脆性材料,因其没有屈服阶段,当应力集中处的最大应力 σ_{max} 达到强度极限 σ_b 时,局部就出现裂纹,致使截面被削弱,导致裂纹迅速扩张,从而产生断裂破坏。可见,应力集中现象大大降低了脆性材料的承载能力。因此,对于由脆性材料制成的构件,如混凝土等材料在工程计算中必须考虑应力集中的影响。

2. 对塑性材料的影响

对于塑性材料,因其具有屈服阶段,当应力集中处的最大应力 σ_{max} 达到强度极限 σ_b 时,仅此局部产生塑性变形,这时尽管局部区域出现屈服,但整个构件仍有承载能力,只有载荷继续加大,尚未屈服区域的应力才随之增加而相继达到 σ_s。因此,对于由塑性材料制成的构件,在静载荷作用下,一般可以不考虑应力集中的影响。

但在交变载荷或冲击载荷作用下,则不论是塑性材料还是脆性材料,都必须考虑应力集中的影响。

应力集中对于构件的承载能力产生不利的影响。因此,在设计时应尽可能使构件的截面尺寸不发生突变,尽可能避免带尖角的孔和槽,并使构件的外形平缓、光滑、无划痕,以降低应力集中的影响。对使用中的构件若局部出现裂纹,应引起足够重视,以防重大事故的发生。

知识拓展

系统的所有未知力都能由静力平衡方程确定的系统,称为静定系统。静力平衡方程不足以确定系统的所有未知力,这种系统称为静不定系统或超静定系统。

在静力学中,因讨论的是刚体,静不定问题是不可解的。在材料力学中,因考虑了杆件的变形而使问题的求解成为可能。

同学们可查阅相关的资料,了解在轴向拉压变形时,求解静不定问题的基本方法及相关知识。

本章小结

通过本章的学习使学生掌握杆件发生轴向拉压变形时,其内力、应力、变形的分析方法及强度的计算。深入理解拉压杆强度问题的研究方法,这反映了材料力学研究问题的基本方法。应力、强度、变形计算,材料在拉压变形时的力学性能是本项目的重点内容,必须经过反复训练,才能提高学生的应用能力。

习题

1. 填空题

(1)轴向拉压变形_____;变形特点是_____。

(2)垂直于杆件轴线的截面,称为_____。

(3)将与杆件_____的内力称为轴力。轴力的正负号根据_____规定为:使杆件产生_____变形的轴力为正;使杆件产生_____变形的轴力为负。

(4)用_____杆件轴线的坐标表示横截面的位置,再取_____的坐标表示横截面上的轴力,按选定的_____和轴力的_____把轴力分别画在坐标轴的_____或_____两侧,这样绘出的图线称为轴力图。

(5)正应力 σ 的符号随轴力 F_N 的符号而定,即_____为正,_____为负。

(6)对切应力 τ_a,取研究对象内任一点为矩心,切应力绕该点有_____的趋势时,切应力为正,_____为负。

(7)轴向拉压杆内任一点处最大正应力发生在杆的_____上;最大切应力发生在杆的_____上;在平行于杆件轴线的_____上不产生任何应力。

(8)拉压虎克定律的表达式为_____或_____。其中 E 称为_____,表示_____的能力;EA 称为杆件的抗拉(压)_____。

(9)如果取_____表示拉力 F,_____表示拉伸变形 Δl,即可得到拉力 F 与变形 Δl 间关系的曲线,该曲线称为试件的_____。为了消除试件几何尺寸的影响,可改用应力、应变分别作_____和_____,得到的是应力与应变关系曲线。此曲线称为_____或_____。

(10)根据应力-应变曲线,可将低碳钢的拉伸过程分为_____、_____、_____、_____四个阶段。

(11)这种将材料预拉到_____,使之出现_____后卸载,再重新加载,出现_____和_____提高而_____降低的现象,称为冷作硬化。

(12)衡量材料塑性性质的主要指标是_____和_____。

(13)工程中将材料破坏时的应力,称为_____或_____。

(14)构件在工作时所允许产生的最大应力,称为_____。

(15)影响安全系数的主要因素有_____、_____、_____。

(16)利用强度条件,可以解决_____、_____、_____三类问题。

(17)由于杆件截面的突然变化而引起局部应力增大的现象,称为_____。

(18)指出下列符号的名称:

σ_e_____;σ_s_____;σ_b_____;δ_____;ψ_____;
ε_____;$\sigma_{0.2}$_____;n_____;$[\sigma]$_____;k_____。

2. 计算题

(1)用截面法求图 7-26 杆中指定截面上的内力。

(2)求图 7-27 所示等直杆横截面 m-m、n-n、o-o 上的轴力,并绘制轴力图。

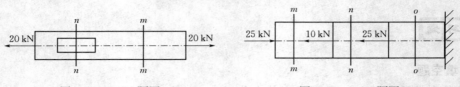

图 7-26 2-(1)题图   图 7-27 2-(2)题图

(3)求图 7-28 所示阶梯形直杆横截面 m-m、n-n、o-o 上的轴力,并绘制轴力图。

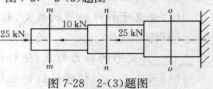

(4)若题 3 中杆的横截面面积 $A=500\ \text{mm}^2$,求各横截面上的应力。

图 7-28 2-(3)题图

(5)若题 4 中各段杆的横截面面积分别为 $A_1=300\ \text{mm}^2$,$A_2=400\ \text{mm}^2$,$A_3=500\ \text{mm}^2$,求各横截面上的应力。

(6)若题 2 中的杆为圆杆,直径为 20 mm,所开的槽为通孔,孔的高度为 4 mm,试求 m-m、n-n 截面上的应力(槽的截面可近似看成矩形,不考虑应力集中)。

(7)某杆长 430 mm,横截面面积为 300 mm^2,受拉力 3 kN 后,伸长 0.2 mm。试求该杆材料的弹性模量。

(8)如图 7-29 所示,横截面面积 $A=200\ \text{mm}^2$ 的等直杆,受轴向拉力 $F=25$ kN,若以 α 表示斜截面与横截面间的夹角。试求:

(1)当 $\alpha=30°$、$60°$、$90°$ 时,各截面上的正应力和切应力,并作图表示其方向。

(2)拉杆内的最大正应力和切应力。

(9)某钢制阶梯形直杆如图 7-30 所示,各段截面积分别为:OP 段、QR 段 $A_1=A_3=300\ \text{mm}^2$,PQ 段 $A_2=200\ \text{mm}^2$,$E=200$ GPa。试求该杆各段的轴力和杆的总变形。

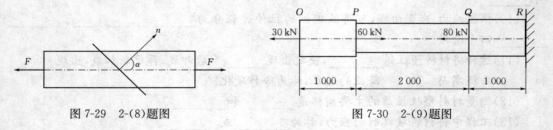

图 7-29 2-(8)题图   图 7-30 2-(9)题图

(10)长 300 mm 的钢杆,受力情况如图 7-31 所示,已知杆的横截面面积 $A=800\ \text{mm}^2$,材料的弹性模量 $E=200$ GPa。试求各段的应力与变形及杆的总变形。

(11)一圆截面阶梯杆,受力如图 7-32 所示。已知材料的弹性模量 $E=200$ GPa,BC 段的直径为 40 mm、长度为 800 mm,CD 段的直径为 20 mm、长度为 400 mm。试求各段的应力及应变。

(12)长度 $l=3.5$ m,直径 $d=32$ mm 的圆截面钢杆,在试验机上受到 135 kN 的拉力,量得直径缩减了 0.006 2 mm、在 50 mm 内的伸长为 0.04 mm。试求弹性模量 E 和泊松

比 μ。

(13)若题10中阶梯直杆的许用应力$[\sigma]=160$ MPa,试校核该杆的强度。

(14)起重机吊钩的上端用螺母固定,如图 7-33 所示。若吊钩螺栓部分的内径 $d=55$ mm,材料的许用应力$[\sigma]=80$ MPa,试校核螺栓部分的强度。

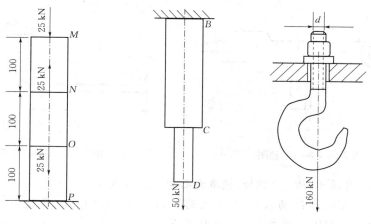

图 7-31　2-(10)题图　　图 7-32　2-(11)题图　　图 7-33　2-(14)题图

(15)重量为 $F_G=70$ kN 的物体挂在支架 BCD 的 C 点,如图 7-34 所示。若 BC 和 CD 杆都是铸铁材料制成的,其许用拉应力为 30 MPa、许用压应力为 90 MPa。试求使 BC 和 CD 两杆安全的横截面面积。

(16)如图 7-35 所示构架上悬挂的物体重量 $F_G=80$ kN,木质支杆 OP 的横截面为正方形,正方形的边长为 200 mm,许用应力$[\sigma]=10$ MPa,问支杆 OP 是否安全。

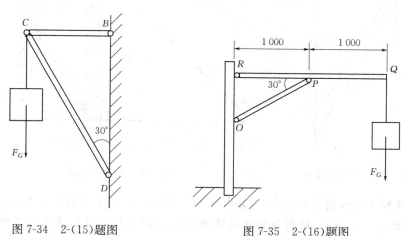

图 7-34　2-(15)题图　　　　图 7-35　2-(16)题图

(17)钢拉杆受力 $F=50$ kN,若拉杆材料的许用应力$[\sigma]=100$ MPa,横截面为矩形,且 $b=2a$,如图 7-36 所示,在保证拉杆安全的前提下,试确定 a、b 的大小。

(18)设梁 OP 和 QR 用拉杆 PQ 和 ST 拉住。若载荷 $F=30$ kN,拉杆 PQ 和 ST 的许用应力都是$[\sigma]=120$ MPa,如图 7-37 所示。在保证安全的前提下,试求拉杆 PQ 和 ST 应有的横截面面积。

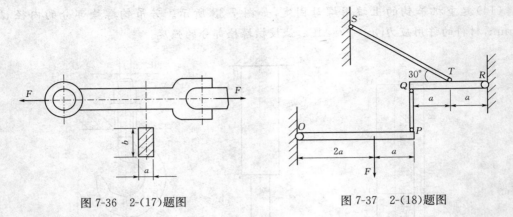

图 7-36　2-(17)题图　　　　　　　　　图 7-37　2-(18)题图

(19)如图 7-38 所示，BC 为钢杆，横截面面积 $A_1=800$ mm²、长度 $l_1=3\,000$ mm、许用拉应力 $[\sigma_1]=140$ MPa；CD 为木杆，横截面面积 $A_2=4\times10^4$ mm²、长度 $l_2=5\,000$ mm、许用压应力 $[\sigma_2]=3.5$ MPa。试求最大许可载荷 F。

(20)如图 7-39 所示，起重机钢丝绳 BC 横截面面积为 500 mm²，许用应力 $[\sigma]=40$ MPa，试根据钢丝绳的强度求起重机的最大载荷 F(滑轮 D 以下垂吊重物的钢丝绳是由缠绕在滑轮组上的多根钢丝绳构成，不考虑其强度)。

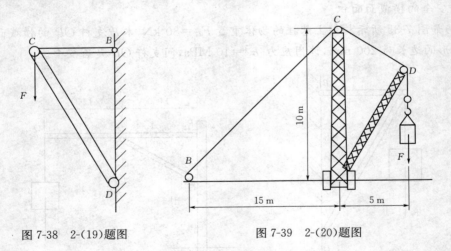

图 7-38　2-(19)题图　　　　　　　　　图 7-39　2-(20)题图

(21)一汽缸示意如图 7-40 所示。其内径 $D=600$ mm，汽缸内的气体压强为 2.5 MPa，活塞杆的直径 $d=100$ mm，所用材料的屈服极限 $\sigma_s=300$ MPa。(1)试求活塞杆横截面上的正应力和工作安全系数；(2)若连接汽缸与汽缸盖螺栓直径 $d_1=30$ mm，螺栓所用材料的许用应力 $[\sigma]=60$ MPa，试求所需的螺栓数。

(22)用铝杆 1 和铜杆 2 悬挂一自重不计的水平梁 BC，梁上放置重物 D，如图 7-41 所示，已知铝的破坏应力为 180 MPa，铜的破坏应力为 120 MPa，铝杆与铜杆的横截面面积之比为 1∶2。问重物 D 应置于 BC 梁上何处，才能使杆 1 和杆 2 的实际安全系数相同。

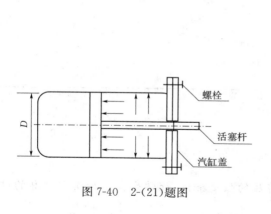

图 7-40　2-(21)题图

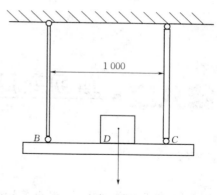

图 7-41　2-(22)题图

(23)如图 7-42 所示,木制短柱的四角用四个$(40 \times 40 \times 4)$mm 的等边角钢加固,已知角钢的许用应力$[\sigma_1]=160$ MPa、弹性模量$E_1=200$ GPa;木材的许用应力$[\sigma_2]=12$ MPa、弹性模量$E_2=10$ GPa。试求许可载荷 F。

(24)一直角三角形钢板(厚度均匀),用等长的钢丝 OP 和 QR 悬挂,如图 7-43 所示,欲使钢丝伸长后钢板只有移动而无转动,问钢丝 OP 的直径应为钢丝 QR 直径的几倍?

(25)如图 7-44 所示的杆件,一端在 B 点固定,另一端离刚性支承 C 有一间隙 $a=1$ mm。试求当杆件在 D 处受载荷 $F=50$ kN 作用后杆的轴力。设杆件的 $E=100$ GPa,$A=200$ mm^2。

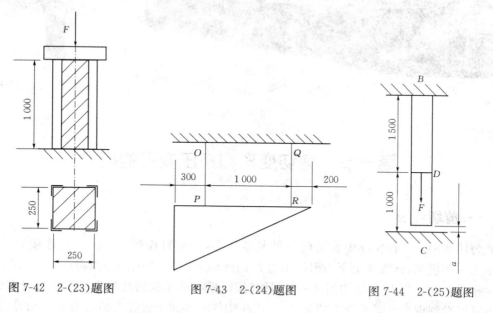

图 7-42　2-(23)题图　　　　　图 7-43　2-(24)题图　　　　　图 7-44　2-(25)题图

第八章 · 剪切变形

从剪切、挤压的概念入手,引出剪切和挤压的强度条件,让学生在进行实用计算的过程中,深刻理解剪切虎克定律。

相关应用

图 8-1(a)所示是剪板机实例图,图 8-1(b)中的钢板在剪板机作用下发生剪切变形。

(a)剪板机实物图　　　　　　　　　　　　　(b)钢板发生剪切变形

图 8-1　案例

第一节　剪切变形和挤压变形的概念

一、剪切变形

剪切变形是工程实际中常见的一种基本变形,如铆钉连接、键连接、销连接等。图 8-1 所示为一剪板机,钢板在上下刀刃作用力 F 的推动下,两个力间的截面将沿着力的作用方向发生相对错动。当力 F 增加到某一极限值时,钢板将沿该截面被剪断。由钢板受剪的实例分析可以看到钢板此时的受力特征是:作用在构件两侧面上的外力的合力大小相等、方向相反、作用线平行且相距很近。

综上所述,当作用在构件两个侧面上的外力的合力大小相等、方向相反、作用线平行且相距很近时,介于作用力之间的各截面将沿着力的方向发生相对错动,构件的这种变形称为剪切变形。

在承受剪切的构件中，发生相对错动的截面称为剪切面。剪切面平行于作用力的作用线。介于构成剪切的二力之间。据此即可确定受剪构件中剪切面的位置。构件中只有一个剪切面的剪切称为单剪；构件中有两个剪切面的剪切则称为双剪。

二、挤压变形

构件在受剪切时，伴随着挤压现象。如果接触面上只是表面上的一个不大的区域，而传递的压力又比较大，则接触表面就很可能被压缩（产生显著的塑性变形），甚至压碎，这种现象称为挤压变形。

构件局部受压的接触面称为挤压面。挤压面上的压力称为挤压力。

必须注意，挤压与压缩是截然不同的两个概念，挤压是产生在两个物体的表面，而压缩是发生在一个物体上。

第二节　剪切和挤压的实用计算

一、剪切的实用计算

下面以图 8-2(a)所示螺栓连接为例，说明剪切强度的计算方法。

取螺栓为研究对象，其受力情况如图 8-2(b)所示。首先求 m-m 截面上的内力。假想将螺栓从 m-m 截面截开，分为上下两部分，如图 8-2(c)所示，任取一部分为研究对象。为了保持平衡，在剪切面内必然有与外力 F 大小相等、方向相反的内力存在，这个内力叫做剪力，用 F_Q 表示。剪力是剪切面上分布内力的合力。剪切面上分布内力的集度用 τ 表示，称为剪应力，如图 8-2(d)所示。剪应力的单位与正应力的单位相同。

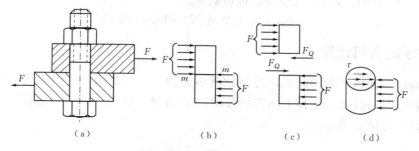

（a）　　　　　（b）　　　　　（c）　　　　　（d）

图 8-2　螺栓连接

在剪切面上，实际变形的情况很难观察，且受力和变形的关系比较复杂，所以剪应力在剪切面上的分布规律很难确定。工程上通常采用建立在实验基础上、近似而可供实用的"假定计算法"，也称为实用计算法。实用计算法假定剪应力在切面上是均匀分布的，所以剪应力可按式(8-1)计算

$$\tau = \frac{F_Q}{A} \tag{8-1}$$

式中　F_Q——剪切面上的剪力。

　　　A——受剪面积。

为了保证构件在工作中不被剪断,必须使构件的工作剪应力小于许用剪应力,即

$$\tau = \frac{F_Q}{A} \leqslant [\tau] \tag{8-2}$$

此式就是剪切实用计算中的强度条件。τ 值称为名义剪应力,实质上它是平均剪应力。$[\tau]$ 为材料的许用剪切应力,其大小等于材料的剪切极限应力除以安全系数。

实用计算中的许用剪应力 $[\tau]$ 是根据剪切实验确定的,实验时试件的受力情况尽可能与构件的实际情况相同,材料的剪切极限应力根据实验测得的破坏载荷确定。所以,"实用计算法"的结果基本上符合实际情况,在工程中得到了广泛应用。

许用剪应力 $[\tau]$,可以从有关设计手册中查得。在一般情况下,材料的许用剪应力 $[\tau]$ 与许用拉应力 $[\sigma]$ 之间有以下近似关系:

塑性材料 $\qquad\qquad\qquad [\tau]=(0.6\sim0.8)[\sigma]$

脆性材料 $\qquad\qquad\qquad [\tau]=(0.8\sim1.0)[\sigma]$

与拉压变形的强度条件一样,剪切强度条件也可用来解决三类问题:校核强度、设计截面尺寸和确定许可载荷。

【例 8-1】 有两块钢板用螺栓连接,如图 8-2(a)所示,已知螺栓直径 $d=18$ mm,许用切应力 $[\tau]=60$ MPa。试求螺栓所能承受的许可载荷。

【分析】 (1)求剪切面上的许可剪力 F_Q

依据 $\tau = \frac{F_Q}{A} \leqslant [\tau]$ 得

$$F_Q \leqslant [\tau]A = 60 \times \frac{1}{4} \times 18^2 \times 3.14 = 15\ 260.4 \text{(N)}$$

(2)求螺栓所能承受的许可载荷 F

由于 $F=F_Q$,所以螺栓所能承受的许可载荷为

$$F=F_Q=15\ 260.4 \text{(N)} = 15.26 \text{(kN)}$$

二、挤压的实用计算

在挤压面上,由挤压力引起的应力叫做挤压应力,用 σ_{bs} 表示。挤压应力在挤压面上的分布规律也是比较复杂的,工程上同样是采用"实用计算",认为挤压应力在挤压面上是均匀分布的,所以挤压应力为

$$\sigma_{bs} = \frac{F_{bs}}{A_{bs}} \tag{8-3}$$

式中 $\quad F_{bs}$——挤压面上的挤压力。

$\quad A_{bs}$——挤压面积。

对于螺栓、销钉等连接件,挤压面为半圆柱面,如图 8-3(a)所示。根据理论分析,在半圆柱挤压面上挤压应力的分布情况如图 8-3(b)所示,最大挤压应力在半圆弧的中点处。如果用挤压面的正投影作为挤压面的计算面积,即图 8-3(c)所示的直径平面 $MNOP$,若以这个面积为挤压平面,进行挤压应力计算,计算结果与按理论分析所得的最大挤压应力值相近。因此在实用计算中都采用这个计算方法。

为了保证构件不产生局部挤压塑性变形,必须满足工作挤压应力不超过许用挤压应力

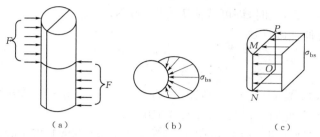

图 8-3 挤压应力

的条件,即

$$\sigma_{bs} = \frac{F_{bs}}{A_{bs}} \leqslant [\sigma_{bs}] \tag{8-4}$$

此式就是挤压强度条件。

$[\sigma_{bs}]$是材料的许用挤压应力,它可根据试验来确定。工程中常用材料的许用挤压应力,可以从有关手册中查得。在一般情况下,许用挤压应力$[\sigma_{bs}]$与许用拉应力$[\sigma]$存在着以下近似关系:

塑性材料 $[\sigma_{bs}] = (1.5 \sim 2.5)[\sigma]$

脆性材料 $[\sigma_{bs}] = (0.9 \sim 1.5)[\sigma]$

当连接件与被连接件的材料不同时,应以连接中抵抗挤压能力弱的构件来进行挤压强度计算。

【例 8-2】 如图 8-4 铆接接头所示,两块板的的尺寸完全相同,其厚度 $h = 2$ mm、宽度 $b = 15$ mm,板的许用拉应力$[\sigma] = 160$ MPa;铆钉直径 $d = 4$ mm,许用剪应力$[\tau] = 100$ MPa,许用挤压应力$[\sigma_{bs}] = 300$ MPa,试计算该接头的许可载荷。

【分析】 (1)破坏形式分析

该接头主要有三种破坏形式:铆钉被剪断;铆钉与孔壁互相挤压,使铆钉和孔壁产生显著的塑性变形;板沿孔所在的截面被拉断。

所以,对该铆钉接头进行许可载荷计算时,要考虑上述三种形式的强度问题。

(2)载荷计算

首先,按铆钉的剪切强度计算。

依据 $\tau = \dfrac{F_Q}{A} \leqslant [\tau]$ 得

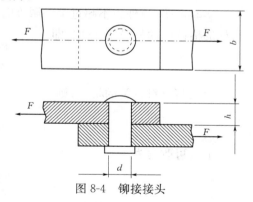

图 8-4 铆接接头

$$F_Q \leqslant [\tau]A = 100 \times \frac{1}{4} \times 4^2 \times 3.14 = 1\ 256(\text{N})$$

由于剪力 $F_Q = F$,此时,许可载荷 $F \leqslant 1\ 256$ N。

其次,按铆钉的挤压强度计算。

依据 $\sigma_{bs} = \dfrac{F_{bs}}{A_{bs}} \leqslant [\sigma_{bs}]$ 得

$$F_{bs} \leqslant A_{bs}[\sigma_{bs}] = dh[\sigma_{bs}] = 4 \times 2 \times 3\ 000 = 2\ 400(\text{N})$$

由于挤压力 $F_{bs}=F$，此时，许可载荷 $F\leqslant 2\,400\ \text{N}$；

最后，按板的拉伸强度计算

依据 $\sigma=\dfrac{F_N}{A}\leqslant[\sigma]$ 得

$$F_N\leqslant A[\sigma]=(b-d)h[\sigma]=(15-4)\times 2\times 160=3\,520(\text{N})$$

由于轴力 $F_N=F$，此时，许可载荷 $F\leqslant 3\,520\ \text{N}$。

综合考虑以上三种情况，该接头的许可载荷 $F\leqslant 1\,256\ \text{N}=1.256\ \text{kN}$。

第三节　剪切虎克定律

一、剪切虎克定律

在构件受剪部位中的某点 B 取一微小的正六面体，如图 8-5（a）所示，将它放大，如图 8-5（b）所示。剪切变形时，截面发生相对错动，致使正六面体 $mnopqrst$（图中实线部分所示）变为平行六面体 $mnopq_1r_1s_1t_1$（图中虚线部分所示）。线段 qq_1（或 rr_1）为平行于外力的面 $qrst$ 相对于 $mnop$ 面的滑移量，称为绝对剪切变形。把单位长度上的相对滑移量称为相对剪切变形，用 γ 表示，即

$$\frac{qq_1}{d_x}=\tan\gamma\approx\gamma \tag{8-5}$$

相对剪切变形也称为剪应变。显然剪应变 γ 是矩形直角的微小改变量，所以用弧度（rad）来度量。

实验证明：当外力不超过某一限度时，绝对剪切变形与剪力 F_Q、截面间距 d_x 成正比，而与杆的横截面面积 A 成反比，即

$$qq_1\propto\frac{F_Qd_x}{A}$$

引入与材料有关的量 G，则

$$qq_1=\frac{F_Qd_x}{GA}$$

上式可改写为

$$\frac{qq_1}{d_x}=\frac{1}{G}\cdot\frac{F_Q}{A}$$

即

$$\tau=G\gamma \tag{8-6}$$

此式称为剪切虎克定律。即当剪应力不超过材料的剪切比例极限 τ_p 时，剪应力 τ 与剪应变 γ 成正比，如图 8-5（c）所示。

式（8-6）中 G 为材料的切变模量，是表示材料抵抗剪切变形能力的物理量，它的单位与应力的单位相同。各种材料的 G 值由实验测定，可从有关手册中查得。

可以证明，对于各向同性的材料，切变模量 G、弹性模量 E 和泊松比 μ，不是各自独立的

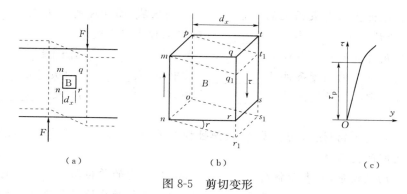

图 8-5　剪切变形

三个弹性常量，它们之间存在着下列关系：

$$G = \frac{E}{2(1+\mu)} \tag{8-7}$$

利用此式，可由三个弹性常数中的任意两个，求出其第三个。

二、纯剪切

若单元体上，只有剪应力而无正应力作用，这种受力情况称为纯剪切。

应当注意，对于本课题中的铆钉、键、销钉等连接件，其剪切面上的变形比较复杂，除剪切变形外还伴随着其他形式的变形，因此这些连接件实际上不可能发生纯剪切。

知 识 拓 展

我们所研究的受剪构件是平衡的，因此在相互垂直的两个平面上，切应力必然成对存在；两者都垂直于两平面的交线，方向则共同指向或共同背离这一交线。这就是切应力互等定理，也称为剪应力双生定律。

同学们可查阅相关的资料，了解在剪切变形时，切应力互等定理的相关知识。

本 章 小 结

本章学习后应能使学生掌握连接件剪切面和挤压面的判定方法；会综合运用拉压、剪切和挤压强度条件对连接件进行强度计算；深刻理解剪切虎克定律。

习 题

1. 填空题

（1）当作用在构件_____上的外力的合力_____、_____、_____且_____时，介于作用力之间的各截面将沿着力的方向发生相对错动，构件的这种变形称为剪切变形。

(2)如果接触面上只是表面上的一个_____的区域,而传递的压力又_____,则接触表面就很可能被_____,甚至_____,这种现象称为挤压变形。

(3)剪切实用计算的强度条件是_____。式中,τ 是_____,$[\tau]$ 是_____。

(4)挤压实用计算的强度条件是_____。式中,σ_{bs} 是_____,$[\sigma_{bs}]$ 是_____。

(5)剪切虎克定律的表达式是_____。式中,G 是_____,γ 是_____。剪切虎克定律的含义是:_____。

(6)对于各向同性的材料,切变模量 G、弹性模量 E 和泊松比 μ,不是各自独立的三个弹性常量,它们之间的关系是:_____。

(7)材料的切变模量,是表示材料_____的物理量,它的单位与_____的单位相同。

(8)若单元体上,只有_____而无_____作用,这种受力情况称为纯剪切。

2. 计算题

(1)一螺栓连接件如图 8-6 所示,已知 $F=300$ kN,$h=30$ mm,螺栓材料许用剪应力 $[\tau]=80$ MPa,试求确保安全的螺栓直径。

(2)若在题 2-(1)中,板与螺栓的材料相同,其许用挤压应力 $[\sigma_{bs}]=200$ MPa,再求确保安全的螺栓直径。

(3)如图 8-7 所示,已知铆接钢板的厚度 $h=6$ mm,载荷 $F=23$ kN,铆钉直径 $d=17$ mm,铆钉的许用剪应力 $[\tau]=140$ MPa,许用挤压应力 $[\sigma_{bs}]=320$ MPa,试进行强度校核。

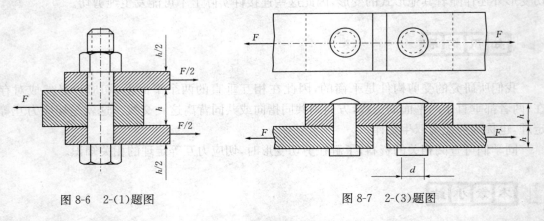

图 8-6　2-(1)题图　　　　　　　　　　　　图 8-7　2-(3)题图

(4)两块厚度 $h=5$ mm 的钢板,用 3 个铆钉连接,如图 8-8 所示。铆钉的许用剪应力 $[\tau]=100$ MPa,许用挤压应力 $[\sigma_{bs}]=280$ MPa,若载荷 $F=55$ kN,求确保安全的铆钉直径。

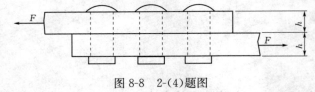

图 8-8　2-(4)题图

(5)在题 2-(4)中,若选用直径 $d=12$ mm 的铆钉,试求确保安全的铆钉个数。

(6)宽度 $b=100$ mm 的两矩形木杆互相连接,如图 8-9 所示。若载荷 $F=52$ kN,木杆的许用剪应力$[\tau]=1.5$ MPa，许用挤压应力$[\sigma_{bs}]=12$ MPa。试求图中a和h确保安全的尺寸。

（7）用两块钢板将两根矩形木杆连接，如图 8-10 所示。若载荷$F=65$ kN，杆宽$b=150$ mm，木杆的许用剪应力$[\tau]=1$ MPa，许用挤压应力$[\sigma_{bs}]=10$ MPa。试计算图中a和h确保安全的尺寸。

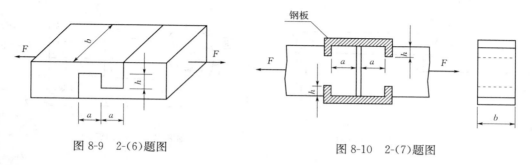

图 8-9　2-(6)题图　　　　　　　　　　图 8-10　2-(7)题图

（8）如图 8-11 所示的螺栓在拉力F作用下，已知螺栓的许用切应力$[\tau]$和许用拉应力$[\sigma]$之间的关系约为$[\tau]=0.6[\sigma]$。试计算螺栓直径d和螺栓头部高度h的合理比值。

（9）冲床最大冲力为 400 kN，冲头材料的许用应力$[\sigma]=440$ MPa，被冲剪钢板的剪切强度极限$\tau_b=360$ MPa。如图 8-12 所示，求在最大冲力作用下所能冲剪的圆孔最小直径d和钢板的最大厚度h。

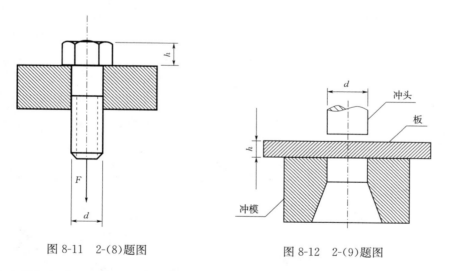

图 8-11　2-(8)题图　　　　　　　　　　图 8-12　2-(9)题图

（10）曲臂杠杆在铅垂力F_1和水平力F_2的作用下保持平衡。拉杆OP的直径$d=20$ mm，其许用拉应力$[\sigma]=160$ MPa，销钉N的许用剪应力$[\tau]=80$ MPa，如图 8-13 所示。如欲使销钉的强度不低于拉杆的强度，则销钉的直径应为多少？

（11）直径为 30 mm 的轴上安装着一个手柄，如图 8-14 所示。手柄与轴之间有一个键B，键的长度为 40 mm，截面为正方形，其边长为 8 mm。如键的平均剪应力不超过 56 MPa，试求图示位置手柄上所加的力F可以有多大？

（1）材料是 [σ] = 1.5 MPa，轴承宽度为 2.0 cm，轴颈 [σ] = 1.5 MPa，求允许承受多大的 F；该轴能承受多大？

（2）如图 8-×所示为液压缸。油压力 p，活塞上油压力，活塞上受 F。活塞。活塞直径约 mm，本杆油缸的杆与活塞。杆 [σ] = 1.0 MPa，材料强度 [σ] = 10 MPa，活塞杆许许力约 ≥ 500×。

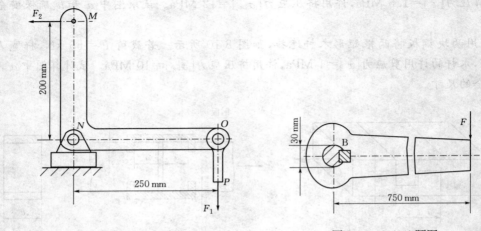

图 8-13 2-(10)题图   图 8-14 2-(11)题图

（10）如图 8-13所示曲轴表示大的转动，转动向下，杆结向下受力，内承内受转动向上，O向左受力向 σ 转动受力向多。转动受多多，有多大应力。

（11）如图 8-14所示扳手，σ = 300 MPa，σ 8，材料约约约，强度大约多大 N约多大受力应力约许力约许力σ约约约。

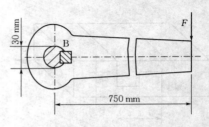

（1）如图所示螺栓螺栓其。螺栓上下与由 F下受许许受，螺栓 [σ] = 0 MPa，转动许许约约力约 40 MPa，转动约约多 P min，本杆约约约之下下许约约约许受，螺栓力约约力约约许。

（2）如图 F = 20 kN，螺栓杆一一一下加，螺栓 8.14 所示。本 A约约约力约 10 许许约约内力约约 σ 力约约约约 σ mm许约约约约约约约许约约 56 MPa，许许约约约约约约约约力力约约约约力约。

第九章 • 扭转变形

从扭转的概念入手,根据轴的传递功率和转速建立外力偶矩的计算公式,再建立扭矩和应力的计算公式,引出扭矩图的绘制方法,在分析扭转时的受力和变形特点的基础上,建立扭转强度、刚度的计算公式,明确提高扭转强度和刚度的措施。

相关应用

图 9-1 的案例是汽车方向盘和螺丝刀拧螺丝钉的实例图,图中方向盘杆和螺丝刀杆在力偶作用下都发生了扭转变形。

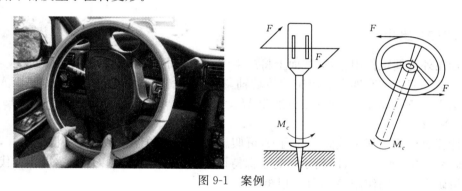

图 9-1 案例

第一节 扭转的概念与外力偶矩的计算

一、扭转的概念

从图 9-1 可以看出,在一对大小相等、方向相反、作用面垂直于轴线的两力偶作用下,杆件的横截面将绕轴线产生相对转动,这种变形称为扭转变形。

杆件产生扭转变形的受力特点是在垂直于杆件轴线的平面内,作用着一对大小相等、转向相反的力偶,如图 9-2 力偶所示。

杆件的变形特点是各横截面绕轴线发生相对转动。杆件任意两横截面间的相对角位移称为扭转角,简称转角。

工程中大多数轴在传动中除有扭转变形外,还伴有其他形式的变形。本课题只研究这些杆件的扭转变形部分,而且只讨论等直圆杆的扭转问题。工程上常把以扭转变形为主要变形的杆件称为轴。

二、外力偶矩的计算

为了求出圆轴扭转时截面上的内力,必须先计算出轴上的外力偶矩。作用在轴上的外力偶矩往往不是直接给出的,而是根据所给定的轴的传递功率和轴的转速计算出来的。计算公式为

$$M_e = 9\,549\frac{P}{n} \tag{9-1}$$

式中　M_e——作用在轴上的外力偶矩,N·m;

　　　P——轴传递的功率,kW;

　　　n——轴的转速,r/min。

在确定外力偶矩方向时,应注意输入功率的力偶矩为主动力矩,方向与轴的转向一致。输出功率的力偶矩为阻力矩,方向与轴的转向相反。

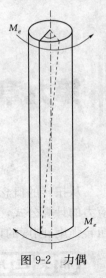

图 9-2　力偶

第二节　扭矩与扭矩图

一、内力-扭矩

圆轴在外力偶矩作用下,横截面上将产生内力。为了求出内力,仍采用截面法。

图 9-3(a)表示装有四个皮带轮的传动轴,在四个轮上分别作用有主动力偶矩 M_{e1} 和从动力偶矩 M_{e2}、M_{e3}、M_{e4},外力偶矩分别为 $M_{e1}=105$ N·m,$M_{e2}=55$ N·m,$M_{e3}=15$ N·m,$M_{e4}=35$ N·m。

若计算 AB 段内任一截面上的内力,可假想沿该段内的任一截面 $q\text{-}q$ 将轴截开,取左边部分为研究对象,如图 9-3(b)所示。为了保持该段轴的平衡,必须以内力偶矩 M_{x1} 代替另一部分对被研究部分的作用,M_{x1} 称为扭矩。

对扭矩的正负号作如下规定:使右手的拇指与截面外法线的方向一致,若截面上扭矩的转向与其他四指的转向相同,则扭矩取正号,反之取负号。

应用截面法时,一般都先假设截面上的扭矩为正,扭矩的大小可运用平衡方程式 $\sum M_{ix}=0$ 求得,即

$$\sum M_{1x}=0, M_{e1}+M_{x1}=0$$

得

$$M_{x1}=-M_{e1}=-105 \text{ N·m}$$

在轴的 BC 段内,如图 9-3(c)所示,可得截面 $r\text{-}r$ 上的扭矩

$$\sum M_{2x}=0, M_{e1}-M_{e2}+M_{x2}=0$$

即

$$M_{x2}=M_{e2}-M_{e1}=55-105=-50(\text{N·m})$$

同理可求出截面 $s\text{-}s$ 上的扭矩

$$M_{x3}=M_{e2}+M_{e3}-M_{e1}=55+15-105=-35(\text{N·m})$$

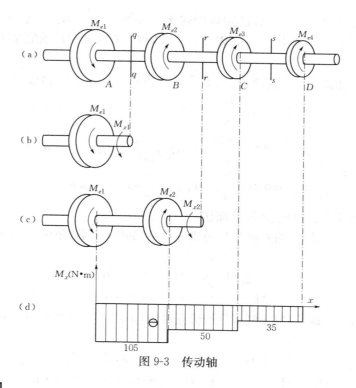

图 9-3 传动轴

二、扭矩图

为了清楚地看出各截面上的扭矩变化情况,以便确定危险截面,通常把扭矩随截面位置的变化绘成图形,称为扭矩图。

扭矩图的绘制是以横坐标表示截面位置,以纵坐标表示相应截面上的扭矩,把计算的结果按选定比例及正负,分别画在横坐标的两侧,即得扭矩图,如图 9-3(d)所示。

对于图 9-3 所示的传动轴,从扭矩图上可以明显地看出,危险截面在轴的 AB 段,最大扭矩为 105 N · m。

若把图 9-3(a)中的主动轮 A 改放在中间,如图 9-4(a)所示,此时作出扭矩图如图 9-4(b)所示。这样布置皮带轮,轴上的最大扭矩降低为 55 N · m。显然,图 9-4(a)的布局是比较合理的。

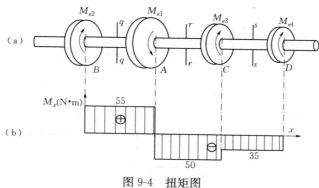

图 9-4 扭矩图

【例 9-1】 如图 9-5(a)所示,已知轴的转速为 $n=300$ r/min,齿轮 A 输入功率 $P_A=$ 50 kW,齿轮 B、C 输出功率 $P_B=30$ kW,$P_C=20$ kW。不计轴和轴承的摩擦阻力,试作该轴的扭矩图。

【分析】 (1)计算作用在齿轮 A、B、C 上的外力偶矩 M_{eA}、M_{eB}、M_{eC}

$$M_{eA}=9\ 549\ \frac{P_A}{n}=9\ 549\times\frac{50}{300}=1\ 591.5(\text{N}\cdot\text{m})$$

$$M_{eB}=9\ 549\ \frac{P_B}{n}=9\ 549\times\frac{30}{300}=954.9(\text{N}\cdot\text{m})$$

$$M_{eC}=9\ 549\ \frac{P_C}{n}=9\ 549\times\frac{20}{300}=636.6(\text{N}\cdot\text{m})$$

(2)求各段截面上的扭矩(采用截面法)

首先,沿截面 q-q 截开,取左侧部分为研究对象,如图 9-5 齿轮轴(b)所示,求 BA 间截面上的扭矩 M_{x1}

$$\sum M_{1x}=0,\ M_{eB}+M_{x1}=0$$

$$M_{x1}=-M_{eB}=-954.9\ \text{N}\cdot\text{m}$$

其次,沿截面 r-r 截开,取左侧部分为研究对象,如图 9-5(c)所示,求 AC 间截面上的扭矩 M_{x2}

$$\sum M_{2x}=0,\ M_{eB}+M_{x2}-M_{eA}=0$$

$$M_{x2}=M_{eA}-M_{eB}=1\ 591.5-954.9=636.6(\text{N}\cdot\text{m})$$

(3)画扭矩图

根据以上计算的结果,按比例画扭矩图,如图 9-5(d)所示。

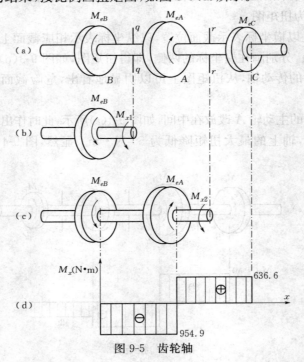

图 9-5 齿轮轴

第三节　圆轴扭转变形时横截面上的应力

一、平面假设

为了求得圆轴扭转变形时横截面上的应力,必须了解应力在横截面上的分布规律。为此,首先进行扭转变形的实验观察,作为分析问题的依据。

取图 9-6 所示圆轴为研究对象。实验前,先在它的表面画两条圆周线和两条与轴线平行的纵向线。实验时,在圆轴两端加力偶矩为 M_e 的外力偶,圆轴即发生扭转变形。

在变形微小的情况下,可以观察到下列现象:

第一,两条纵向线倾斜了相同的角度,原来轴表面上的小方格变成了歪斜的平行四边形;

第二,轴的直径、两圆周线的形状和它们之间的距离均保持不变。

根据观察到的现象,我们推断,圆轴扭转前的各个横截面在扭转后仍为互相平行的平面,只是相对地转过了一个角度。这就是扭转时的平面假设。

根据平面假设,可得两点结论:

(1)由于相邻截面相对地转过了一个角度,即横截面间发生了旋转式的相对错动,出现了剪切变形,故截面上有剪应力存在。又因半径长度不变,剪应力方向必与半径垂直。

(2)由于相邻截面的间距不变,所以横截面上没有正应力。

二、横截面上的剪应力

1. 横截面上剪应力的分布规律

为了求得剪应力在横截面上的分布规律,我们从轴中取出微段 $\mathrm{d}x$ 来研究,如图 9-7 所示。

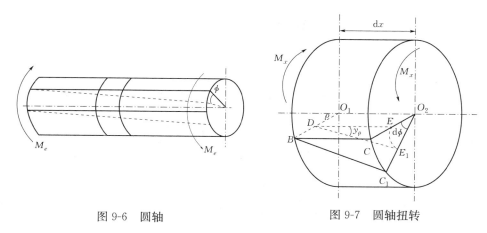

图 9-6　圆轴　　　　　　　　　图 9-7　圆轴扭转

圆轴扭转后,微段的右截面相对于左截面转过一个微小角度 $\mathrm{d}\phi$,半径 CO_2 转到 C_1O_2,半径为 ρ 的内层圆柱上的纵线 DE 倾斜到 DE_1,倾斜角为 y_ρ。由前面知识可知,此倾斜角 y_ρ 即为剪应变。在弹性范围内,剪应变 y_ρ 是很小的,由图 9-7 圆轴扭转中的几何关系有

$$\tan\gamma_\rho=\frac{DE_1}{DE}=\frac{\rho\cdot\mathrm{d}\phi}{\mathrm{d}x}=\rho\frac{\mathrm{d}\phi}{\mathrm{d}x}=\gamma_\rho$$

即

$$\gamma_\rho=\rho\frac{\mathrm{d}\phi}{\mathrm{d}x} \tag{9-2}$$

由于 $\frac{\mathrm{d}\phi}{\mathrm{d}x}$ 对同一横截面上的各点为一常数,故上式表明:横截面上任一点的剪应变 γ_ρ 与该点到圆心的距离 ρ 成正比,这就是圆轴扭转时的变形规律。

根据剪切虎克定律,横截面上距圆心为 ρ 处的剪应力 τ_ρ 与该处的剪应变 γ_ρ 成正比,即

$$\tau_\rho=G\gamma_\rho$$

将上述两式整理,得

$$\tau_\rho=G\rho\frac{\mathrm{d}\phi}{\mathrm{d}x} \tag{9-3}$$

上式表明:横截面上任一点处的剪应力的大小,与该点到圆心的距离 ρ 成正比。也就是说,在截面的圆心处剪应力为零,在周边上剪应力最大。显然,在所有与圆心等距离的点处,剪应力均相等。剪应力的分布规律如图 9-8 剪应力分布所示,剪应力的方向与半径垂直。

2. 横截面上剪应力的计算

式(9-3)虽然表明了剪应力的分布规律,但其中 $\frac{\mathrm{d}\phi}{\mathrm{d}x}$ 尚未知,所以必须利用静力平衡条件建立应力与内力的关系,才能求出剪应力。

在横截面上离圆心为 ρ 的点处,取微面积 $\mathrm{d}A$,如图 9-9 剪应力分析所示。微面积上的内力系的合力是 $\tau_\rho\cdot\mathrm{d}A$,它对圆心的力矩等于 $\tau_\rho\cdot\mathrm{d}A\cdot\rho$,整个截面上这些力矩的总和等于横截面上的扭矩 M_x,即

$$M_x=\int_A\rho\cdot\tau_\rho\cdot\mathrm{d}A$$

式中　A——整个横截面的面积。

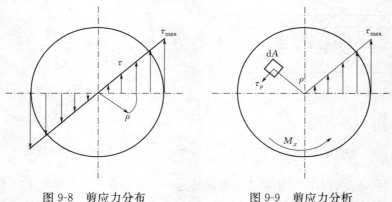

图 9-8　剪应力分布　　　　图 9-9　剪应力分析

将上述两式整理,得

$$M_x = \int_A \rho \left(G\rho \frac{\mathrm{d}\phi}{\mathrm{d}x} \right) \mathrm{d}A = \int_A G\rho^2 \frac{\mathrm{d}\phi}{\mathrm{d}x} \mathrm{d}A$$

因 G、$\dfrac{\mathrm{d}\phi}{\mathrm{d}x}$ 均为常量，故上式可写成

$$M_x = G \frac{\mathrm{d}\phi}{\mathrm{d}A} \int_A \rho^2 \mathrm{d}A$$

式中　$\displaystyle\int_A \rho^2 \mathrm{d}A$ ——与横截面的几何形状、尺寸有关，它表示截面的一种几何性质，称为横

截面的极惯性矩，用 I_ρ 表示，即

$$I_\rho = \int_A \rho^2 \mathrm{d}A \tag{9-4}$$

I_ρ 的量纲是长度的四次方，单位为 mm^4 或 m^4。于是就有

$$M_x = GI_\rho \frac{\mathrm{d}\phi}{\mathrm{d}x}$$

或

$$\frac{\mathrm{d}\phi}{\mathrm{d}x} = \frac{M_x}{GI_\rho}$$

将上述式子整理合并，即得横截面上距圆心为 ρ 处的剪应力计算公式

$$\tau_\rho = \frac{M_x}{I_\rho} \rho \tag{9-5}$$

对于确定的轴，M_x、I_ρ 都是定值。因最大剪应力必在截面周边各点上，即 $\rho = \dfrac{D}{2}$ 时（D 为横截面的直径），$\tau_\rho = \tau_{\max}$，所以有

$$\tau_{\max} = \frac{M_x}{I_\rho} \cdot \frac{D}{2}$$

若令 $W_\rho = \dfrac{I_\rho}{D/2}$，则上式可写成如下形式

$$\tau_{\max} = \frac{M_x}{W_\rho} \tag{9-6}$$

W_ρ 称为抗扭截面系数，其单位为 mm^3 或 m^3。

必须注意，由实验证明，平面假设只对圆截面直杆才是正确的，所以上述剪应力的计算公式只适用于等直圆杆。另外，在导出公式时，应用了剪切虎克定律，所以只有在 $\tau_{\max}$ 不超过材料的剪切比例极限时，上述公式才适用。

3. **极惯性矩和抗扭截面系数**

（1）圆形截面

对圆形截面，可取一圆环形微面积，如图 9-10 圆形截面所示，则

$$\mathrm{d}A = 2\pi \cdot \rho \cdot \mathrm{d}\rho$$

式中　ρ——圆环半径，$\mathrm{d}\rho$ 为圆环宽度。于是

$$I_\rho = \int_A \rho^2 \mathrm{d}A = \int_0^{D/2} 2\pi \rho^3 \mathrm{d}\rho = \frac{\pi D^4}{32} \approx 0.1 D^4$$

圆形截面的抗扭截面系数为

$$W_\rho = \frac{I_\rho}{D/2} = \frac{\pi D^3}{16} \approx 0.2D^3 \tag{9-7}$$

（2）圆环形截面

对圆环形截面，如图 9-11 所示，其极惯性矩可以采用和圆形截面相同的方法求出

$$I_\rho = \int_A \rho^2 dA = \int_{d/2}^{D/2} 2\pi\rho^3 d\rho = \frac{\pi}{32}(D^4 - d^4) \approx 0.1(D^4 - d^4)$$

如令 $\frac{d}{D} = \alpha$，则上式可写成

$$I_\rho = \frac{\pi D^4}{32}(1-\alpha^4) \approx 0.1D^4(1-\alpha^4)$$

圆环形截面的抗扭截面系数为

$$W_\rho = \frac{I_\rho}{D/2} = \frac{\pi D^3}{16}(1-\alpha^4) \approx 0.2D^3(1-\alpha^4) \tag{9-8}$$

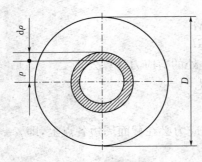

图 9-10 圆形截面

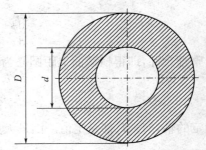

图 9-11 圆环形截面

【例 9-2】 一轴 AB 传递的功率 $P = 7.2$ kW，转速 $n = 360$ r/min。轴的 AC 段为实心圆截面，直径 $D = 32$ mm；CB 段为空心圆截面，空心部分的直径 $d = 16$ mm，如图 9-12 所示。试计算 AC 段横截面边缘处的剪应力以及 CB 段横截面上外边缘和内边缘处的剪应力。

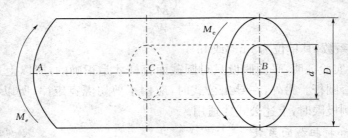

图 9-12 分段轴

【分析】 （1）计算扭矩

$$M_e = M_x = 9\,549\,\frac{P}{n} = 9\,549 \times \frac{7.2}{360} = 190.98(\text{N} \cdot \text{m})$$

（2）计算极惯性矩

AC 段：

$$I_{\rho 1}=\frac{\pi D^4}{32}=\frac{3.14\times 32^4}{32}=102\ 891.52(\text{mm}^4)$$

CB 段：

$$I_{\rho 2}=\frac{\pi}{32}(D^4-d^4)=\frac{3.14}{32}\times(32^4-16^4)=96\ 460.2(\text{mm}^4)$$

（3）计算剪应力

AC 段横截面边缘处的剪应力

$$\tau_1=\frac{M_x}{I_{\rho 1}}\cdot\frac{D}{2}=\frac{190.98\times 10^3}{102\ 891.52}\times\frac{32}{2}=29.7(\text{MPa})$$

CB 段横截面外边缘处的剪应力

$$\tau_{2\text{外}}=\frac{M_x}{I_{\rho 2}}\cdot\frac{D}{2}=\frac{190.98\times 10^3}{96\ 460.2}\times\frac{32}{2}=31.7(\text{MPa})$$

CB 段横截面内边缘处的剪应力

$$\tau_{2\text{内}}=\frac{M_x}{I_{\rho 2}}\cdot\frac{d}{2}=\frac{190.98\times 10^3}{96\ 460.2}\times\frac{16}{2}=15.84(\text{MPa})$$

第四节　圆轴扭转时的变形

一、扭转角

计算轴的扭转变形，即计算轴上两截面间的相对扭转角 ϕ。在图 9-7 中，两截面间的距离为 $\text{d}x$，其相对扭转角为 $\text{d}\phi$，根据上面所学的知识，有

$$\text{d}\phi=\frac{M_x}{GI_{\rho}}\text{d}x$$

于是，相距为 l 的两截面间的扭转角为

$$\phi=\int_l\text{d}\phi=\int_0^l\frac{M_x}{GI_{\rho}}\text{d}x$$

当轴在 l 范围内 M_x、G 和 I_{ρ} 均为定值时，得

$$\phi=\frac{M_x}{GI_{\rho}}\int_0^l\text{d}x=\frac{M_x l}{GI_{\rho}}\tag{9-9}$$

式中　M_x——横截面上的扭矩。

　　　l——两横截面间的距离。

　　　G——轴材料的切变模量。

　　　I_{ρ}——横截面对圆心的极惯性矩。

此式就是等直圆轴扭转时扭转角的计算公式。扭转角的单位是弧度（rad）。由该式可以看出，在扭矩一定的条件下，GI_{ρ} 越大，单位长度上的扭转角越小。

二、抗扭刚度

由上述公式可以看出,GI_ρ 反映了圆轴抵抗扭转变形的能力,称为抗扭刚度。

圆轴单位长度上的扭转角称为单位扭转角,用 θ 表示,即

$$\theta = \frac{\phi}{l} = \frac{M_x}{GI_\rho} \tag{9-10}$$

式(9-10)中,单位扭转角 θ 的单位是弧度/米(rad/m),工程上常用的单位是度/米(°/m),即

$$\theta = \frac{M_x}{GI_\rho} \times \frac{180}{\pi} \tag{9-11}$$

【例 9-3】 在【例 9-2】中,若轴 AC 段的长度是 2 m,并已知 $G=80$ GPa。试求截面 A 相对于截面 C 的扭转角。

【分析】 $\phi = \frac{M_x l}{GI_\rho} = \frac{190.98 \times 10^3 \times 2 \times 10^3}{80 \times 10^3 \times 102\ 891.52} = 4.64 \times 10^{-2} (\text{rad})$

第五节 圆轴扭转时的强度和刚度计算

一、强度计算

要使圆轴扭转时具有足够的强度,就应使圆轴横截面上的最大剪应力不超过材料的许用剪应力,即

$$\tau_{\max} = \frac{M_x}{W_\rho} \leqslant [\tau] \tag{9-12}$$

此式称为圆轴扭转时的强度条件。

必须注意,M_x 应是整个轴中危险截面上的扭矩(绝对值),所以在进行扭转强度计算时,必须画出扭矩图。

二、刚度计算

圆轴扭转时,不仅要满足强度条件,还应有足够的刚度,否则将会影响机械的传动性能和加工工件所要求的精度。因此,工程上要求轴的最大单位扭转角不超过许用的单位扭转角,即

$$\theta = \frac{M_x}{GI_\rho} \times \frac{180}{\pi} \leqslant [\theta] \tag{9-13}$$

此式就是圆轴扭转时的刚度条件。同样,M_x 也应是整个轴中危险截面上的扭矩(绝对值)。

圆轴扭转的强度和刚度条件可以解决三类问题,即设计截面尺寸、校核强度和刚度、求许可传递的功率或力偶矩。

【例 9-4】 在【例 9-3】中,已知轴的许用剪应力 $[\tau]=40$ MPa,许用扭转角 $[\theta]=0.5°/m$,材料的切变模量 $G=8\times10^4$ MPa。试设计轴的直径。

【分析】 （1）最大扭矩

由【例 9-1】可知，$|M_{x\max}|=954.9(\text{N}\cdot\text{m})$

（2）按强度条件设计轴的直径

由 $\tau_{\max}=\dfrac{M_x}{W_\rho}=\dfrac{|M_{x\max}|}{0.2D^3}\leqslant[\tau]$ 得

$$D\geqslant\sqrt[3]{\frac{|M_{x\max}|}{0.2[\tau]}}=\sqrt[3]{\frac{954.9\times10^3}{0.2\times40}}=49.24(\text{mm})$$

（3）按刚度条件设计轴的直径

由 $\theta=\dfrac{M_x}{GI_\rho}\times\dfrac{180}{\pi}=\dfrac{|M_{x\max}|}{G\times0.1D^4}\times\dfrac{180}{\pi}\leqslant[\theta]$ 得

$$D\geqslant\sqrt[4]{\frac{180|M_{x\max}|}{0.1G\pi[\theta]}}=\sqrt[4]{\frac{180\times954.9\times10^3}{0.1\times8\times10^4\times3.14\times0.5\times10^{-3}}}=51.14(\text{mm})$$

要使轴同时满足强度条件和刚度条件，取轴的直径 $D=52$ mm。

【例 9-5】 一空心传动轴的外直径 $D=90$ mm，壁厚 $t=2.5$ mm，轴的许用剪应力 $[\tau]=60$ MPa，许用扭转角 $[\theta]=1°/\text{m}$，材料的切变模量 $G=8\times10^4$ MPa。若传递的最大力偶矩 $M_{e\max}=170$ N·m，试校核空心轴的强度及刚度。若将空心轴变成实心轴，试按强度设计轴的直径，并比较两者的材料消耗。

【分析】 （1）校核强度

轴各截面上的扭矩 $M_x=M_{e\max}=170$ N·m

$$\alpha=\frac{d}{D}=\frac{D-2t}{D}=\frac{90-2\times2.5}{90}=0.944$$

$$\tau_{\max}=\frac{M_x}{W_\rho}=\frac{M_x}{0.2D^3(1-\alpha^4)}=\frac{1\,700\times10^3}{0.2\times90^3\times(1-0.944^4)}=56.6(\text{MPa})$$

因 $\tau_{\max}<[\tau]$，所以该轴能满足强度要求。

（2）校核刚度

$$\theta=\frac{M_x}{GI_\rho}\times\frac{180}{\pi}=\frac{180M_x}{G\times0.1D^4(1-\alpha^4)\pi}$$

$$=\frac{180\times1\,700\times10^3}{8\times10^4\times0.1\times90^4\times(1-0.944^4)\times3.14}$$

$$=0.901\times10^{-3}(°/\text{mm})=0.901(°/\text{m})$$

因 $\theta<[\theta]$，所以该轴能满足刚度要求。

（3）若改为实心轴，按强度条件设计轴的直径

$$D_{\text{实}}\geqslant\sqrt[3]{\frac{M_x}{0.2[\tau]}}=\sqrt[3]{\frac{1\,700\times10^3}{0.2\times60}}=52(\text{mm})$$

（4）比较材料消耗

空心轴和实心轴在相同条件下的材料消耗比就是截面面积之比，即

$$\frac{A_{\text{空}}}{A_{\text{实}}}=\frac{D^2-d^2}{D_{\text{实}}^2}=\frac{90^2-(90-2\times2.5)^2}{52^2}=0.324$$

该比值说明,空心轴的材料消耗仅为实心轴的 32.4%,可节约材料三分之二,所以空心轴是比较经济的。在工程实际中,用钢管代替实心轴,不仅节约材料,还可减轻构件的重量。

三、提高圆轴扭转强度和刚度的措施

通过上述对圆轴扭转强度和刚度条件进行分析与计算,要提高圆轴扭转时的强度和刚度,应从以下几个方面进行考虑。

1. 合理布置主动轮与从动轮的位置

将图 9-4 所示传动轴和图 9-3 所示传动轴相比较,由于主动轮所在位置不同,结果轴上的最大扭矩由 105 N·m 降为 55 N·m。因此就轴的强度和刚度而言,图 9-4 所示传动轴的布置是合理的。

2. 提高轴的转速

由 $M_x = 9\,549\dfrac{P}{n}$ 可知,在轴传递功率不变的情况下,提高轴的转速 n 可减小外力偶矩。

3. 合理选择截面形状

在材料用量相同(截面积相等)的情况下,空心圆轴的极惯性矩 I_ρ 和抗扭截面系数 W_ρ 都比实心圆轴大,空心圆轴截面比实心圆轴截面优越,还因为圆轴扭转时横截面上切应力成三角形分布,圆心附近的材料远不能发挥作用。因此,仅从提高强度和刚度的角度而言,当截面积一定时,管壁越薄(但不宜太薄),直径将越大,截面上各点的应力越接近相等,强度和刚度将大大提高。此外,圆形截面比其他形状的截面优越。

4. 合理选择材料

就扭转强度而言,不宜采用受拉能力远低于受压能力的脆性材料;也不宜采用受剪能力沿轴向与沿横向不同的材料。

就扭转刚度而言,不宜采用提高 G 值的办法。因为各种钢材的 G 值相差不大,用优质合金钢经济上不合算,而且效果甚微。

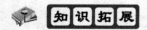 **知识拓展**

工程中有时不是圆截面杆的扭转变形。实用和弹性理论分析表明,非圆截面杆扭转时的变形和应力分布,与圆截面杆的扭转是大不相同的。其特点是:扭转后横截面不再保持平面,而将发生翘曲,变为曲面;横截面上的切应力不再与各点至形心的距离 ρ 成正比。因此,以平面假设为前提推导出的圆轴扭转应力和变形公式,对于非圆截面杆不适用。这类问题的应力和变形分析,同学们可查阅相关资料了解相关知识。

📋 **本章小结**

在学习完本章知识后学生在深入理解扭转变形概念的基础上,能够根据轴的传递功率

和转速计算外力偶矩,具备扭矩的计算和扭矩图的绘制能力,具备圆轴扭转时强度和刚度的校核能力,能够明确提高圆轴强度和刚度的措施。

习题

1. 填空题

(1)在一对_____、_____、_____的两力偶作用下,杆件的横截面将_____,这种变形称为扭转变形。

(2)杆件产生扭转变形的受力特点是:在垂直于杆件轴线的平面内,作用着_____、_____的力偶。

(3)杆件产生扭转变形的特点是:_____。

(4)扭转变形时,杆件任意两横截面间的_____称为扭转角,简称_____。

(5)工程上常把以扭转变形为主要变形的杆件称为_____。

(6)外力偶矩的计算公式为_____。在确定外力偶矩方向时,应注意输入功率的力偶矩为_____,方向_____;输出功率的力偶矩为_____,方向_____。

(7)对扭矩的正负号作如下规定:使_____的拇指与截面外法线的方向_____,若截面上扭矩的_____与其他四指的_____相同,则扭矩取_____号;反之取_____号。

(8)扭矩图的绘制是以横坐标表示_____,以纵坐标表示_____,把计算的结果按_____,分别画_____,即得扭矩图。

(9)根据平面假设,可得两点结论:①_____,②_____。

(10)横截面上任一点的_____与_____成_____比,这就是圆轴扭转时的变形规律。

(11)对于圆形截面,极惯性矩的计算公式为:_____;抗扭截面系数的计算公式为:_____。

(12)对于圆环形截面,极惯性矩的计算公式为:_____;抗扭截面系数的计算公式为:_____。

(13)等直圆轴扭转时扭转角的计算公式为:_____。式中各量的物理意义是:_____、_____、_____、_____。扭转角的单位是_____。由该式可以看出,在扭矩一定的条件下,_____越大,_____越小。可见_____反映了圆轴_____的能力,称为抗扭刚度。

(14)圆轴_____称为单位扭转角,用_____表示,计算公式为_____。

(15)圆轴扭转时的强度条件为:_____。

(16)圆轴扭转时的刚度条件为:_____。

(17)要提高圆轴扭转时的强度和刚度,应从以下几个方面进行考虑:_____、_____、_____、_____。

2. 计算题

(1)圆轴上作用四个外力偶,如图 9-13 所示,其力偶矩分别为 $M_{e1}=900$ N·m,$M_{e2}=500$ N·m,$M_{e3}=200$ N·m,$M_{e4}=200$ N·m。试画出轴的扭矩图。若 M_{e1} 与 M_{e2} 的作用

位置互换,扭矩图有何变化?

(2)如图 9-14 所示,传动轴的转速 $n = 250$ r/min,主动轮 B 输入功率 $P_{eB} = 7.5$ kW,从动轮 A、C、D 分别输出功率 $P_{eA} = 3$ kW,$P_{eC} = 2.5$ kW,$P_{eD} = 2$ kW。试画出该轴扭矩图。

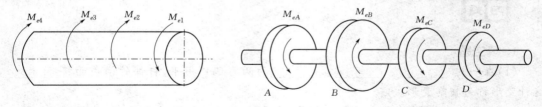

图 9-13 2-(1)题图   图 9-14 2-(2)题图

(3)在图 9-15 中,轴的转速 $n = 300$ r/min,试作出该轴的扭矩图。

(4)轴上装有五个轮子,主动轮 2 的输入功率为 64 kW,从动轮 1、3、4、5 依次输出功率为 19 kW、13 kW、23 kW、9 kW,轴的转速 $n = 200$ r/min,如图 9-16 所示。试作该轴的扭矩图。轮子这样布置是否合理?

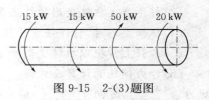

图 9-15 2-(3)题图

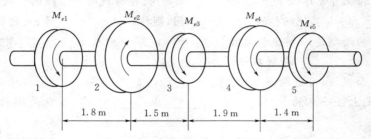

图 9-16 2-(4)题图

(5)在题 2-(4)中,若轴的直径 $D = 60$ mm,求最大剪应力是多少?作用在轴上何处?

(6)一轴如图 9-17 所示,直径 $D = 100$ mm,$l = 500$ mm,$M_1 = 7\,500$ N·m,$M_2 = 5\,500$ N·m,$G = 8 \times 10^4$ MPa。求:(1)作轴的扭矩图;(2)轴上的最大剪应力并指出其位置;(3)截面 C 相对于截面 A 的扭转角。

(7)一传动轴,直径 $D = 80$ mm,如图 9-18 所示,作用着力偶矩 $M_A = 1\,200$ N·m,$M_B = 700$ N·m,$M_C = 250$ N·m,$M_D = 250$ N·m,$G = 8 \times 10^4$ MPa。求:(1)画出轴的扭矩图;(2)各段内的最大剪应力;(3)截面 A 相对于截面 C 的扭转角。

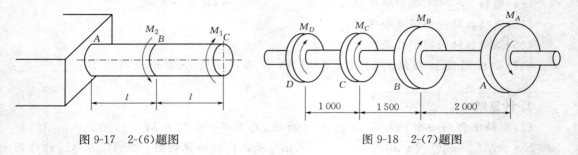

图 9-17 2-(6)题图   图 9-18 2-(7)题图

(8) 直径 $D=50$ mm 的圆轴, 受到扭矩 $M_e=2\,125$ N·m 的作用, 试求距轴心 12 mm 处的剪应力及截面上的最大剪应力。

(9) 直径为 50 mm、切变模量 $G=8\times10^4$ MPa 的钢轴, 承受力偶矩 $M_x=210$ N·m 而扭转, 轴两端面间的扭转角为 0.7°, 求此轴的长度。

(10) 将直径 $D=1$ mm、长 $l=6$ m 的钢丝一端嵌紧, 另一端扭转一整圈 (2π 弧度), $G=8\times10^4$ MPa。求此时钢丝内的最大应力。

(11) 一直径 $D=50$ mm 的圆轴, 两端受 $M_x=1\,050$ N·m 的外力偶矩作用而发生扭转, 轴材料的切变模量 $G=8\times10^4$ MPa。试求: (1) 距轴心 $\dfrac{D}{4}$ 处的剪应力和剪应变; (2) 单位长度扭转角。

(12) 阶梯形圆轴直径分别为 $D_1=40$ mm, $D_2=60$ mm, 轴上装有三个皮带轮, 如图 9-19 所示。已知由轮 3 输入的功率 $P_3=30$ kW, 轮 1 的输出功率 $P_1=13$ kW, 轴的转速 $n=200$ r/min, 轴的剪切许用应力 $[\tau]=60$ MPa, 切变模量 $G=80$ GPa, 轴的许用扭转角 $[\theta]=2$ °/m。试校核轴的强度和刚度。

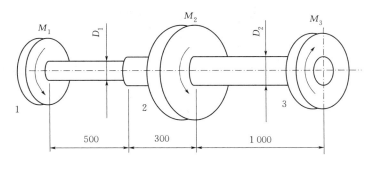

图 9-19　2-(12) 题图

(13) 某实心轴的许用应力 $[\tau]=35$ MPa, 截面上的扭矩 $M_e=1\,050$ N·m。试求此轴应有的直径。

(14) 一钢轴的转速 $n=240$ r/min, 传递功率 $P=7.2$ kW。已知轴的许用应力 $[\tau]=40$ MPa, 许用扭转角 $[\theta]=1$ °/m, 切变模量 $G=8\times10^4$ MPa, 试按强度和刚度条件设计轴的直径。

(15) 圆轴的直径 $D=48$ mm, 转速 $n=120$ r/min, 若该轴横截面上的最大剪应力等于 60 MPa, 试求传递的功率是多少?

(16) 空心钢轴外直径 $D=100$ mm, 内直径 $d=50$ mm。已知间距 $l=2.7$ m 的两横截面的相对扭转角 $\phi=1.8°$, 材料的切变模量 $G=8\times10^4$ MPa。试求: (1) 轴的最大剪应力; (2) 当轴的转速 $n=80$ r/min 时轴传递的功率。

(17) 手摇绞车驱动轴 AB 的直径 $D=30$ mm, 由两人摇动, 每人加在手柄上的力 $F=260$ N, 如图 9-20 所示, 若轴的许用剪应力 $[\tau]=40$ MPa, 试校核轴 AB 的扭转强度。

(18) 某轴的直径 $D=100$ mm, 轴的许用剪应力 $[\tau]=30$ MPa。问当此轴传递的功率 $P=300$ kW 时, 轴的最低转速为多少?

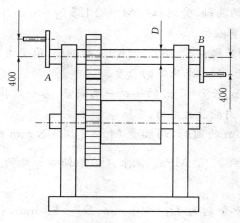

图 9-20 2-(17)题图

(19)以外径 $D=120$ mm 的空心轴代替直径 $d=100$ mm 的实心轴,在强度相等的条件下,问可节约材料百分之几?

第十章·弯曲变形

从弯曲的概念入手,建立剪力和弯矩的计算公式,引出剪力图和弯矩图的绘制方法,在明确纯弯曲时横截面上正应力的计算方法的基础上,建立弯曲时强度的计算公式,最后明确提高梁抗弯能力的措施及梁弯曲时的受力和变形特点。

 相关应用

图 10-1 所示是火车轮轴实例图,图中火车轮轴在车体重力作用下发生了弯曲变形。

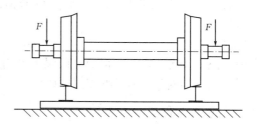

图 10-1　案例

第一节　弯曲变形的概念

一、弯曲变形

弯曲变形是工程实际和生活实际中最常见的一种变形。图 10-1 所示的火车轮轴可简化为一根直杆,规定对车轮的支承可视为固定铰支座和活动铰支座,如图 10-2 所示,外力垂直于轮轴的轴线。在外力作用下,轮轴轴线将由直线变成曲线。再比如上承桥的桥面、体育器材中的单杠等。

以上弯曲变形实例的共同特点是构件都可以简化为一根直杆,外力都垂直于杆的轴线,在外力作用下直杆轴线由直线变为曲线。

一般来说,当杆件受到垂直于杆轴的外力或在

图 10-2　铰支座

133

杆轴平面内受到外力偶作用时,杆的轴线将由直线变为曲线,这样的变形形式称为弯曲变形。凡以弯曲为主要变形的构件,通常称为梁。

二、平面弯曲

工程中大多数梁的横截面都具有对称轴,梁的轴线和截面纵向对称轴构成的平面称为纵向对称面,如图 10-3 平面弯曲所示。若梁上的外力都作用在纵向对称面内,而且各力都与梁的轴线垂直,则梁的轴线在纵向对称面内弯曲成一条平面直线,这种弯曲变形称为平面弯曲。平面弯曲是弯曲变形中最简单的,也是最常见的。本任务将以这种情况为主,讨论梁的应力和变形的计算。

三、梁上载荷的简化

工程实际中,梁上所受的载荷是复杂多样的,因而在实际计算时,先要对梁上的载荷进行适当的简化,用一个能反映载荷特征的计算简图(即力学模型)代替实际的复杂载荷。梁的实际载荷主要简化为下面三种作用形式。

(1)集中力

集中力 F,就是将分布在很短一段梁上的横向力,简化为作用在梁上一点的集中力。

(2)均布载荷

均布载荷 q,就是当作用在一段梁上的载荷沿轴线均匀分布时,可简化为均布载荷,又称为载荷集度。

(3)集中力偶

集中力偶 M,就是分布在很短一段梁上的力,当其作用效果相对于一个力偶时,可简化为一作用面在纵向对称平面内的集中力偶。

四、梁的基本形式

梁的结构形式很多,但按支座情况可以分为以下三种基本形式。

(1)简支梁

梁的一端为固定铰支座,另一端为活动铰支座,如图 10-4(a)所示。

(2)外伸梁

其支座形式和简支梁相同,但梁的一端或两端伸出支座之外,如图 10-4(b)所示。

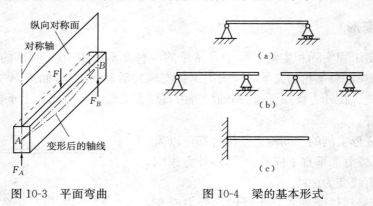

图 10-3　平面弯曲　　　　图 10-4　梁的基本形式

（3）悬臂梁

梁的一端固定，另一端自由，如图 10-4（c）所示。

第二节　梁弯曲时的内力——剪力和弯矩

一、内力的分析与计算

为了求出梁横截面上的内力，仍然要采用截面法。如图 10-5（a）所示，为一受集中力 F_1、F_2、F_3 作用的简支梁。为了求出距 A 端 x 处的横截面 m-m 上的内力，首先按静力学中的平衡方程求出梁的支座反力 F_A 和 F_B，然后沿截面 m-m 假想地把梁截开，并以左侧（也可取右侧）部分为研究对象，如图 10-5（b）所示。因 F_A 与 F_1 一般不能互相平衡，故为了保持梁的被研究部分在垂直方向不发生移动，在横截面上必有一与截面平行的内力 F_Q，以代替梁的另一部分对被研究部分沿垂直方向移动的趋势所起的约束作用；又因 F_A 与 F_1 对斜面形心的力矩一般不能互相抵消，故为保持梁的被研究部分不发生转动，在横截面上必有一个位于载荷平面内的内力偶，其力偶矩为 M，以代替梁的另一部分对被研究部分转动的趋势所起的约束作用。可见梁弯曲时，横截面上一般存在两个内力元素，其中 F_Q 称为剪力，力偶矩 M 称为弯矩。综上所述，截面上的剪力 F_Q 和弯矩 M 代替了梁的另一部分对被研究部分的移动和转动所起的约束作用。

剪力 F_Q 的大小、方向以及弯矩 M 的大小、转向都必须根据梁的被研究部分的平衡关系来确定。由

$$\sum F_y = 0, \quad F_A - F_1 - F_Q = 0$$

得

$$F_Q = F_A - F_1$$

再由

$$\sum M_O(F) = 0, \quad -F_A x + F_1(x-a) + M = 0$$

得

$$M = F_A x - F_1(x-a) \qquad (10\text{-}1)$$

在力矩式 $\sum M_O(F) = 0$ 中，横截面的形心 O 为力矩中心。

如果取梁的右侧部分为研究对象，用同样方法亦可求得截面 m-m 上的剪力 F_Q 和弯矩 M，如图 10-5（c）所示。但是必须注意，分别以左侧或右侧为研究对象求出的 F_Q 和 M，数值是相等的，而方向和转向则是相反的，因为它们是作用力和反作用力的关系。

在计算剪力的等式 $F_Q = F_A - F_1$ 中，可以看成 $F_A - F_1 = F_A + (-F_1)$，即剪力 F_Q 在数值上等于截面左侧外力的代数和。

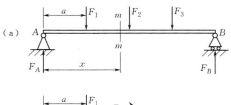
（a）

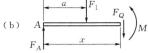
（b）

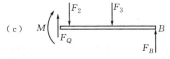
（c）

图 10-5　简支梁

若以梁截面 *m-m* 的右侧部分为研究对象,按同样的分析方法亦可得出类似的结论。这样,在计算任意截面上的剪力和弯矩时,就不必再列出平衡方程,而把上述结论作为计算剪力和弯矩的规律,即:梁内任一截面上的剪力,等于截面任一侧(左或右)梁上外力的代数和;梁内任一截面上的弯矩,等于截面任一侧(左或右)梁上外力对该截面形心的力矩的代数和。

二、剪力和弯矩的正负号

为了使按截面左侧求得的剪力和弯矩同按截面右侧求得的剪力和弯矩不但数值相等,而且还具有相同的正负号,通常对剪力和弯矩的正、负作如下规定:

1. 剪力正、负的规定

正剪力:截面左侧向上错动、截面右侧向下错动,如图 10-6(a)所示。

负剪力:截面右侧向上错动、截面左侧向下错动,如图 10-6(b)所示。

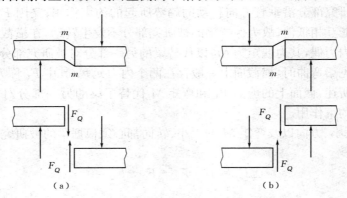

图 10-6 剪力正负

2. 弯矩正、负的规定

正弯矩:使水平梁在截面处弯成下凸的形状,如图 10-7(a)所示。

负弯矩:使水平梁在截面处弯成上凸的形状,如图 10-7(b)所示。

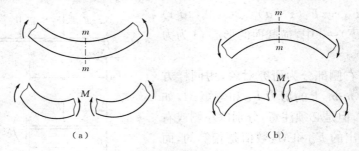

图 10-7 弯矩正负

三、外力的正负号

根据上面对剪力和弯矩正负号的规定,当我们应用外力和外力矩的代数和来计算剪力和弯矩时,外力正、负号的确定应遵循下述原则:

1. 计算剪力时

截面左侧向上的外力、右侧向下的外力取正号。

截面左侧向下的外力、右侧向上的外力取负号。

2. 计算弯矩时

无论截面左侧或右侧,向上的外力取正号,向下的外力取负号。这个规则也可归纳为一个简单的口诀:"计算剪力时外力左上右下为正;计算弯矩时外力向上为正。"

利用上述规律和正、负号规则来计算截面上的剪力和弯矩,要比通常用的截面法简便得多。所以,在以后的计算中,可以直接利用上述规律和规则计算指定截面上的剪力和弯矩。

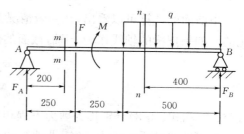

图 10-8　多力作用简支梁

【例 10-1】　一简支梁受集中力 $F=1$ kN,集中力偶 $M=4$ kN·m 和均布载荷 $q=10$ kN/m 的作用,如图 10-8 多力作用简支梁所示。试求 m-m 和 n-n 截面上的剪力和弯矩。

【分析】　(1)求支座反力

由 $\sum M_B(F)=0$,　　$F\times0.75-F_A\times1-M+q\times0.5\times0.25=0$

解得

$$F_A=-2 \text{ kN}$$

再由 $\sum F_y=0$,　　$F_A-F-q\times0.5+F_B=0$

解得

$$F_B=8 \text{ kN}$$

(2)计算剪力和弯矩

运用前面介绍的剪力和弯矩的计算方法,分部分求出,可用纸片盖上其他部分。

首先,由左侧外力计算(可用纸片将右侧部分盖上)。

m-m 截面:

$$F_{Q1}=F_A=-2(\text{kN})$$
$$M_1=F_A\times0.2=-2\times0.2=-0.4(\text{kN}\cdot\text{m})$$

n-n 截面:

$$F_{Q2}=F_A-F-q\times0.1=-2-1-10\times0.1=-4(\text{kN})$$
$$M_2=F_A\times0.6-F\times0.35+M-q\times0.1\times0.05=2.4(\text{kN}\cdot\text{m})$$

其次,如果由右侧外力计算(用纸片将左侧部分盖上)。

m-m 截面:

$$F_{Q1}=-F_B+F+q\times0.5=-8+1+10\times0.5=-2(\text{kN})$$
$$M_1=F_B\times0.8-F\times0.05-M-q\times0.5\times0.55=-0.4(\text{kN}\cdot\text{m})$$

n-n 截面:

$$F_{Q2}=q\times0.4-F_B=10\times0.4-8=-4(\text{kN})$$
$$M_2=F_B\times0.4-q\times0.4\times0.2=2.4(\text{kN}\cdot\text{m})$$

通过上面的计算可以看出,两侧的计算结果完全相同。但 F_{Q1}、M_1 由左侧计算比较简便,而 F_{Q2}、M_2 由右侧计算比较简便。

第三节　剪力图和弯矩图

一、剪力方程和弯矩方程

由前面的计算可以看出,在一般情况下,梁横截面上的剪力和弯矩是随截面的位置而变化的。如果把梁的轴线作为 x 轴,截面的位置可用 x 表示,那么 F_Q,M 都是 x 的函数,即

$$F_Q = F_Q(x) \tag{10-2}$$
$$M = M(x) \tag{10-3}$$

式(10-2)和式(10-3)分别称为剪力方程和弯矩方程。

为了明显地看出剪力、弯矩沿轴线的变化规律,便于找出危险截面,进行梁的设计和校核,通常用下面的方法,将梁的各截面上的剪力和弯矩用图表示出来。

二、剪力图和弯矩图

通常以梁的左端为坐标原点,以梁的轴线为 x 轴,取向右为正。再以集中力和集中力偶的作用点、分布载荷的起迄点以及梁的支承点和端点为界点,将梁分成若干段。分段后列出各段的剪力方程和弯矩方程,并分别求出各分界点处截面上的剪力值和弯矩值。最后把算得的 F_Q、M 值(选择适当的比例尺)作为纵坐标,按其正负画在与截面位置相对应的 x 轴的上下两侧,再把各个纵坐标的端点连接起来。由此而得到的图形,称为梁的剪力图和弯矩图。

剪力图上任一点的纵坐标代表与此点相对应的梁横截面上的剪力值;弯矩图上任一点的纵坐标代表与此点相对应的梁横截面上的弯矩值。

作图时,一般把正的剪力和弯矩画在基线(x 轴)的上侧,负的剪力和弯矩画在基线的下侧。下面通过例题,说明剪力图和弯矩图的作法。

【例 10-2】　悬臂梁 AB 的自由端受集中力 F 的作用,如图 10-9(a)所示,试作此梁的剪力图和弯矩图。

【分析】　(1)列剪力方程和弯矩方程

以左端 A 为坐标原点,以梁轴为 x 轴。取距原点为 x 的任一截面,计算该截面上的剪力和弯矩,并把它们表示为 x 的函数,即剪力方程和弯矩方程。

$$F_Q(x) = -F \quad (0 < x < l)$$
$$M(x) = -F \cdot x \quad (0 \leqslant x < l)$$

(2)求界点 A、B 处截面上的 F_Q 和 M 值

当 $x = 0$ 时

$$F_{QA} = -F, M_A = 0$$

当 $x = l$ 时

$$F_{QB} = -F, M_B = -Fl$$

（3）画剪力图和弯矩图

由 $F_Q(x) = -F$（常量），知剪力图为一水平直线，因剪力 F_Q 为负值，故画在横坐标的下方，即得梁的剪力图，如图 10-9(b) 所示。将 A、B 两点处截面上的弯矩 $M_A = 0$，$M_B = -Fl$ 画在 x 轴相应位置的下方，由 $M(x) = -F \cdot x$ 知 M 为 x 的一次函数，是一条斜直线，故将 A、B 处截面上的 M 值的端点以直线相连，即得梁的弯矩图，如图 10-9(c) 所示。

由 F_Q 图和 M 图可知：

$$|F_Q|_{\max} = F, \quad |M|_{\max} = Fl$$

【例 10-3】 一简支梁受集度为 q 的均布载荷作用，如图 10-10(a) 所示，试作此梁的剪力图和弯矩图。

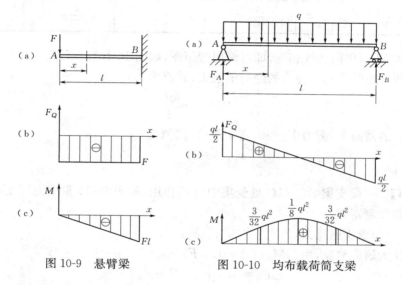

图 10-9 悬臂梁　　　　　图 10-10 均布载荷简支梁

【分析】 （1）求支座反力

由于梁和载荷都是对称的，故可直接得出

$$F_A = F_B = \frac{ql}{2}$$

（2）列剪力方程和弯矩方程

取距梁左端为 x 的任一截面，将该截面上的剪力和弯矩表示为 x 的函数：

$$F_Q = \frac{ql}{2} - qx \quad (0 < x < l)$$

$$M = \frac{ql}{2} \cdot x - qx \cdot \frac{x}{2} = \frac{ql}{2} x - \frac{qx^2}{2} \quad (0 \leqslant x \leqslant l)$$

（3）求界点 A、B 处截面上的 F_Q 和 M 值

当 $x = 0$ 时 　　　　　　　$F_{QA} = \dfrac{ql}{2}$，$M_A = 0$

当 $x = l$ 时 　　　　　　　$F_{QB} = -\dfrac{ql}{2}$，$M_B = 0$

(4)画剪力图和弯矩图

根据 $F_Q = \dfrac{ql}{2} - qx$，F_Q 是 x 的一次函数，剪力图为斜直线。再由 $F_{QA} = \dfrac{ql}{2}$ 及 $F_{QB} = -\dfrac{ql}{2}$ 可得剪力图，如图 10-10(b)所示。

由 $M = \dfrac{ql}{2}x - \dfrac{qx^2}{2}$，$M$ 是 x 的二次函数，故 M 图应为抛物线。由 $M_A = 0$ 和 $M_B = 0$ 不能画出完整的曲线，需再求若干个截面上的 M 值(见表 10-1)。

表 10-1　截面 M 值

x	0	$\dfrac{l}{4}$	$\dfrac{l}{2}$	$\dfrac{3l}{4}$	l
M	0	$\dfrac{3}{32}ql^2$	$\dfrac{1}{8}ql^2$	$\dfrac{3}{32}ql^2$	0

取表中的 M 值用抛物线相连，即可画出弯矩图，如图 10-10(c)所示。

在靠近两支座的截面上剪力的绝对值最大，其值为

$$|F_Q|_{\max} = \frac{ql}{2}$$

在梁中点的截面上，剪力 $F_Q = 0$，弯矩最大，其值为

$$M_{\max} = \frac{1}{8}ql^2$$

【例 10-4】　一简支梁 AB 在 C 处受集中力 F 作用，如图 10-11 集中力简支梁所示，试作此梁的剪力图和弯矩图。

【分析】　(1)求支座反力

以梁 AB 为研究对象，由 $\sum M_A(F) = 0$，　$F_B \cdot l - F \cdot a = 0$

$$\sum F_y = 0, \quad F_A - F + F_B = 0$$

解得

$$F_A = \frac{Fb}{l}, F_B = \frac{Fa}{l}$$

(2)列剪力、弯矩方程

梁 AB 中有 A、C、B 三个界点，故应分两段列出剪力方程和弯矩方程。

AC 段：

取距 A 端 x 处任取一截面，可得

$$F_{Q1} = F_A = \frac{Fb}{l} \quad (0 < x < a)$$

$$M_1 = F_A \cdot x = \frac{Fb}{l}x \quad (0 \leqslant x \leqslant a)$$

CB 段：

在 CB 段内距 A 端 x 处任取一截面，可得

$$F_{Q2} = F_A - F = \frac{Fb}{l} - F = -\frac{Fa}{l} \quad (a < x < l)$$

$$M_2 = F_A \cdot x - F(x-a) = \frac{Fb}{l}x - F(x-a) = \frac{Fa}{l}(l-x) \quad (a \leqslant x \leqslant l)$$

（3）确定各界点处截面上的 F_Q 值和 M 值

AC 段：

$$F_{QA} = \frac{Fb}{l}, M_A = 0$$

$$F_{QC} = \frac{Fb}{l}, M_C = \frac{Fab}{l}$$

CB 段：

$$F_{QC} = -\frac{Fa}{l}, M_C = \frac{Fab}{l}$$

$$F_{QB} = -\frac{Fa}{l}, M_B = 0$$

（4）画剪力图和弯矩图

因 F_Q 都是常量，故 AC、CB 段的 F_Q 图都是水平直线，再由 C 点左右的 F_Q 值，即可画出剪力图，如图 10-11(b)所示。

因 M 都是 x 的一次函数，故 AC、CB 段的 M 图都是斜直线，再由 M_A、M_C、M_B 的值即可画出弯矩图，如图 10-11(c)所示。

在集中力作用处的梁截面上弯矩最大，其值为

$$M_{\max} = |M_C| = \frac{Fab}{l}$$

【例 10-5】 一简支梁受力偶矩为 M 的集中力偶作用，如图 10-12(a)所示，试作此梁的剪力图和弯矩图。

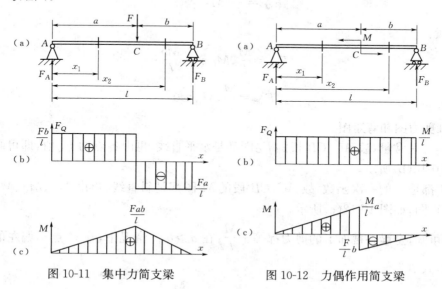

图 10-11　集中力简支梁　　　　图 10-12　力偶作用简支梁

解：（1）求支座反力

以梁 AB 为研究对象，由 $\sum M_A(F)=0$，　$M - F_B \cdot l = 0$

$$\sum F_B(F)=0, \quad M-F_A \cdot l=0$$

解得

$$F_B=\frac{M}{l}, F_A=\frac{M}{l}$$

(2)列剪力、弯矩方程

梁 AB 中有 A、C、B 三个界点,故应分两段列出剪力方程和弯矩方程

AC 段:

取距 A 端 x_1 处任取一截面,可得

$$F_{Q1}=F_A=\frac{M}{l} \qquad (0<x_1\leqslant a)$$

$$M_1=F_A \cdot x_1=\frac{M}{l}x_1 \qquad (0\leqslant x_1<a)$$

CB 段:

在 CB 段内距 A 端 x_2 处任取一截面,可得

$$F_{Q2}=F_A=\frac{M}{l} \qquad (a\leqslant x_2<l)$$

$$M_2=F_A \cdot x_2-M=\frac{M}{l}x_2-M \qquad (a<x_2\leqslant l)$$

(3)确定各界点处截面上的 F_Q 值和 M 值

AC 段:

$$F_{QA}=\frac{M}{l}, M_A=0$$

$$F_{QC}=\frac{M}{l}, M_C=\frac{Ma}{l}$$

CB 段:

$$F_{QC}=\frac{M}{l}, M_C=-\frac{Mb}{l}$$

$$F_{QB}=\frac{M}{l}, M_B=0$$

(4)画剪力图和弯矩图

因 F_Q 都是常量,故 AC、CB 段的 F_Q 图都是水平直线,再由各点的 F_Q 值,即可画出剪力图,如图 10-12(b)所示。

因 M 都是 x 的一次函数,故 AC、CB 段的 M 图都是斜直线,再由 M_A、M_C、M_B 的值即可画出弯矩图,如图 10-12(c)所示。

由图可知,全梁各截面上的剪力都等于 $\frac{M}{l}$;在 $a>b$ 的情况下,在 C 点稍偏左的截面上弯矩最大,其值为

$$M_{max}=|M_C|=\frac{M}{l}a$$

从以上各例题的 F_Q 图和 M 图中,我们可以找出以下五条规律,对检查所画 F_Q、M 图的

正确性和进一步熟练而迅速地画出 F_Q、M 图是很有帮助的。

(1)梁上没有均布载荷作用的部分,剪力图为水平线,弯矩图为倾斜直线(只有当该段内 $F_Q=0$,即剪力图与 x 轴重合时,弯矩图为水平直线)。

(2)梁上有均布载荷作用的一段,剪力图为斜直线,均布载荷向下时,直线由左上向右下倾斜;弯矩图为抛物线,均布载荷向下时,抛物线开口向下。

(3)在集中力作用处,剪力图有突变,突变之值即为该处集中力的大小,突变的方向与集中力方向一致;弯矩图在此出现折角(即两侧斜率不同)。

(4)在集中力偶作用处,剪力图不变,弯矩图有突变,突变之值即为该处集中力偶的力偶矩。若力偶为顺时针转向,则弯矩图向上突变;反之,弯矩图向下突变。

(5)绝对值最大的弯矩总是出现在下述截面上:$F_Q=0$ 的截面上;集中力作用处;集中力偶作用处。

利用上述规律,可以不列 F_Q、M 方程而简捷地画出 F_Q、M 图。其具体步骤是:

①找出梁上的界点,将梁分为若干段;

②用求 F_Q、M 值的结论和符号规则,求出各界点处截面上的 F_Q、M 值;

③根据上述画 F_Q、M 图的五条规律,逐段画出 F_Q 图和 M 图。

第四节　纯弯曲时横截面上的正应力

在确定了梁横截面上的内力之后,还要进一步研究横截面上的应力。不仅要找出应力在横截面上的分布规律,还要找出它和整个截面上的内力之间的定量关系,从而建立梁的强度条件,进行强度计算。

一、梁纯弯曲的概念

一般情况下,梁横截面上既有弯矩又有剪力。对于横截面上的某点而言,,则既有正应力又有剪应力。但是,梁的强度主要决定于横截面上的正应力,剪应力居次要地位。所以这一部分将讨论梁在纯弯曲(截面上没有剪力)时横截面上的正应力。

某一简支梁如图 10-13(a)所示,梁上作用着两个对称的集中力 F,该梁的剪力图和弯矩图如图 10-13(b)、图 10-13(c)所示。梁在 AC 和 DB 两段内,各横截面上既有弯矩又有剪力,这种弯曲称为剪切弯曲。而在梁的 CD 段内,横截面上只有弯矩没有剪力,且全段内弯矩为一常数,这种弯曲称为纯弯曲。

二、平面假设

取图 10-13(a)中梁受纯弯曲的 CD 段作为研究对象,变形之前,在其表面画两条与轴线垂直的横向线 m-m 和 n-n,再画两条与轴线平行的纵向线 ab 和 cd,如图 10-14(a)所示。梁 CD 是纯弯曲,相当于两端受力偶(力偶矩 $M=Fa$)作用,如图 10-14(b)所示。观察纯弯曲时梁的变形,可以看到如下现象:

(1)梁变形后,横向线 m-m 和 n-n 仍为直线且与梁的轴线垂直,但倾斜了一个角度,如图 10-14(b)和图 10-15 纯弯曲梁变形所示。

（2）纵向线 ab 缩短了，而 cd 伸长了。

根据观察到的现象，推断梁内的变形情况而作出如下假设：横截面变形前为平面，变形后仍为平面且仍垂直于梁的轴线，但旋转了一个角度，这就是梁纯弯曲时的平面假设。据此可知梁的各纵向线受到轴向拉伸和压缩，因此横截面上只有正应力。

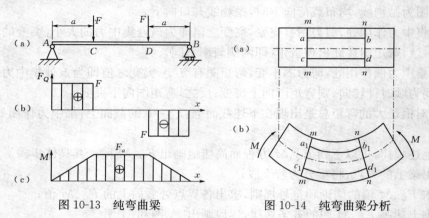

图 10-13　纯弯曲梁　　　　　　　　　　图 10-14　纯弯曲梁分析

将梁变形后 m-m、n-n 之间的一段截取出来进行研究，如图 10-15 纯弯曲梁变形所示。两截面 m-m、n-n 原来是平行的，现在相对倾斜了一个小角度 $\mathrm{d}\theta$，纵向线 ab 变成了 a_1b_1，比原来的长度缩短了；纵向线 cd 变成了 c_1d_1，比原来的长度伸长了。由于材料是均匀连续的，所以变形也是连续的，于是由压缩过渡到伸长之间，必有一条纵向线 OO_1 的长度保持不变。若把 OO_1 纵向线看出材料的一层纤维，则这层纤维既不伸长也不缩短，称为中性层。中性层与横截面的交线称为中性轴，如图 10-16 所示。

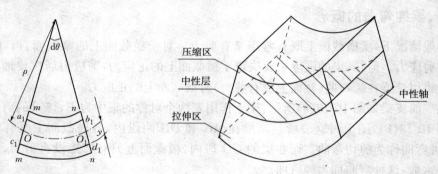

图 10-15　纯弯曲梁变形　　　　　　　　图 10-16　中性轴

在图 10-15 中，OO_1 即为中性层，设其曲率半径为 ρ，纵向线 c_1d_1 到中性层的距离为 y，则纵向线 cd 的绝对伸长为

$$\Delta cd = \overline{c_1d_1} - \overline{cd} = (\rho+y)\mathrm{d}\theta - \rho \cdot \mathrm{d}\theta = y \cdot \mathrm{d}\theta \tag{10-4}$$

纵向线 cd 的线应变为

$$\varepsilon = \frac{\Delta cd}{cd} = \frac{y \cdot \mathrm{d}\theta}{\rho \cdot \mathrm{d}\theta} = \frac{y}{\rho} \tag{10-5}$$

显然，$\dfrac{1}{\rho}$是中性层的曲率，由梁及其受力情况确定，对于整个截面，它是一个常量。由此不难看出：线应变的大小与其到中性层的距离成正比。这个结论反映了梁纯弯曲时变形的几何关系。

三、梁纯弯曲时横截面上的正应力

由于纯弯曲时，各层纵向线受到轴向拉伸或压缩，因此材料的应力和应变关系应符合拉压虎克定律

$$\sigma = E \cdot \varepsilon = E\frac{y}{\rho} \tag{10-6}$$

式(10-6)中 E 是材料的弹性模量，对指定的截面，ρ 为常数。故上式说明，横截面上任一点的正应力与该点到中性轴的距离 y 成正比，即应力沿梁高度线性分布，如图 10-17 所示。

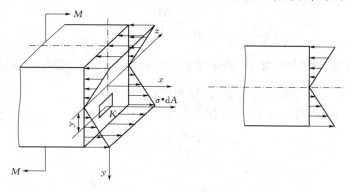

图 10-17　正应力分布

因为中性轴的位置尚未确定，$\dfrac{1}{\rho}$ 是未知量，故不能由式(10-6)求出 σ。必须用静力学的平衡条件，才能确定中性轴的位置和进一步导出正应力的计算公式。

在梁的横截面上任取一点 K，并在 K 点附近取微面积 $\mathrm{d}A$，如图 10-17 所示。设 z 为横截面的中性轴，K 点到中性轴的距离为 y。若 K 点的正应力为 σ，则微面积 $\mathrm{d}A$ 上的法向内力为 $\sigma \cdot \mathrm{d}A$。截面上各处的法向内力构成一个空间平行力系。应用平衡条件 $\sum F_x = 0$，则有

$$\int_A \sigma \cdot \mathrm{d}A = 0$$

将上述两式整理，得

$$\int_A \frac{E}{\rho} \cdot y \cdot \mathrm{d}A = 0$$

即

$$\int_A y \cdot \mathrm{d}A = 0$$

式中　积分 $\displaystyle\int_A y \cdot \mathrm{d}A = y_c \cdot A = S_z$ ——截面对 z 轴的静矩。

故有 $y_c \cdot \mathrm{d}A = 0$

显然,横截面面积 $A \neq 0$,只有 $y_c = 0$。这说明横截面的形心在 z 轴上,即中性轴必须通过横截面的形心。这样,就确定了中性轴的位置。

再由 $\sum M_z(F) = 0$,得

$$M_外 = \int_A \sigma \cdot y \cdot dA = M$$

$M_外$ 是此段梁所受的外力偶矩,其值应等于截面上的弯矩。整理上述式子,得

$$M = \int_A \frac{E}{\rho} \cdot y^2 \cdot dA = \frac{E}{\rho} \int_A y^2 \cdot dA$$

令

$$I_z = \int_A y^2 \cdot dA$$

则

$$\frac{1}{\rho} = \frac{M}{EI_z} \tag{10-7}$$

I_z 称为横截面对中性轴的惯性矩,$\frac{1}{\rho}$ 表示梁的弯曲程度,$\frac{1}{\rho}$ 愈大,梁弯曲愈甚。EI_z 与 $\frac{1}{\rho}$ 成反比,所以 EI_z 表示梁抵抗弯曲变形的能力,称为抗弯刚度。

再将上述式子整理,即可求出正应力

$$\sigma = E \cdot \frac{y}{\rho} = Ey \frac{M}{EI_z}$$

即

$$\sigma = \frac{M}{I_z} y \tag{10-8}$$

式中　σ——横截面上某点处的正应力。

　　M——横截面上的弯矩。

　　y——横截面上该点到中性轴的距离。

　　I_z——横截面对中性轴 z 的惯性矩。

由这个公式可以看出:中性轴上 $y=0$,故 $\sigma=0$;$y=y_{max}$ 时,$\sigma = \sigma_{max}$,显然最大正应力产生在离中性轴最远的边缘上,即

$$\sigma_{max} = \frac{M}{I_z} y_{max} \tag{10-9}$$

上述求正应力的公式(10-9)是在纯弯曲的情况下导出的,而一般的梁横截面上既有弯矩又有剪力,因此用式(10-9)计算应力就有误差。但是,当梁的跨度 l 大于截面高度 h 5 倍时,用该公式计算应力的误差不到 5%,因此在这种情况下该公式是可以应用的。当 $\frac{l}{h} < 5$ 时,也可近似地应用该公式来计算,但要注意计算的结果偏低。

为了应用该公式,必须解决 I_z 的计算问题,根据 $I_z = \int_A y^2 \cdot dA$ 即可求出梁的截面为各种形状时 I_z 的计算公式。

设一矩形截面,其高度为 h,宽度为 b。通过形心的轴 z 和 y,求矩形截面对 z 轴的惯性矩 I_z,如图 10-18 矩形截面惯性矩所示。

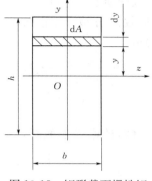

取平行于 z 轴的狭长条微面积

$$dA = b \cdot dy$$

由定义 $I_z = \int_A y^2 \cdot dA$ 得

$$I_z = \int_{-h/2}^{h/2} y^2 \cdot b \cdot dy = \frac{bh^3}{12} \qquad (10\text{-}10)$$

同理可得

$$I_y = \frac{hb^3}{12} \qquad (10\text{-}11)$$

图 10-18 矩形截面惯性矩

下面我们直接给出圆形截面和圆环形截面对中性轴的惯性矩计算公式:

圆形截面

$$I_z = \frac{\pi D^4}{64} \qquad (D \text{ 为圆截面的直径}) \qquad (10\text{-}12)$$

圆环形截面

$$I_z = \frac{\pi}{64}(D^4 - d^4) \qquad (D \text{、} d \text{ 分别为圆环形截面外圆和内圆的直径}) \qquad (10\text{-}13)$$

有一些梁的截面形状不是简单的图形,而是由几个简单图形(如矩形、圆形等)组合而成。在求这种组合图形的截面惯性矩时,就需要用下面的平行移轴公式。

设有一平面图形,形心在 O 点,现求此图形对于不通过形心 O 的 z 轴的惯性矩 I_z。若 z_0 轴为通过形心的且平行于 z 的轴,z 与 z_0 轴间的距离为 a,如图 10-19 不规则截面惯性矩所示,图形面积为 A,对于 z_0 轴的惯性矩为 I_{z0},则求惯性矩的平行移轴公式为

$$I_z = I_{z0} + Aa^2 \qquad (10\text{-}14)$$

组合图形都是由简单图形组成的,简单图形对形心轴的惯性矩一般是已知的,因此组合图形对某轴的惯性矩等于各简单图形对同一轴的惯性矩之和。

下面用例题来说明具体的计算方法。

【例 10-6】 T 形截面的形心 O,如图 10-20 所示,求该截面对通过其形心且与底边平行的 z_0 轴的惯性矩。

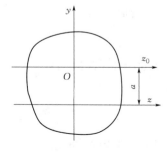

图 10-19 不规则截面惯性矩

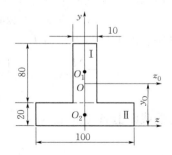

图 10-20 T 形截面梁

【分析】 （1）在计算 I_{z0} 之前首先确定 T 形截面的形心位置。为此选一参考轴 z，再将 T 形截面分成 Ⅰ、Ⅱ 两个矩形，它们的面积分别为 $A_1=(80\times10)\text{mm}^2$，$A_2=(100\times20)\text{mm}^2$。

形心坐标分别为 $y_1=60\text{ mm}$，$y_2=10\text{ mm}$。由静力学知

$$y_O=\frac{A_1\cdot y_1+A_2\cdot y_2}{A_1+A_2}=\frac{80\times10\times60+100\times20\times10}{80\times10+100\times20}=24.3(\text{mm})$$

（2）计算 T 形截面对 z_0 轴的性矩

$$I_{z1}=I_{z01}+A_1a_1^2=\frac{b_1h_1^3}{12}+A_1(y_1-y_0)^2$$

$$=\frac{10\times80^3}{12}+10\times80(60-24.3)^2=145\times10^4(\text{mm}^4)$$

$$I_{z2}=I_{z02}+A_2a_2^2=\frac{b_2h_2^3}{12}+A_2(y_0-y_2)^2$$

$$=\frac{100\times20^3}{12}+100\times20(24.3-10)^2=47.6\times10^4(\text{mm}^4)$$

所以 $\qquad I_{z0}=I_{z1}+I_{z2}=145\times10^4+47.6\times10^4=192.6\times10^4(\text{mm}^4)$

下面通过例题说明弯曲正应力的计算。

【例 10-7】 一悬臂梁的截面为矩形，自由端受集中力 F 作用，如图 10-21(a)所示。$F=4\text{ kN}$，$h=60\text{ mm}$，$b=40\text{ mm}$，$l=250\text{ mm}$。求固定端截面上 A 点的正应力及固定端截面上的最大正应力。

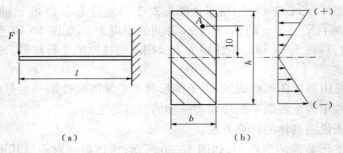

（a）　　　　　　　　　　　　　（b）

图 10-21 悬臂梁弯曲正应力

【分析】 （1）求固定端截面上的弯矩 M

$$M=Fl=4\times250\times10^{-3}=1(\text{kN}\cdot\text{m})$$

（2）求固定端截面上的最大正应力

$$\sigma_{\max}=\frac{M}{I_z}y_{\max}=\frac{1\times10^3\times10^3}{\dfrac{40\times60^3}{12}}\times30=41.7(\text{MPa})$$

（3）求固定端截面上 A 点的正应力

$$\sigma_A=\frac{M}{I_z}y=\frac{1\times10^3\times10^3}{\dfrac{40\times60^3}{12}}\times10=13.9(\text{MPa})$$

由梁的受力情况可以看出,固定端截面中性轴上侧受拉力,下侧受压力,其应力分布如图 10-21(b)所示。拉应力取正号,压应力取负号。

第五节 梁弯曲时的强度计算

一、弯曲时的最大正应力

对于等截面梁,弯曲时的最大正应力一定在弯矩最大的截面上、下边缘。这个截面称为危险截面,其上、下边缘的点称为危险点。显然,危险点的最大正应力为

$$\sigma_{max} = \frac{M_{max}}{I_z} y_{max}$$

令

$$\frac{I_z}{y_{max}} = W_z$$

则

$$\sigma_{max} = \frac{M_{max}}{W_z} \tag{10-14}$$

二、抗弯截面系数

式(10-14)中 W_z 称为抗弯截面系数,它是衡量截面抗弯能力的一个几何量,单位为 mm^3 或 m^3。

矩形截面(宽为 b,高为 h)

$$W_z = \frac{I_z}{y_{max}} = \frac{\frac{bh^3}{12}}{\frac{h}{2}} = \frac{bh^2}{6} \tag{10-15}$$

圆形截面(直径为 D)

$$W_z = \frac{I_z}{y_{max}} = \frac{\frac{\pi D^3}{64}}{\frac{D}{2}} = \frac{\pi D^3}{32} \approx 0.1 D^3 \tag{10-16}$$

圆环形截面$\left(外径为 D,内径为 d, \frac{d}{D} = \alpha\right)$

$$W_z = \frac{I_z}{y_{max}} = \frac{\frac{\pi(D^4 - d^4)}{64}}{\frac{D}{2}} = \frac{\pi D^3}{32}(1 - \alpha^4) \approx 0.1 D^3 (1 - \alpha^4) \tag{10-17}$$

三、梁弯曲时的强度条件

要使梁具有足够的强度,必须使梁内的最大工作应力 σ_{max} 不超过材料的许用应力 $[\sigma]$,即

$$\sigma_{max} = \frac{M_{max}}{W_z} \leqslant [\sigma] \tag{10-18}$$

此式就是梁弯曲时的强度条件,可以用来解决校核强度、设计截面尺寸和确定许可载荷三类问题。

【例 10-8】 在【例 10-4】中,若梁为矩形截面的木梁,$F=20$ kN,$l=5$ m,$a=3$ m,木材的许用应力$[\sigma]=10$ MPa,设梁横截面的高宽比$\dfrac{h}{b}=2$。试设计梁的截面尺寸。

【分析】 由【例 10-4】中的弯矩图可知,梁的危险截面在距梁左端 $a=3$ m 的截面上,危险截面上的弯矩 $M_{max}=\dfrac{20\times3\times2}{5}=24$(kN·m)。由强度条件$\dfrac{M_{max}}{W_z}\leqslant[\sigma]$得

$$W_z\geqslant\frac{M_{max}}{[\sigma]}=\frac{24\times10^3\times10^3}{10}=2.4\times10^6(\text{mm}^3)$$

因

$$W_z=\frac{bh^2}{6}=\frac{b\times(2b)^2}{6}=\frac{2}{3}b^3$$

即

$$\frac{2}{3}b^3\geqslant2.4\times10^6$$

所以

$$b\geqslant\sqrt[3]{\frac{3}{2}\times2.4\times10^6}=153.3(\text{mm})$$

$$h=2b=2\times153.3=306.6(\text{mm})$$

【例 10-9】 如图 10-22(a)所示为一木制外伸梁,圆形截面,已知 $F_1=16$ kN,$F_2=8$ kN,截面直径 $D=200$ mm,$a=0.8$ m,木材的许用应力$[\sigma]=10$ MPa。试校核梁的强度。

【分析】 (1)求支座反力
$$F_A=F_B=(2F_1+2F_2)/2$$
$$=(2\times16+2\times8)/2=24(\text{kN})$$

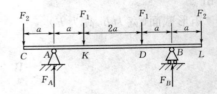

(a)

(2)画梁的弯矩图
最大弯矩 $M_{max}=F_2a=8\times0.8$
$$=6.4(\text{kN·m})$$

(3)校核梁的强度
$$\sigma_{max}=\frac{M_{max}}{W_z}=\frac{6.4\times10^3\times10^3}{\dfrac{3.14\times200^3}{32}}$$

$$=8.15\ \text{MPa}<10\ \text{MPa}=[\sigma]$$

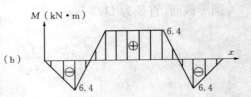

(b)

图 10-22　梁的强度校核

校核结果,梁的强度满足要求。

【例 10-10】 如图 10-23(a)所示的吊车梁由 32b 工字钢制成。梁的跨度 $l=10$ m,材料为 Q235 钢,许用应力$[\sigma]=140$ MPa,电动葫芦自重 $F_G=15$ kN,梁自重不计。试求该梁能承受的最大载荷。

【分析】 (1)求最大弯矩
吊车可简化为受集中载荷$(F+F_G)$作用的简支梁,由【例 10-4】知其最大弯矩在梁的中点,且

$$M_{max}=\frac{(F+F_G)l}{4}$$

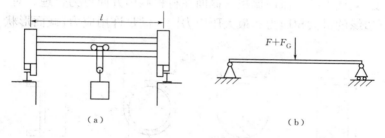

（a）　　　　　　　　　　　（b）

图 10-23　梁的最大载荷

（2）计算许可载荷 F

由强度条件 $\dfrac{M_{max}}{W_z} \leqslant [\sigma]$ 以及型钢表查得 32b 工字钢的 $W_z = 726.33\ cm^3$，得

$$M_{max} \leqslant W_z[\sigma]$$

即

$$\frac{(F+F_G)l}{4} \leqslant W_z[\sigma]$$

所以

$$F \leqslant \frac{4W_z[\sigma]}{l} - F_G = \frac{4 \times 726.33 \times 10^3 \times 140}{10 \times 10^3} - 15 \times 10^3 = 25\ 674.48(N)$$

该梁能承受的最大载荷为 25.7 kN。

第六节　提高梁抗弯能力的措施

由于梁的承载能力主要取决于正应力，所以下面从正应力的角度来分析提高梁抗弯能力的措施。

一、选择合理的截面形状

从梁的正应力强度条件可知，梁的抗弯截面系数 W_z 愈大，横截面上的最大正应力就愈小，即梁的抗弯能力大。W_z 一方面与截面的尺寸有关，同时还与截面的形状（材料的分布情况）有关。梁的横截面面积愈大，W_z 愈大，但消耗的材料也就多。因此梁的合理截面应该是，用最小的面积得到最大的抗弯截面系数。若用比值 $\dfrac{W_z}{A}$ 来衡量截面的经济程度，则该比值愈大，截面就愈经济合理。

图 10-24 梁的合理截面形状比较所示为工程中几种截面的 $\dfrac{W_z}{A}$ 值。由图中可以看出，实心圆截面最不经济，工字钢最好。这可从弯曲正应力的分布规律得到解释。由于弯曲正应力按线性分布，中性轴附近弯曲正应力很小，在截面的上、下边缘处弯曲正应力最大。因此，将横截面面积分布在距中性轴较远处可发挥材料的强度，工程中大量采用工字钢形及箱形截面梁，应用的就是这个原理。工程上往往用面积相同的空心圆截面代替实心圆截面，可明

显提高抗弯强度;同样工字形截面比矩形截面在材料利用方面更为合理。对于塑性材料,为了使截面上、下边缘的最大拉应力和最大压应力同时满足许用应力,截面形状一般做成对称于中性轴。

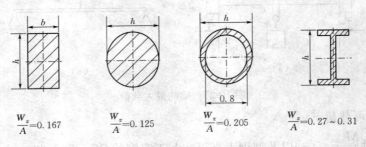

$$\frac{W_z}{A}=0.167 \qquad \frac{W_z}{A}=0.125 \qquad \frac{W_z}{A}=0.205 \qquad \frac{W_z}{A}=0.27 \sim 0.31$$

图 10-24　梁的合理截面形状比较

对于脆性材料,由于其抗拉能力低于抗压能力,因此,截面应根据脆性材料的特点,设计为中性轴不对称的截面形状。中性轴位于受拉一侧,使最大拉应力变小,如 T 字形(图 10-25)及上、下翼缘不等的工字形截面等,这样可以充分提高材料的利用率。

二、采用变截面梁

等截面梁的截面面积是根据危险截面承受的最大弯矩来设计的。由于其他截面的弯矩都比危险截面小,所以对非危险截面来说,强度都有富裕,这是不合理的。若按各截面的弯矩来设计梁的截面尺寸,即梁的截面尺寸沿梁长是变化的,则这样的梁就是变截面梁。阶梯轴就是变截面梁的实例,它既符合结构上的要求,在强度上也是合理的。

三、合理配置载荷

从正应力的强度条件可知,减小弯矩也可以节约材料。怎样减小弯矩呢? 在图 10-26(a)中,梁的最大弯矩产生在中间截面上,其值为 $\frac{Fl}{4}$。如果将梁改成图 10-26(b)所示的受力方式,则最大弯矩为 $\frac{Fl}{8}$,显然最大弯矩大大减小了。所以在条件许可的情况下,可以通过使载荷靠近支座或使载荷由集中变成分散的方法,来提高梁的承载能力。

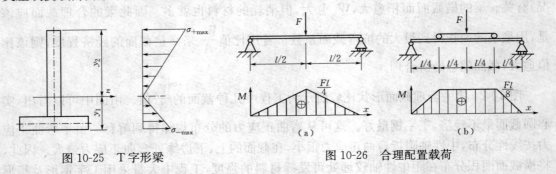

图 10-25　T 字形梁　　　　　　　　　　图 10-26　合理配置载荷

除此之外,在条件许可的情况下,还可采用增加支座的方法来提高梁的承载能力。

第七节 梁 的 变 形

梁受外力作用后,它的轴线由原来的直线变成了一条连续而光滑的曲线,如图 10-27 所示,称为挠曲线。因为梁的变形是弹性变形,所以梁的挠曲线也称为弹性曲线。弹性曲线可以表示为 $y=f(x)$,称为弹性曲线方程。

梁的变形可用挠度和转角来表示。

一、挠度

梁弯曲时,轴线上的任一点(即梁某一横截面的形心)在垂直于轴线方向的位移,称为该点的挠度。在图 10-27 挠度中,到固定端的距离为 x 的点,其挠度为 y。一般规定向上的挠度为正,向下的挠度为负。

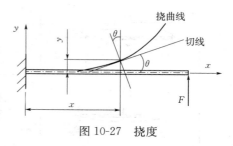

图 10-27 挠度

二、转角

在弯曲变形过程中,梁的任一横截面绕中性轴相对于原来位置所转动的角度,称为该截面的转角。在图 10-27 中,到固定端距离为 x 的截面,其转角为 θ。由图可知,转角也等于弹性曲线上某点的切线与梁轴线(x 轴)的夹角。转角的单位是弧度(rad)。一般规定,逆时针方向的转角为正,顺时针方向的转角为负。

求变形的方法是积分法。由于该法计算繁琐,本书中不作介绍。表 10-1 中给出了由积分法算得的梁在简单受载情况下的挠度和转角的计算公式,以供查用。

表 10-1 简单载荷作用下梁的变形

序号	梁的形式与载荷	挠曲线方程	挠度与转角(绝对值)
1	A B x, l, F	$y=\dfrac{Fx^2}{6EI_z}(x-3l)$	$y_B=\dfrac{Fl^2}{3EI_z}$ $\theta_B=\dfrac{Fl^2}{2EI_z}$
2	A B x, a, F, l	$y=\dfrac{Fx^2}{6EI_z}(x-3a)\ (0\leqslant x\leqslant a)$ $y=\dfrac{Fa^2}{6EI_z}(a-3x)\ (0\leqslant x\leqslant l)$	$y_B=\dfrac{Fa^2}{6EI_z}(3l-a)$ $\theta_B=\dfrac{Fa^2}{2EI_z}$
3	A B x, q, l	$y=\dfrac{qx^2}{24EI_z}(4lx-6l^2-x^2)$	$y_B=\dfrac{ql^4}{8EI_z}$ $\theta_B=\dfrac{ql^3}{6EI_z}$

序号	梁的形式与载荷	挠曲线方程	挠度与转角（绝对值）
4		$y=-\dfrac{Mx^2}{2EI_z}$	$y_B=\dfrac{Ml^4}{2EI_z}$ $\theta_B=\dfrac{Ml^2}{EI_z}$
5		$y=-\dfrac{Mx^2}{2EI_z}\quad(0\leqslant x\leqslant a)$ $y=-\dfrac{Ma}{EI_z}\left(\dfrac{a}{2}-x\right)(a\leqslant x\leqslant l)$	$y_B=\dfrac{Ma}{EI_z}\left(l-\dfrac{a}{2}\right)$ $\theta_B=\dfrac{Ma}{EI_z}$
6		$y=\dfrac{Fx}{12EI_z}\left(x^2-\dfrac{3}{4}l^2\right)$ $\left(0\leqslant x\leqslant\dfrac{l}{2}\right)$	$y_C=\dfrac{Fl^3}{48EI_z}$ $\theta_A=-\theta_B=\dfrac{Fl^2}{16EI_z}$
7		$y=\dfrac{Fbx}{6lEI_z}(x^2-l^2+b^2)$ $(0\leqslant x\leqslant a)$ $y=\dfrac{Fa(l-x)}{6lEI_z}(x^2+a^2-2lx)$ $(a\leqslant x\leqslant l)$	$y_C\approx y_{\max}=\dfrac{Fb}{48EI_z}(3l^2-4b^2)$ $\theta_A=\dfrac{Fab(l+b)}{6lEI_z}$ $\theta_B=\dfrac{Fab(l+a)}{6lEI_z}$
8		$y=\dfrac{qx}{24EI_z}(2lx^2-l^3-x^3)$	$y_C=-\dfrac{5ql^4}{384EI_z}$ $\theta_A=-\theta_B=-\dfrac{ql^3}{24EI_z}$
9		$y=-\dfrac{Mlx}{6EI_z}\left(1-\dfrac{x^2}{l^2}\right)$	$y_C\approx y_{\max}=\dfrac{Ml^2}{16EI_z}$ $\theta_A=\dfrac{Ml}{6EI_z},\theta_B=\dfrac{Ml}{3EI_z}$
10		$y=\dfrac{Mx}{6lEI_z}(l^2-3b^2-x^2)$ $(0\leqslant x\leqslant a)$ $y=\dfrac{M(l-x)}{6lEI_z}(3a^2-2lx+x^2)(a\leqslant x\leqslant l)$	$x=\sqrt{(l^2-3b^2)/3}$ 处 $y_1=\dfrac{M}{9\sqrt{3}\,lEI_z}(l^2-3b^2)^{\frac{3}{2}}$ $y_2=\dfrac{M}{9\sqrt{3}\,lEI_z}(l^2-3a^2)^{\frac{3}{2}}$ $\theta_A=\dfrac{M}{6lEI_z}(l^2-3b^2)$ $\theta_B=\dfrac{M}{6lEI_z}(l^2-3a^2)$

序号	梁的形式与载荷	挠曲线方程	挠度与转角(绝对值)
11	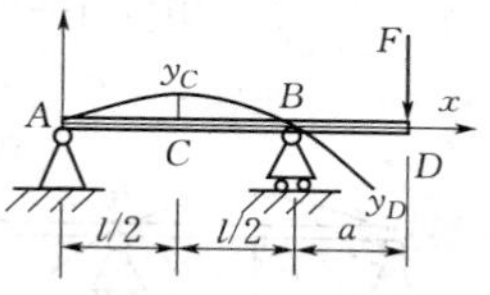	$y=\dfrac{Fax}{6lEI_z}(x^2-l^2)$ $(0\leqslant x\leqslant l)$ $y=\dfrac{F}{6lEI_z}\times[al^2x-ax^3+$ $(a+l)(x-l)^3]$ $(a\leqslant x\leqslant l+a)$	$y_C=\dfrac{Fal^2}{16EI_z}$ $y_D=\dfrac{Fa^2}{3EI_z}(l+a)$ $\theta_A=\dfrac{Fal}{6EI_z},\theta_B=\dfrac{Fal}{3EI_z}$ $\theta_D=\dfrac{Fa}{6EI_z}(2l+3a)$
12	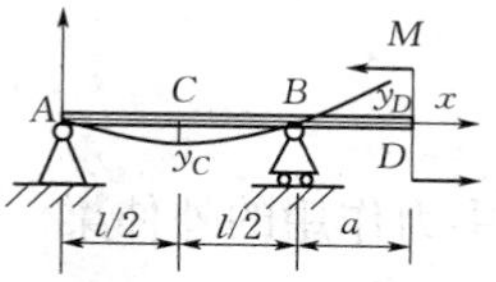	$y=\dfrac{Mx}{6lEI_z}(x^2-l^2)$ $(0\leqslant x\leqslant l)$ $y=\dfrac{M}{6EI}(3x^2-4lx+l^2)$ $(a\leqslant x\leqslant l+a)$	$y_C=\dfrac{Ml^2}{16EI_z}$ $y_D=\dfrac{Ma}{6EI_z}(2l+3a)$ $\theta_A=\dfrac{Ml}{6EI_z},\theta_B=\dfrac{Ml}{3EI_z}$ $\theta_D=\dfrac{M}{6EI_z}(2l+6a)$

【例 10-11】 一简支梁 AB 所受载荷情况如图 10-28 所示,EI_z 已知,求 C 点的挠度。

【分析】 由表 10-1 查得:

当集中力 F 单独作用时,C 点的挠度为 $y_{CF}=\dfrac{Fl^3}{48EI_z}$

当均布载荷 q 单独作用时,C 点的挠度为 $y_{Cq}=-\dfrac{5ql^4}{384EI_z}$

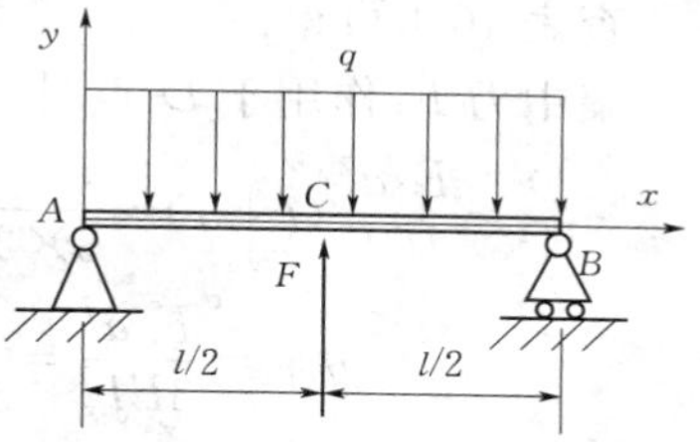

图 10-28 挠度计算

F 和 q 同时作用时,C 点的挠度为

$$y_C=y_{CF}+y_{Cq}=\frac{Fl^3}{48EI_z}-\frac{5ql^4}{384EI_z}$$

当梁同时受到几种载荷的联合作用时,可先从表 10-1 中查出在各种载荷单独作用下的变形,然后将它们相加,就是梁的实际变形。这种方法称为求变形的叠加法。应当指出,只有在材料服从虎克定律且变形很小的前提下,叠加法方可使用。

三、梁的刚度校核

计算梁的变形,主要目的在于进行刚度计算。所谓梁要满足刚度的要求,就是指梁在外力作用下,应保证最大挠度不大于许用挠度,最大转角不大于许用转角,即

$$y_{\max}\leqslant[y],\theta_{\max}\leqslant[\theta] \tag{10-19}$$

式中 $[y]$——许用挠度。

$[\theta]$——许用转角。

式(10-19)为弯曲构件的刚度条件。式中的许用挠度和许用转角对不同类别的构件都有相应的规定,一般都可从设计规范中查得。

一般来讲,对于弯曲构件,如果能满足强度条件,往往刚度条件也能满足。所以在设计

计算中,常常是先进行强度计算,然后对刚度进行校核。

【例 10-12】 图 10-29(a)所示为一车床主轴受力简图,已知外伸轴上的作用力有 $F_1=2$ kN,$F_2=1$ kN。采用空心圆截面,外径 $D=80$ mm,内径 $d=40$ mm,长度 $l=400$ mm,$a=200$ mm。材料弹性模量 $E=200$ GPa,许用挠度 $[y]=0.000\,1l$,许用转角 $[\theta]=0.001$ rad。试校核轴的刚度。

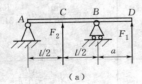 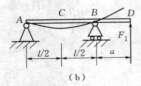 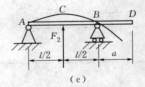

（a） （b） （c）

图 10-29　刚度校核计算

【分析】 （1）计算轴的变形

把轴的变形分为图 10-29(b)和 10-29(c)所示的分别受集中力作用的外伸梁。

截面惯性矩为

$$I_z = \frac{\pi}{64}(D^4 - d^4) = \frac{\pi}{64} \times (80^4 - 40^4) = 1.88 \times 10^6 \, (\text{mm}^4)$$

查表 10-1 可得:

集中力 F_1 作用于 D 点时,D 点的挠度和 B 点的转角为

$$y_{DF1} = \frac{F_1 a^2}{3EI_z}(l+a) = \frac{2 \times 10^3 \times 200^2}{3 \times 200 \times 10^3 \times 1.88 \times 10^6} \times (400+200) = 4.25 \times 10^{-2} \, (\text{mm})$$

$$\theta_{BF1} = \frac{F_1 a l}{3EI_z} = \frac{2 \times 10^3 \times 200 \times 400}{3 \times 200 \times 10^3 \times 1.88 \times 10^6} = 1.42 \times 10^{-4} \, (\text{rad})$$

集中力 F_2 作用于 C 点时,D 点的挠度和 B 点的转角为

$$\theta_{BF2} = -\frac{F_2 l^2}{16EI_z} = -\frac{1 \times 10^3 \times 400^2}{16 \times 200 \times 10^3 \times 1.88 \times 10^6} = -2.66 \times 10^{-5} \, (\text{rad})$$

$$y_{DF2} = \theta_{BF2} a = -2.66 \times 10^{-5} \times 200 = -5.32 \times 10^{-3} \, (\text{mm})$$

D 点有轴的最大挠度,B 点有轴的最大转角,分别为

$$y_D = y_{DF1} + y_{DF2} = 4.25 \times 10^{-2} - 5.32 \times 10^{-3} = 3.718 \times 10^{-2} \, (\text{mm})$$

$$\theta_B = \theta_{BF1} + \theta_{BF2} = 1.42 \times 10^{-4} - 2.66 \times 10^{-5} = 1.152 \times 10^{-4} \, (\text{rad})$$

（2）校核轴的刚度

根据题意,轴的许用挠度和许用转角分别为

$$[y] = 0.000\,1l = 0.000\,1 \times 400 = 4.0 \times 10^{-2} \, \text{mm} > y_D$$

$$[\theta] = 0.001 = 1.0 \times 10^{-3} \, \text{rad} > \theta_B$$

因此,轴满足刚度要求。

【例 10-13】 如图 10-30(a)所示,一截面为圆形的简支梁 AB 在 C 处受集中力 $F=40$ kN作用,$a=400$ mm,$b=200$ mm。(1)试作此梁的剪力图和弯矩图;(2)若梁的直径 $D=100$ mm,试求该梁截面上的最大正应力;(3)若梁的弯曲许用应力 $[\sigma]=100$ MPa,试校核梁的强度;(4)若材料弹性模量 $E=200$ GPa,许用挠度 $[y]=0.000\,1l$,许用转角 $[\theta]=0.001\,5$ rad。试校核该梁的刚度。

【分析】 （1）作剪力图和弯矩图

①求支座反力

以梁 AB 为研究对象，由 $\sum M_A(F)=0$，

$$F_B \cdot l - F \cdot a = 0$$

$$\sum F_y = 0, \quad F_A - F + F_B = 0$$

解得

$$F_A = \frac{Fb}{l} = \frac{40 \times 200}{600} = 13.3(\text{kN}),$$

$$F_B = \frac{Fa}{l} = \frac{40 \times 400}{600} = 26.7(\text{kN})$$

②列剪力、弯矩方程

梁 AB 中有 A、C、B 三个界点，故应分两段列出剪力方程和弯矩方程。

AC 段：

取距 A 端 x_1 处任取一截面，可得

$$F_{Q1} = F_A = 13.3 \text{ kN} \quad (0 < x_1 < a)$$

$$M_1 = F_A \cdot x_1 = 13.3 x_1 \quad (0 \leqslant x_1 \leqslant a)$$

CB 段：

在 CB 段内距 A 端 x_2 处任取一截面，可得

$$F_{Q2} = F_A - F = 13.3 - 40 = -26.7(\text{kN}) \quad (a < x_2 < l)$$

$$M_2 = F_A \cdot x_2 - F(x_2 - a) = 13.3x - 40(x_2 - 0.4) = 16 - 26.7x_2 \quad (a \leqslant x_2 \leqslant l)$$

③确定各界点处截面上的 F_Q 值和 M 值

AC 段：

$$F_{QA} = 13.3 \text{ kN}, M_A = 0$$

$$F_{QC} = 13.3 \text{ kN}, M_C = \frac{Fab}{l} = \frac{40 \times 0.4 \times 0.2}{0.6} = 5.3(\text{kN} \cdot \text{m})$$

CB 段：

$$F_{QC} = -26.7 \text{ kN}, M_C = 5.3 \text{ kN} \cdot \text{m}$$

$$F_{QB} = -26.7 \text{ kN}, M_B = 0$$

④画剪力图和弯矩图

因 F_Q 都是常量，故 AC、CB 段的 F_Q 图都是水平直线，再由 C 点左右的 F_Q 值，即可画出剪力图，如图 10-30(b)所示。

因 M 都是 x 的一次函数，故 AC、CB 段的 M 图都是斜直线，再由 M_A、M_C、M_B 的值即可画出弯矩图，如图 10-30(c)所示。

在集中力作用处的梁截面上弯矩最大，其值为

$$M_{\max} = |M_C| = 5.3 \text{ kN} \cdot \text{m}$$

（2）求最大正应力

$$\sigma_{\max} = \frac{M}{I_z} y_{\max} = \frac{5.3 \times 10^3 \times 10^3}{\dfrac{\pi \times 100^3}{64}} \times 50 = 5\,401.3(\text{MPa})$$

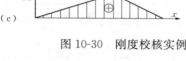

图 10-30 刚度校核实例

（3）校核梁的强度

$$\sigma_{\max} = \frac{M_{\max}}{W_z} = \frac{5.3 \times 10^3 \times 10^3}{\dfrac{3.14 \times 100^3}{32}} = 54.0(\text{MPa}) < [\sigma]$$

校核结果，梁的强度满足要求。

（4）校核梁的刚度

① 计算梁的变形

$$y_C \approx y_{\max} = \frac{Fb}{48EI_z}(3l^2 - 4b^2)$$

$$= \frac{40 \times 10^3}{48 \times 200 \times 10^3 \times \dfrac{\pi \times 100^3}{64}} \times (3 \times 600^2 - 4 \times 200^2) = 2.6 \times 10^{-2}(\text{mm})$$

$$\theta_A = \frac{Fab(l+b)}{6lEI_z} = \frac{40 \times 10^3 \times 400 \times 200 \times (600+200)}{6 \times 600 \times 200 \times 10^3 \times \dfrac{\pi \times 100^3}{64}} = 1.13 \times 10^{-3}(\text{rad})$$

$$\theta_B = \frac{Fab(l+a)}{6lEI_z} = \frac{40 \times 10^3 \times 400 \times 200 \times (600+400)}{6 \times 600 \times 200 \times 10^3 \times \dfrac{\pi \times 100^3}{64}} = 1.42 \times 10^{-3}(\text{rad})$$

② 校核梁的刚度

根据题意，梁的许用挠度和许用转角分别为

$$[y] = 0.000\,1l = 0.000\,1 \times 600 = 6.0 \times 10^{-2}\,\text{mm} > y_C$$
$$[\theta] = 0.001\,5 = 1.5 \times 10^{-3}\,\text{rad} > \theta_B$$

校核结果，梁的刚度满足要求。

四、提高梁刚度的措施

工程中对提高梁的刚度主要采取两方面的措施：

1. 改善结构形式，减小弯矩的数值

弯矩是引起弯曲变形的主要因素，所以减小弯矩也就是提高弯曲刚度。在结构允许的情况下，应使轴上的齿轮、皮带轮等尽可能地靠近支座；把集中力分散成分布力；减小跨度等都是减小弯曲变形的有效方法。如跨度缩短一半，挠度减为原来的 1/8。在长度不能缩短的时候，可采用增加支承的方法提高梁的刚度。

2. 选择合理的截面形状

增大截面惯性矩，也可以提高刚度。如工字钢、槽钢比截面相等的矩形截面有更大的惯性矩。一般来说，提高截面惯性矩，往往也同时提高了梁的强度。

弯曲变形还与材料的弹性模量有关。因为各种钢材的弹性模量大致相同，所以为提高刚度而采用高强度的钢材，并不会达到预期的效果。

知识拓展

剪力、弯矩与分布载荷集度之间存在一定的关系，剪力图和弯矩图也可以用半图解积分

法求得。这部分内容,同学们可查阅相关资料,了解相关知识。

本章小结

　　通过本章学习学生在明确平面弯曲概念的基础上,熟练掌握建立剪力、弯矩方程和绘制剪力、弯矩图的方法,具备梁弯曲变形时内力、应力的分析与计算能力,具备梁弯曲变形时挠度和转角的计算能力、强度和刚度的校核能力。

习题

1. 填空题

(1)弯曲变形的共同特点是:构件都可以简化为_____,外力都_____杆的轴线,在外力作用下杆轴由直线变为_____。

(2)一般来说,当杆件受到_____杆轴的外力或在杆轴_____受到外力偶作用时,杆的轴线将由直线变为_____,这样的变形形式称为弯曲变形。凡以_____为主要变形的构件,通常称为梁。

(3)若梁上的外力都作用在_____内,而且各力都与梁的轴线_____,则梁的轴线在纵向对称面内弯曲成一条_____,这种弯曲变形称为平面弯曲。

(4)梁的实际载荷主要简化为_____、_____、_____三种作用形式。

(5)梁的结构形式很多,但按支座情况可以分为_____、_____、_____三种基本形式。

(6)梁弯曲时,横截面上一般存在两个内力元素,其中 F_Q 称为_____,力偶矩 M 称为_____。

(7)计算剪力和弯矩的规律:梁内任一截面上的剪力,等于_____;梁内任一截面上的弯矩,等于_____。

(8)剪力正、负的规定:正剪力是_____;负剪力是_____。

(9)弯矩正、负的规定:正弯矩是_____;负弯矩是_____。

(10)计算剪力时,截面左侧_____的外力、右侧_____的外力取正号;截面左侧_____的外力、右侧_____的外力取负号。

(11)计算弯矩时,无论截面左侧或右侧,_____的外力取正号,_____的外力取负号。

(12)梁上没有均布载荷作用的部分,剪力图为_____,弯矩图为_____。

(13)梁上有均布载荷作用的一段,剪力图为_____,均布载荷向下时,直线倾斜;弯矩图为_____,均布载荷向下时,抛物线开口_____。

(14)在集中力作用处,剪力图有_____;弯矩图在此出现_____。

(15)在集中力偶作用处,剪力图_____;弯矩图有_____。

(16)梁在弯曲时,横截面上只有_____没有_____,且全段内_____为一常数,这种弯曲称为纯弯曲。

(17)梁弯曲时,_____变形前为平面,变形后仍为平面且仍_____梁的轴线,但_____,这就是梁纯弯曲时的平面假设。

(18)提高梁抗弯能力的措施有_____、_____、_____。

(19)梁弯曲时,轴线上的任一点在_____方向的位移,称为该点的挠度。

(20)提高梁刚度的措施有_____、_____。

2. 画图题

画下列各题的剪力图和弯矩图。

(1)已知 $q=2$ kN/m,$a=2$ m(图10-31)。

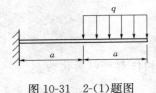

图10-31　2-(1)题图

(2)已知 $M=4$ kN·m,$l=4$ m(图10-32)。

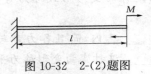

图10-32　2-(2)题图

(3)已知 $F=8$ kN,$M=4$ kN·m,$l=4$ m(图10-33)。

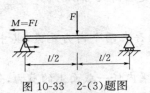

图10-33　2-(3)题图

(4)已知 $q=2$ kN/m,$a=2$ m,$b=4$ m(图10-34)。

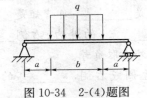

图10-34　2-(4)题图

(5)已知 $q=2$ kN/m,$a=2$ m(图10-35)。

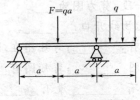

图10-35　2-(5)题图

(6)已知 $q=2$ kN/m, $a=2$ m(图 10-36)。

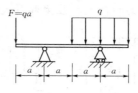

图 10-36 2-(6)题图

3. 计算题

(1)求图 10-37、图 10-38 中 $m\text{-}m$ 截面上 a、b 点的正应力。

①

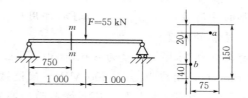

图 10-37 3-(1)-①题图

②

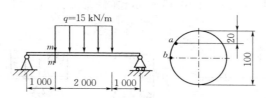

图 10-38 3-(1)-②题图

(2)求图 10-39、图 10-40 所示梁中点截面上的最大正应力。

①

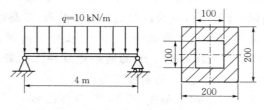

图 10-39 3-(2)-①题图

②

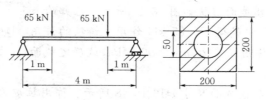

图 10-40 3-(2)-②题图

(3)倒 T 形截面的铸铁梁如图 10-41 所示,试求梁内最大拉应力和最大压应力,并画出

161

危险截面上的正应力分布图。

(4)求图 10-42 所示 T 形截面梁的最大拉应力和最大压应力。

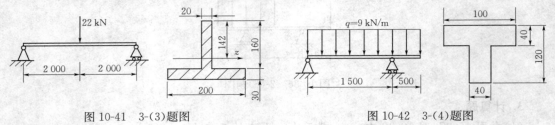

图 10-41　3-(3)题图　　　　　　　　　图 10-42　3-(4)题图

(5)图 10-43 所示手柄,受力 $F=210$ N,长 $l=300$ m,截面为圆形,直径 $D=25$ mm。手柄的许用拉应力 $[\sigma]_1=28$ MPa,许用压应力 $[\sigma]_2=120$ MPa。试校核手柄的强度。

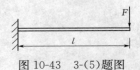

图 10-43　3-(5)题图

(6)一简支梁的中点受集中力 25 kN,跨度为 8 m,梁由 32b 工字钢制成($I_z=1.16\times10^8$ mm⁴),许用应力 $[\sigma]=200$ MPa。试校核梁的强度。

(7)一矩形截面梁如图 10-44 所示,受力 $F=3$ N,横截面的高宽比为 $h/b=3$,材料为松木,其许用应力 $[\sigma]=8$ MPa。试选择安全的截面尺寸。

(8)一圆形截面木梁,受力如图 10-45 所示,其许用应力 $[\sigma]=10$ MPa。试选择安全的截面直径。

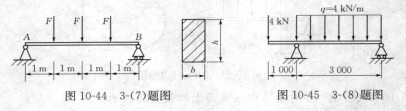

图 10-44　3-(7)题图　　　　　　　　图 10-45　3-(8)题图

(9)简支梁长 5 m,全梁受 $q=10$ kN/m 的均布载荷作用,若许用应力 $[\sigma]=12$ MPa。试求此梁安全的截面尺寸:(1)选用圆形截面;(2)选用矩形截面,其高宽比为 $h/b=3/2$。

(10)在建筑工程中,常用截面尺寸为 80×30 mm、长为 6 m 的木板,其许用应力 $[\sigma]=5$ MPa。现将它作为临时跳板,搁在相距 4 m 的两个建筑物上。若木板的矩形截面是平放的,一体重为 750 N 的工人从其上走过,问是否安全?

(11)受均布载荷作用的外伸钢梁如图 10-46 所示。已知 $q=14$ kN/m,材料的许用应力 $[\sigma]=16$ MPa。试求此梁的抗弯截面系数。

(12)铸铁简支梁的横截面形状如图 10-47 所示。已知跨长 $l=3$ m,在其中点受一集中载荷 $F=85$ kN 作用。铸铁的许用拉应力 $[\sigma]_1=30$ MPa,许用压应力 $[\sigma]_2=90$ MPa,试确定截面尺寸中安全的 a 值。

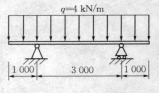

图 10-46　3-(11)题图

(13)铸铁梁的载荷及横截面尺寸如图 10-48 所示。许用拉应力 $[\sigma]_1=40$ MPa,许用压应力 $[\sigma]_2=100$ MPa。试按正应力强度条件校核梁的强度。若载荷不变,将 T 形横截面倒置,问是否合理?为什么?

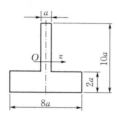

图 10-47 3-(12)题图

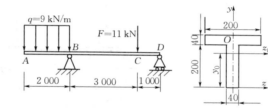

图 10-48 3-(13)题图

(14)轧辊轴的直径 $D=300$ mm，$l=420$ mm，$b=100$ mm，如图 10-49 所示。轧辊材料的弯曲许用应力$[\sigma]=100$ MPa。求轧辊所能承受的轧制力许可值。

(15)宽 200 mm、高 300 mm 的矩形截面简支梁，在离两端 1 m 处各作用一集中力 F，若许用应力$[\sigma]=6$ MPa，求力 F 的许可值。

(16)如图 10-50 所示，支撑阳台的悬臂梁为一根 16 号工字钢($W_z=1.41\times10^5$ mm³)，其上受均布载荷 q 和集中力 F 作用。若 $F=3$ kN，梁长 $l=3$ m，工字钢的许用应力$[\sigma]=100$ MPa。试求 q 的许可值。

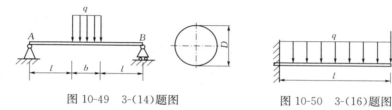

图 10-49 3-(14)题图   图 10-50 3-(16)题图

(17)简支梁全长都受均布载荷作用，载荷集度 $q=5$ kN/m。矩形截面的高 $h=100$ mm，宽 $b=60$ mm。许用应力$[\sigma]=140$ MPa，求此梁的许可长度。

(18)倒 T 形截面铸铁悬臂梁的尺寸及载荷如图 10-51 所示。若材料的拉伸许用应力 $[\sigma_1]=40$ MPa，压缩许用应力 $[\sigma_2]=80$ MPa，截面对形心轴 z_0 的惯性矩 $I_z=1.13\times10^8$ mm⁴，$h_1=96.4$ mm，试计算梁的许用载荷 F。

(19)用叠加法求图 10-52、图 10-53 所示各梁截面 A 的挠度，截面 B 的转角。EI_z 为已知常数。

①

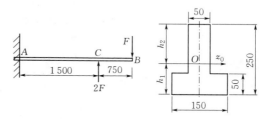

图 10-51 3-(18)题图

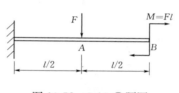

图 10-52 3-19-①题图

163

②

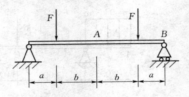

图 10-53　3-19-②题图

(20)简支梁的跨度 $l=5$ m,全长都受均布载荷 $q=5$ kN/m,截面为矩形,其高 $h=100$ mm,宽 $b=80$ mm。材料为钢,其弹性模量 $E=2\times10^5$ MPa。试求此梁的最大挠度。

第十一章 · 金属材料

工程材料可分为金属材料和非金属材料两大类,尽管近几十年来非金属材料的用量正以数倍于金属材料的速度增长,但在今后相当长的时间内,机械制造中应用最广泛的仍然将是金属材料。

本章中将详细介绍金属材料的结构、性能及防腐蚀的相关知识,并通过研究金属材料的结构特征及微观构成来分析合金的使用性能和工艺性能,以此来选择适当的材料制造所需的零件。目前,在电气化铁道的建设中对金属材料的应用非常的广泛,尤其是牵引供电系统,在牵引供电系统中主要利用金属材料的导电能力和力学性能。牵引供电系统对电气化铁道的重要性不言而喻,因此对金属材料相关知识的认知非常重要。

相关应用

2014 年 6 月 23 日,广铁集团沪昆线渠江—安化上行 K1377+822 处器械式分相,因检修调整不到位,接头线夹处过渡不平滑,造成分相绝缘板的断裂(图 11-1),引发弓网故障。分相绝缘板断裂原因一方面是受电弓冲击力和接触线张力的共同作用,另一方面是由分相绝缘板的微观结构决定的。金属的微观结构与宏观的力学性能存在怎样的联系呢?通过本章的学习我们将会得到答案。

图 11-1　断裂的分相绝缘板

第一节　认识金属材料的性能

工程材料是用于制造工程结构和机械零件并主要要求力学性能的结构材料,按组成与结合键可分为金属材料、高分子材料、陶瓷材料、复合材料等四类。材料在使用过程中所表现的性能称为使用性能,包括力学性能、物理性能和化学性能。材料在加工过程中所表现的性能称为工艺性能,包括铸造、锻压、焊接、热处理和切削性能等。其中,用于衡量在静载荷作用下的力学性能指标有强度、塑性和硬度等;在动载荷作用下的力学性能指标有冲击韧度等；在交变载荷作用下的力学性能指标有疲劳强度等。

一、强度

强度是金属材料在力的作用下抵抗塑性变形和断裂的能力，工程上以屈服强度和抗拉强度作为强度的指标。

(1)屈服强度

屈服强度是指在外力作用下开始产生明显塑性变形的最小应力。

$$\sigma_s = \frac{F_s}{S_0} \tag{11-1}$$

式中　σ_s——试样产生屈服时的应力，MPa。

$\quad\quad$ F_s——试样在屈服时所承受的最大载荷，N。

$\quad\quad$ S_0——试样原始截面积，mm^2。

对于没有明显屈服现象的金属材料，工程上规定以试样产生0.2%塑性变形时的应力作为该材料的屈服强度。

(2)抗拉强度(强度极限)

抗拉强度是指材料承受最大载荷时的应力

$$\sigma_b = \frac{F_b}{S_0} \tag{11-2}$$

式中　σ_b——试样在拉断前承受的最大应力，MPa。

$\quad\quad$ F_b——试样在拉断前所承受的最大载荷，N。

$\quad\quad$ S_0——试样原始截面积，mm^2。

二、塑性

塑性是金属材料在力的作用下，产生不可逆永久变形的能力。常用的塑性指标是伸长率和断面收缩率。伸长率和断面收缩率数值越大，材料的塑性就越好。良好的塑性不仅是金属材料进行轧制、拉拔、锻造、冲压、焊接的必要条件，而且在使用中一旦超载，由于产生塑性变形，能够避免突然断裂，从而增加零件的安全性。

三、硬度

硬度是指材料抵抗表面局部塑性变形的能力。硬度是材料力学性能的重要指标，日常生活中我们主要用到的是材料的硬度，比如刀具、量具、模具及零件的耐磨性都要有非常高的硬度才能保证其使用性能和寿命。金属材料的硬度是通过硬度计的测量而得出的，主要有布氏硬度法和洛氏硬度法。

(1)布氏硬度 HB

用直径 D 的淬火钢球或硬质合金球，在一定压力 P 下，将钢球垂直地压入金属表面，并保持压力到规定的时间后卸荷，测压痕直径 d，如图 11-2 所示。

$$HB = 0.102 \frac{2P}{\pi D(D - \sqrt{D^2 - d^2})} \tag{11-3}$$

布氏硬度的优点是测量误差小，数据稳定。缺点是压痕大，不能用于太薄件、成品件及比压头还硬的材料。适于测量退火、正火、调质钢、铸铁及有色金属的硬度。

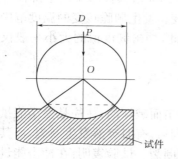

图 11-2　布氏硬度计

（2）洛氏硬度

洛氏硬度的测试原理是用金刚石圆锥或钢球作压头，施以 100 N 的初始压力，使压头与试样始终保持紧密接触，然后向压头施加主载荷，保持数秒后卸除主载荷，以残余压痕尝试计算其硬度值，如图 11-3 所示。实际测量时，由刻度盘上的指针直接指示出 HR 值。

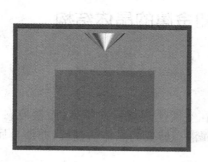

图 11-3　洛氏硬度计

洛氏硬度法测试简便迅速，因压痕小、不损伤零件，可用于成品检验。其缺点是测得的硬度值重复性较差，需在不同部位测量数次。

四、韧性

金属材料断裂前吸收的变形能量的能力称为韧性，常用指标为冲击韧度。

通过摆锤冲击弯曲试验机来测定金属材料的冲击韧度，如图 11-4 所示试验原理：将方形试样放在试验机的支座上，抬起摆锤至 H_1 高度自由落下，将试样一次冲断，随后摆锤凭借剩余试样的能量又上升到 H_2 的高度。试样被冲断过程中吸收的能量即冲击吸收功（A_k）等于摆锤冲击试样前后的势能差。冲击韧度（a_k）即为冲击吸收功除以试样缺口处截面积。

材料韧性判据为冲击韧度的值，低值为脆性材料，高值为韧性材料。冲击值的大小与很多因素有关，比

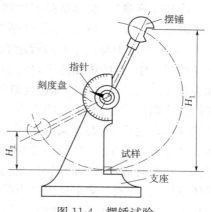

图 11-4　摆锤试验

如试样形状、表面粗糙度、内部组织、环境温度等。材料的冲击韧性随温度下降而下降。在某一温度范围内冲击韧性值急剧下降的现象称韧脆转变。发生韧脆转变的温度范围称韧脆转变温度。材料的使用温度应高于韧脆转变温度。因此,冲击韧度值的大小一般仅作为选择材料时的参考,不直接用于强度计算。

五、疲劳强度

在冲击载荷下工作的零件,很少是受大能量一次冲击而破坏的;往往是受小能量多次重复冲击而破坏的。承受循环应力的零件在工作一段时间后,有时突然发生断裂,而其所受的应力往往低于该金属材料的屈服点,这种断裂称为疲劳断裂。试验表明:在冲击能量不太大的情况下,其承受反复冲击的能力主要取决于强度,而不是很高的冲击韧性 a_k。

一般认为产生疲劳断裂的原因,是由于材料有内部缺陷、表面划痕及其他能引起应力集中缺陷,导致产生微裂纹。这种微裂纹随应力循环次数的增加而逐渐扩展,致使零件的有效截面积逐步缩小,直至不能承受所加载荷而突然断裂。因此,为提高金属材料的疲劳强度,要改善其微观结构,减少应力集中外,还可采取表面强化的方法。

第二节　认知金属的晶体结构

一、纯金属晶体结构

1. 金属的结晶

金属在固体下一般都是晶体,即原子在空间呈现规律性排列;而在液态下,金属原子的排列并不规则。因此,金属的结晶就是金属液态转变为晶体的过程,亦即金属原子由无序列到有序的排列过程。

纯金属的结晶是在一定的温度下进行的,它的结晶过程可用冷却曲线图 11-5(a)来表示。冷却曲线是用热分析法测定出来的。从图 11-5(a)可以看出,曲线上有一水平线段,这就是实际结晶温度,因为界定时放出的结晶潜热使温度不再下降,所以该线段是水平的。从图 11-5(a)中还可看出,实际结晶温度低于理论结晶温度(平衡结晶温度),这种现象称为"过冷"。理论结晶温度与实际结晶温度之差,称为过冷度。过冷度的大小与冷却速度密切相关。冷却速度愈快,实际结晶温度就愈低,过冷度就愈大;反之,冷却速度愈慢,过冷度愈小。

液态金属的结晶过程是遵循"晶核不断形成和长大"这个结晶基本规律进行的。图 11-5(b)所示为金属结晶过程示意图。开始时,液态中先出现的一些极小晶体,称为晶核。在这些晶核中,有些依靠原子自发地聚集在一起,按金属晶体固有规律排列而成,这些晶核称为自发晶核。金属的冷却速度愈快,自发晶核愈多。另外,液态中有时有些高熔点杂质形成的微小固体质点,其中某些质点也可起晶核作用,这种晶核称为外来晶核或非自发晶核。在晶核出现之后,液态金属的原子就以它为中心,按一定几何形状不断地排列起来形成晶体。晶体沿着各个方向生长的速度是不均匀的,通常按照一次晶轴、二次晶轴……呈树枝状长大。在原有晶体长大的同时,在剩余液态中又陆续出现新的晶核,这些晶核也同样长大成晶体,这样就使液态愈来愈少。当晶体长大到与相邻的晶体互相抵触时,这个方向的长大便停止了。当全部晶体都彼此相遇、液态耗尽时,结晶过程即告结束。

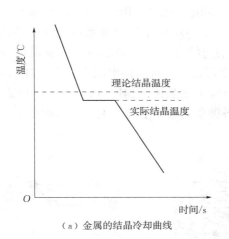

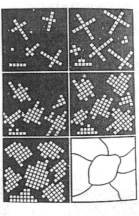

（a）金属的结晶冷却曲线　　　　　　　（b）金属结晶过程示意图

图 11-5　金属结晶

由上述可知,固态金属通常是由多晶体构成的,每个晶核长成的晶体称为晶粒,晶粒之间的接触面称为晶界。晶粒的外形是不规则的,各晶粒内部原子排列的位向也不相同。

金属晶粒的粗细对其力学性能影响很大。一般来说,同一成分的金属,晶粒愈细,其强度、硬度愈高,而且塑性和韧性也愈好。因此,促使和保持晶粒细化是金属冶炼和热加工过程中的一项重要任务。影响晶粒粗细的因素很多,但主要取决于晶核的数目。晶核愈多,晶核长大的余地愈小。长成的晶粒愈细。细化铸态金属晶粒的主要途径是:

(1)提高冷却速度,以增加晶核的数目。

(2)在金属浇注之前,向金属液内加入变质剂(孕育剂)进行变质处理,以增加外来晶核。

(3)此外,还可以采用热处理或塑性加工方法,使固态金属晶粒细化。

2. 纯铁的晶体结构

金属的性能是由其组织结构决定的,其中结构指的就是晶体结构。金属的晶体结构就是其内部原子的排列方式,因为金属是晶体,所以称为晶体结构。晶体原子在三维空间内的周期性规则排列。长程有序,各向异性[图 11-6(a)]。非晶体原子在三维空间内不规则排列。长程无序,各向同性[图 11-6(b)]。在自然界中除少数物质(如普通玻璃、松香、石蜡等)是非晶体外,绝大多数都是晶体,如金属、合金、硅酸盐,大多数无机化合物和有机化合物,甚至植物纤维都是晶体。

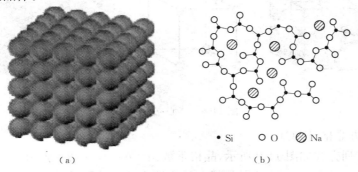

（a）　　　　　　　　　　　　（b）

•Si　　○O　　◎Na

图 11-6　晶体与非晶体球体模型

晶体中原子的排列情况如图 11-7(a)所示的球体模型。由图可见,这些原子在空间堆积在一起,难以看清其内部排列规律。为便于研究晶体中原子排列规律,可将原子抽象化,即将每个原子看成是一个点,再把相邻原子中心用假想的直线连接起来,使之形成晶格,如图 11-7(b)所示。由于晶体中原子排列具有周期性规律,因此,可从晶格中取出一个最基本的几何单元,这个单元称为晶胞如图 11-7(c)所示。在研究金属晶体结构时,取出一个晶胞来分析就可以了。晶胞中各棱边的长度称为晶格常数。各种金属晶体结构的主要差别就在于其晶格类型和晶格常数的不同。

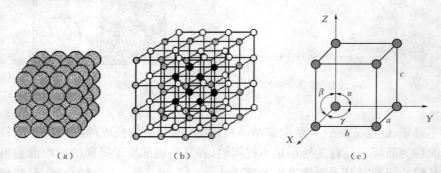

图 11-7 晶体、晶格和晶胞

布拉菲将晶体结构划分成 7 个晶系,14 种点阵。在元素周期表一共约有 110 种元素,其中 80 多种是金属,占 2/3。而这 80 多种金属的晶体结构大多属于三种典型的晶体结构。它们分别是:体心立方晶格(BCC)、面心立方晶格(FCC)、密排六方晶格(HCP)。

(1)体心立方晶格(BCC)

体心立方晶格原子排列方式如图 11-8 所示,晶格常数:$a=b=c$,$\alpha=\beta=\gamma=90°$。体心立方晶格的晶胞是一个长、宽、高相等的立方体。在立方体的八个顶角上各有一个原子,在立方体的中心还有一个原子。具有体心立方晶格的金属有:钼(Mo)、钨(W)、钒(V)、α-铁(α-Fe,<912 ℃)等。每个晶胞实际占有的原子个数在分析时要认真考虑每个原子的空间状况。在体心立方晶胞中,每个角上的原子在晶格中同时属于 8 个相邻的晶胞,因而每个角上的原子属于一个晶胞仅为 1/8,而中心的那个原子则完全属于这个晶胞。所以一个体心立方晶胞所含的原子数为 2。

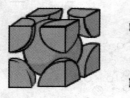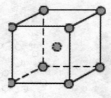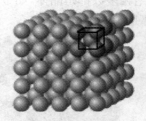

图 11-8 体心立方晶格

(2)面心立方晶格(FCC)

金属原子排列方式如图 11-9 所示,晶格常数:$a=b=c$,$\alpha=\beta=\gamma=90°$,分布在立方体的八个角上和六个面的中心,面中心的原子与该面四个角上的原子紧靠。

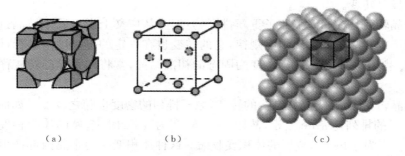

（a）　　　　　　　（b）　　　　　　　　（c）

图 11-9　面心立方晶格

具有这种晶格的金属有：铝（Al）、铜（Cu）、镍（Ni）、金（Au）、银（Ag）、γ-铁（γ-Fe，912 ℃～1 394 ℃）等。在面心立方晶胞中，每个角上的原子在晶格中同时属于 8 个相邻的晶胞，因而每个角上的原子属于一个晶胞仅为 1/8，而各面中心的那个原子属于这个晶胞的 1/2。所以 1 个体心立方晶胞所含的原子数为 4。

（3）密排六方晶格（HCP）

密排六方晶格的原子排列方式如图 11-10 所示，晶格常数：用底面正六边形的边长 a 和两底面之间的距离 c 来表达，两相邻侧面之间的夹角为 120°，侧面与底面之间的夹角为 90°。12 个金属原子分布在六方体的 12 个角上，在上下底面的中心各分布 1 个原子，上下底面之间均匀分布 3 个原子。具有这种晶格的金属有镁（Mg）、镉（Cd）、锌（Zn）、铍（Be）等。

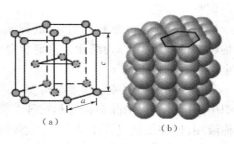

（a）　　　　　　（b）

图 11-10　密排六方晶格

3. 纯铁的同素异晶转变

大多数金属在结晶之后，直至冷却到室温，其晶格类型都将保持不变。某些金属在固态下的晶体结构是不固定的，而是随着温度、压力等因素的变化而变化，如铁、钛等，这种现象称为同素异晶转变，也称为重结晶。

图 11-11 所示为纯铁的冷却曲线。由图可见，冷却曲线上有三个水平平台。它的第一个水平平台（1 538 ℃），表示纯铁由液态转变成固态的结晶阶段。结晶后铁的晶格是体心立方，称为 δ-Fe。当温度继续下降到 1 394 ℃的水平平台时，发生了同素异晶转变，铁的晶格由体心立方转变成面心立方，称为 γ-Fe。当温度继续下降到 912 ℃时，再次发生同素异晶转变，又转变成体心立方晶格，称为 α-Fe。上述的同素异晶转变对钢铁的热处理甚有意义，金属的同素异晶转变为其热处理提供基础，钢能够进行多种热处理就是因为铁能够在固态

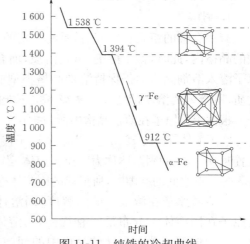

图 11-11　纯铁的冷却曲线

下发生同素异晶转变。

同素异晶转变是在固态下原子重新排列的过程，从广义上说也属于结晶过程。因为它也遵循晶核形成与晶核长大的结晶规律，它的转变也在一定的过冷度下进行，同时，也产生结晶热效应。为了区别于由液态转变为固态的初次结晶，常将同素异晶转变称为二次结晶或重结晶。

同素异晶转变时，由于晶格结构的转变，原子排列的密度也随之改变。如面心立方晶格 γ-Fe 中铁原子的排列比 α-Fe 紧密，故由 γ-Fe 转变为 α-Fe 时，金属的体积将发生膨胀。反之，由 α-Fe 转变为 γ-Fe 时，金属的体积要收缩。这种体积变化使金属内部产生的内应力称为组织应力。

二、合金的晶体结构

两种或两种以上的金属元素，或金属与非金属元素熔合在一起，构成具有金属特性的物质称为合金。机械制造中广泛应用的是合金，而不是纯金属。因为合金比纯金属有较高的强度和硬度，且成本较低，同时，还可通过改变合金的成分和进行不同的热处理，在很大范围内调整其性能。

组成合金的元素称为组元，简称元。如铁、碳是钢和铸铁中的组元。合金中的稳定化合物（如 Fe_3C）也可作为组元。给定合金以不同的比例而合成的一系列不同成分合金总称合金系，如 Fe-C，Fe-Cr 等。

合金的结构比纯金属复杂得多。因为合金组元的相互作用可构成不同的相。在合金组织中，凡化学成分、晶格构造和物理性能相同的均匀组成部分称为相。例如，钢液为一个相，称液相；但在结晶过程中液态和固态的钢共存，此时，他们各是一个相。必须指出，由于在不同条件下，同一组成物的相结构其形状、大小和分布可发生改变。因此，按照显微镜下各相的形态特征，又可分成不同的组织。研究金属在加热或冷却过程中的组织转变规律是非常重要的。

铁碳合金的组织结构相当复杂，并随其成分、温度和冷却速度而变化。按照铁和碳相互作用形式的不同，铁碳合金的组织可分为固溶体、金属化合物和机械混合物三种类型。

1. 固溶体

有些合金的组元在固态时，具有一定的互相溶解能力。例如，一部分碳原子能够溶解到铁的晶格内，此时，铁是溶剂，碳是溶质，而合金的晶格仍保持铁的原有晶格类型，这种溶质原子溶入溶剂晶格而仍保持溶剂晶格类型的金属晶体，称为固溶体。固溶体是均匀的固态物质，所溶入的溶质即使在显微镜下也不能区别出来，因此固溶体属于单相组织。

根据溶质原子在溶剂晶格中所占据位置的不同，固溶体可分为间隙固溶体[图 11-12(a)]和置换固溶体[图 11-12(b)]。当溶质原子代替了一部分溶剂原子、占据溶剂晶格的某些结点位置时，所形成的固溶体称为置换固溶体；当溶质原子在溶剂晶格中不是占据结点位置，而是嵌入各结点之间的空隙时，所形成的固溶体称为间隙固溶体。

按溶质原子在溶剂中的溶解度，固溶体可分为有限固溶体和无限固溶体两种。按溶质原子在固溶体中分布是否有规律，固溶体分无序固溶体和有序固溶体两种。铁碳合金中的固溶体都是碳溶入铁的晶格中的间隙固溶体[图 11-12(a)]。此时，碳的溶解度是有限度的,即属于有限固溶体。碳在铁中的溶解度主要取决于铁的晶格类型,并随温度的升高而增加。

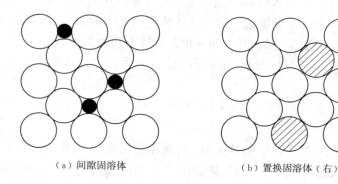

（a）间隙固溶体　　　　　　　　（b）置换固溶体（右）

图 11-12　固溶体类型

当溶质元素的含量极少时,固溶体的性能与溶剂金属基本相同。随溶质含量的升高,固溶体的性能将发生明显改变,在一般情况下,强度、硬度逐渐升高,而塑性、韧性有所下降,电阻率升高,导电性逐渐下降等。这种通过形成固溶体使金属强度和硬度提高的现象称为固溶强化。固溶强化是金属强化的一种重要形式,在溶质含量适当时,可显著提高材料的强度和硬度,而塑性和韧性没有明显降低。例如纯铜的 σ_b 为 220 MPa,硬度为 40HBS,断面收缩率 ψ 为 70%。当加入 1% 的镍形成单相固溶体后,强度升高到 390 MPa,硬度升高到 70HBS,而断面收缩率仍有 50%。所以固溶体的综合机械性能很好,常常作为合金的基体相。碳即可溶入 α-Fe、γ-Fe,也可溶入 δ-Fe,形成不同的固溶体。

（1）铁素体

碳溶解于 α-Fe 中形成的固溶体称为铁素体,呈体心立方晶格,通常以符号 F 表示。α-Fe 的溶碳能力极小,600 ℃时溶碳量仅为 0.006%,727 ℃时最大溶碳量仅 0.021 8%。

铁素体因溶碳极少,固溶强化作用甚微,故力学性能与纯铁相近。其性能特征是强度、硬度低,塑性、韧性好,如 $\sigma_b \approx 250$ MPa、$\delta = 45\% \sim 50\%$、硬度为 80 HBS。铁素体在显微镜下为明亮的多边形晶粒,但晶界曲折。

（2）奥氏体

碳溶入 γ-Fe 中形成的固溶体称为奥氏体,呈面心立方晶格,以符号 A 表示。

γ-Fe 的溶碳能力较 α-Fe 高许多。如在 1 148 ℃时,最大溶碳量为 2.11%;温度降低时,溶碳能力也随之下降,到 727 ℃,溶碳量为 0.77%。由于 γ-Fe 仅存在于高温,因此,稳定的奥氏体通常存在于 727 ℃以上,故在铁碳合金中奥氏体属于高温组织。

奥氏体的力学性能与其碳容量有关,一般来说,其强度、硬度不高,但塑性优良（$\delta = 40\% \sim 50\%$）。在钢的轧制或锻造时,为使钢易于进行塑性变形,通常将钢加热到高温,使之呈奥氏体状态。在显微镜下,奥氏体也是呈多变形晶粒,但晶界较铁素体平直,并存有双晶带。

2. 化合物

金属化合物是各组元按一定整数比结合而成、并具有金属性质的均匀物质,属于单相组织。金属化合物与金属中存有的某些非金属化合物有着本质不同,如钢铁中的 FeS、MnS 不具有金属性质,固属非金属夹杂物。

金属化合物一般具有复杂的晶格,且与构成化合物的各组元晶格皆不相同,其性能特征是硬而脆。铁碳合金中的渗碳体(Fe_3C)属于金属化合物。它的硬度极高,可以刻划玻璃,而塑性、韧性极低,伸长率和冲击韧度近于零。渗碳体是钢铁中的强化相,其组织可呈片状、球状等不同形状。渗碳体的数量、形状和分布对钢的性能有很大的影响。

渗碳体在一定条件下可发生分解,形成石墨,这个反应对铸铁有着重要意义。其反应式为

$$Fe_3C \longrightarrow 3Fe + C$$

3. 机械混合物

若新相的晶体结构不同于任一组成元素,则新相是组成元素间相互作用而生成的一种新物质,属于化合物,如碳钢中的 Fe_3C,黄铜中的 β 相($CuZn$)以及各种钢中都有的 FeS、MnS 等等。机械混合物是由结晶过程所形成的两相混合组织。它可以是纯金属、固溶体或化合物各自的混合,也可以是它们之间的混合。机械混合物各相均保持其原有的晶格,因此机械混合物的性能介于各组成相之间,它不仅取决于各相的性能和比例,还与各相的形状、大小和分布有关。

而 FeS、MnS 具有离子键,没有金属性质,属于一般的化合物,因而又称为非金属化合物。在合金中,金属化合物可以成为合金材料的基本组成相,而非金属化合物是合金原料或熔炼过程带来的,数量少且对合金性能影响很坏,因而一般称为非金属夹杂物。

(1)铁碳合金中的机械混合物类型

①珠光体

铁素体和渗碳体组成的机械混合物称为珠光体,用符号 P 或($F+Fe_3C$)表示。珠光体的含碳量为 0.77%。由于渗碳体在混合物中起强化作用,因此,珠光体有着良好的力学性能,如其抗拉强度高($\sigma_b \approx 750$ MPa)、硬度较高(180HBS),且仍有一定的塑性和韧性($\delta = 20\% \sim 25\%$、$a_k = 30 \sim 40$ J/cm²)。珠光体在显微镜下呈层片状。其中白色基体为铁素体,黑色层片为渗碳体。

②莱氏体

分为高温莱氏体和低温莱氏体两种。奥氏体和渗碳体组成的机械混合物称高温莱氏体,用符号 Ld 或($A+Fe_3C$)表示。由于其中的奥氏体属高温组织,因此,高温莱氏体仅存于 727 ℃ 以上。高温莱氏体冷却到 727 ℃ 以下时,将转变为珠光体和渗碳体的机械混合物($P+Fe_3C$),称低温莱氏体,用符号 Ld' 表示。莱氏体的含碳量为 4.3%。由于莱氏体中含有的渗碳体较多,固性能与渗碳体相近,极为硬脆。

(2)金属化合物的特性

①力学性能:金属化合物一般具有复杂的晶体结构,熔点高,高硬度、低塑性,硬而脆。当合金中出现金属化合物时,通常能提高合金的强度、硬度和耐磨性。金属化合物是工具钢、高速钢等钢中的重要组成。

②物化性能:具有电学、磁学、声学性质等,可用于半导体材料、形状记忆材料、储氢材料等。

第三节　金属材料加工

一、金属材料的热处理

金属材料的热处理是将钢在固态下，通过加热、保温和冷却，以获得预期的组织和性能的工艺。热处理与其他加工方式（如铸造、锻压和切削加工等）不同，它只改变金属材料的组织和性能，而不以改变形状和尺寸为目的。

热处理的作用日趋重要，因为现代机器设备对金属材料的性能不断提出新的要求。热处理可提高零件的强度、硬度、韧性、弹性等，同时还可改善毛坯或原材料的切削加工性能，使之易于加工。可见，热处理是改善金属材料的工艺性能、保证产品质量、延长使用寿命、挖掘材料潜力不可缺少的工艺方法。据统计，在机床制造中，热处理件占 $60\%\sim70\%$；在汽车、拖拉机制造中占 $70\%\sim80\%$；在刀具、模具和滚动轴承制造中，几乎全部零件都需要进行热处理。

热处理的工艺方法很多，大致可分如下两大类：

(1)普通热处理　包括退火、正火、淬火、回火等。

(2)表面热处理　包括表面淬火和化学热处理（如渗碳，氮化等）。

各种热处理都可用温度、时间为坐标的热处理工艺曲线（图 11-13）来表示。

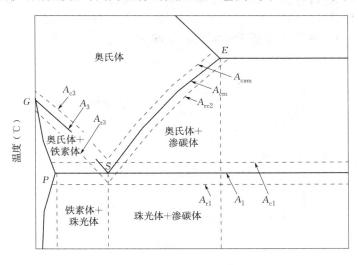

图 11-13　热处理工艺曲线

1. 钢在加热时的组织转变

加热是热处理工艺的首要步骤。多数情况下，将钢加热到临界温度以上，使原有的组织转变成奥氏体后，再以不同的冷却方式或速度转变成所需的组织，以获得预期的性能。

如前所述，铁碳合金状态图中组织转变的临界温度曲线 A_1、A_3、A_{cm} 是在极其缓慢加热或冷却条件下测定出来的，而实际生产中的加热和冷却多不是极其缓慢的，故存有一定的滞后现象，也就是需要一定的过热或过冷转变才能充分进行的。通常将加热时实际转变温度

位置用 A_{cr}、A_{c3}、A_{cm} 表示；将冷却时实际转变温度位置用 A_{r1}、A_{r3}、A_{rcm} 表示，如图 11-13 所示。

显然，欲使共析钢完全转变成奥氏体，必须加热到 A_{c1} 以上；对于亚共析钢，必须加热到 A_{c3} 以上，否则难以达到应有的热处理效果。必须指出，初始形成的奥氏体晶粒非常细小，保持细小的奥氏体晶粒可使冷却后的组织继承其细小晶粒，这不仅强度高，且塑性和韧性均较好。如果加热温度过高或保温时间过长，将会引起奥氏体的晶粒急剧长大。因此，应根据铁碳合金状态图及钢的含碳量，合理选定钢的加热温度和保温时间，以形成晶粒细小、成分均匀的奥氏体。

2. 钢在冷却时的组织转变

钢经过加热、保温实现奥氏体化后，接着便需进行冷却。依据冷却方式及冷却速度的不同，过冷奥氏体（A_1 线以下不稳定状态的奥氏体）可形成钢的多种组织。现实生产中，绝大多数是采用连续冷却方式来进行的，如将加热的钢件投入水中淬火等。此时，过冷奥氏体是在温度连续下降过程中发生组织转变的。为了试探其组织转变规律，可通过科学试验，测出该成分钢的"连续冷却转变曲线"，但这种测试难度较大，而现存资料又较少，因此目前主要是利用已有的"等温转变曲线"近似地分析连续冷却时组织转变过程，以指导生产。

所谓"等温转变"是指奥氏体化的钢迅速冷却到 A_1 以下某个温度，使过冷奥氏体在保温过程中发生组织转变，待转变完成后再冷却到室温。经改变不同温度、多次试验，绘制成等温转变曲线。各种成分的钢均有其等温转变曲线。由于这种曲线类似英文字母"C"字，故称 C 曲线。下面以图 11-14 所示共析钢的温度转变曲线为例，扼要分析。

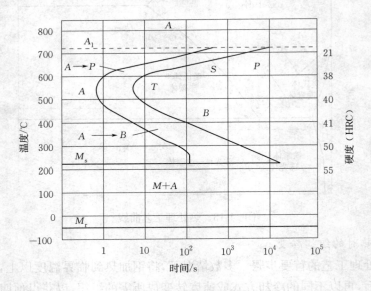

图 11-14　等温转变曲线

等温转变曲线可分为如下几个区域：稳定奥氏体区（A_1 线以上），过冷奥氏体区（A_1 线以下，C 曲线以左），A-P 组织共存区（过渡区），其余为过冷奥氏体转变产物区，它又可分为如下三个区：

(1)珠光体转变区(形成于$A_{r1}\sim 55$ ℃高温区)。其转变产物为(F+Fe₃C)组成的片层状机械混合物。依照形成温度的高低及片层的粗细，又可分成三种组织：

①珠光体($A_{r1}\sim 650$ ℃形成)，属于粗片层珠光体，以符号 P 表示；

②细片状珠光体(650~600 ℃形成)，常称为索氏体，以符号 S 表示；

③极细片状珠光体(600~550 ℃形成)，常称为托氏体，以符号 T 表示。

(2)贝氏体转变区(形成于 550 ℃~M_s 中温区)，常以符号 B 表示。

(3)马氏体转变区(形成于 M_s 以下的低温区)，钢在淬火时，过冷奥氏体快速冷却到 M_s 以下，由于已处于低温，只能发生 γ-Fe→α-Fe 的同素异晶体转变，而钢中的碳却难以溶碳能量很低的 α-Fe 晶格中扩散出去，这样就形成了碳在 α-Fe 中的过饱和固溶体，称为马氏体(以符号 M 表示)。由于碳的严重过饱和，致使马氏体晶格发生严重的畸变，因此中碳以上的马氏体通常具有高硬度，但韧性很差。实践证明，低碳钢淬火所获得的低碳马氏体虽然硬度不高，但有着良好的韧性，也具有一定的使用价值。

图 11-14 中 M_s 是马氏体开始转变的温度线，M_f 是马氏体转变的终止温度线，M_s、M_f 随着钢含碳量的增加而降低。由于共析钢的 M_f 为−50 ℃，故冷却至室温时，仍残留少量为转变的奥氏体。这种保留的奥氏体称为残余奥氏体，以符号 A' 表示。显然，共析钢淬火但室温的最终产物为 $M+A'$。

图 11-15 所示为共析钢等温转变曲线在连续冷却的应用。

V_1 示出在缓慢冷却(如在加热炉中随着冷却)时，根据它与 C 曲线相交的位置，可获得珠光体组织。

V_2 示出在较缓慢冷却(加热后从炉中取出在空气中冷却)，可获得索氏体组织。

V_3 示出快速冷却(热后在水中淬火)，可获得马氏体(包括少量 A')组织。

V_k 为过冷奥氏体获得全部马氏体包括少量 A' 的最低冷却速度，称为临界冷却速度。

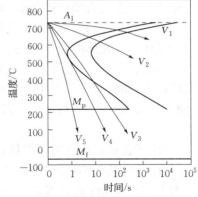

图 11-15 共析钢等温转变曲线

3. 退火

退火是将钢加热、保温，然后随炉或埋入灰中使其缓慢冷却的热处理工艺。由于退火的具体目的不同，其具体工艺方法有多种，常用的有如下 3 种。

(1)完全退火

它是将亚共析钢加热到 A_{c3} 以上 30~50 ℃，保温后缓慢冷却(图 11-15 中 V_1)，以获得接近平衡状态组织。完全退火主要用于铸钢件和重要锻件。因为铸钢件铸态下晶体粗大，塑形、韧性较差；锻件因锻造时变形不均匀，致使晶粒和组织不均，且存在内应力。完全退火还可降低硬度，改善切削加工性。

完全退火的原理是：钢件被加热到 A_{c3} 以上时，呈完全奥氏体化状态，由于初始形成的奥氏体晶粒非常细小，缓慢冷却时，通过"重结晶"使钢件获得细小的晶粒，并消除了内应力。必须指出，应严格控制加热温度、防止温度过高，否则奥氏体晶粒将急剧长大。

177

（2）球化退火

主要用于过共析钢件。过共析钢件经过锻造以后，其珠光体晶粒粗大，且存在少量二次渗碳体，致使钢的硬度高、脆性大，进行切削加工时易磨损刀具，且淬火时容易产生裂纹和变形。球化退火时，将钢加热到 A_{c1} 以上 $20\sim30\ ℃$。此时，初期形成的奥氏体内及其晶界上尚有少量未完全溶解的渗碳体，在随后的冷却过程中，奥氏体经共析反应析出的渗碳体便以未溶解渗碳体为核心，呈球体析出，分布在铁素体基体之上，这种组织称为"球化体"。它是人们对淬火前过共析钢最期望的组织。因为车削片状珠光体时容易磨损刀具，而球化体的硬度低、节省刀具。必须指出，对二次渗碳体呈严重网状的过共析钢，在球化退火前应先进行正火，以打碎渗碳体网。

（3）去应力退火

它是将钢加热到 $500\sim650\ ℃$，保温后缓慢冷却。由于加热温度低于临界温度，因而钢未发生组织转变。去应力退火主要用于部分铸件、锻件及焊接件，有时也用于精密零件的切削加工，使其通过原子扩散及塑性变形消除内应力，防止钢件产生变形。

4. 正火

正火是将钢加热到 A_{c3} 以上 $30\sim50℃$（亚共析钢）或 A_{ccm} 以上 $30\sim50\ ℃$（过共析钢），保温后在空气中冷却的热处理工艺。

正火和完全退火的作用相似，也是将钢加热到奥氏体区，使钢进行重结晶，从而解决铸钢件、锻件的粗大晶粒和组织不均问题。但正火比退火的冷却速度稍快，形成了索氏体组织。索氏体比珠光体的强度、硬度稍高，但韧性并未下降。正火主要用于：

（1）取代部分完全退火。正火是在炉外冷却，占用设备时间短，生产率高，故应尽量用正火取代退火（如低碳钢和含碳量较低的中碳钢）。必须看到，含碳量较高的碳，正火后硬度过高，使切削加工性变差，且正火难以消除内应力。因此，中碳合金钢、高碳钢及复杂件仍以退火为宜。

（2）用于普通结构件的最终热处理。

（3）用于过共析钢，以减少或消除二次渗透碳体呈网状体析出。

图 11-16 为几种退火或正火的加热温度范围示意图。

5. 淬火

淬火是将钢加热到 A_c 或 A_c 以上 $30\sim50\ ℃$，保温后在淬火介质中快速冷却，以获得马氏体组织的热处理工艺。

由于马氏体形成过程伴随着体积膨胀造成淬火件产生了内应力，而马氏体组织通常脆性又较大，这些都使钢件淬火时容易产生裂纹或变形。为防止上述淬火缺陷的产生，除应选用适合的钢材和正确体的结构外，在工艺上还应采取如下措施：

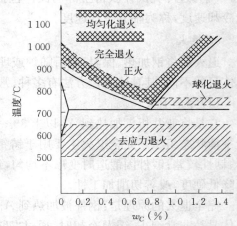

图 11-16 退火或正火的加热温度示意图

（1）严格控制淬火加热温度。对于亚共析钢,若淬火加热温度不足,因未能完全形成奥氏体,致使淬火后的组织中除马氏体外,还残存少量铁素体,使碳钢的淬火加热温度范围钢的硬度不足;若加热温度过高,因奥氏体晶粒长大,淬火后的马氏体组织也粗大,增加了钢的脆性,致使钢件裂纹和变形的倾向加大。对于过共析钢,若超过温度,不仅钢的硬度并未增加,而且裂纹、变形倾向加大。

（2）合理选择淬火介质,使其冷却速度略大于临界冷却速度 V_K。淬火时钢的快速冷却是依靠淬火介质来实现的。水和油是最常用的淬火介质。水的冷却速度大,使钢件易于获得马氏体,主要用于碳素钢;油的冷却速度较水低,用它淬火钢件的裂纹、变形倾向小。合金钢因脆性较好,以在油中淬火为宜。

（3）正确选择淬火方法。生产中最常见的是单介质淬火法,它是一种淬火介质中连续冷却到室温。由于操作简单,便于实现机械化和自动生产化,故应用最广。对于容易产生裂纹变形的钢件,有时采用先水后油双介质法或分级淬火等其他淬火法。

6. 回火

将淬火的钢重新加热到 A_{c1} 以下某温度,保温后冷却到室温的热处理工艺,称为回火。回火的主要目的是消除淬火内应力,以降低钢的脆性,防止产生裂纹,同时也使钢获得所需的力学性能。

淬火所形成的马氏体是在快速冷却条件下被强制形成的不稳定组织,因而具有重新转变成稳定组织的自发趋势。回火时,由于被重新加热,原子活动能力加强,所以随着温度的升高,马氏体中过饱和碳将以碳化物的形式析出。总的趋势是回火温度俞高、析出的碳化物愈多,钢的强度、硬度下降,而塑性、韧性升高。

根据回火温度的不同(参见 GB/T 7232—1999),可将钢的回火分为如下 3 种。

（1）低温回火(250℃以下)　目的是降低淬火钢的内应力和脆性,但基本保持淬火所获得的高硬度(HRC56～HRC64)和高耐磨性。淬火后低温回火用途最广,如各种刀具、模具、滚动轴承和耐磨件等。

（2）中温回火(250～500℃)　目的是使钢获得高弹性,保持较高硬度(HRC35～HRC50)和一定的韧性。中温回火主要用于弹簧、发条、锻模等。

（3）高温回火(500℃以上)　淬火并高温回火的复合热处理工艺称为调质处理,它广泛用于承受环应力的中碳钢重要件,如连杆、曲轴、主轴、齿轴、重要螺钉等。调质后的硬度为HRC20～HRC35。这是由于调质处理后其渗碳体呈细粒状,与正火后的片状渗碳体组织相比,在载荷作用下不易产生应力集中,从而使钢的韧性显著提高,因此经调质处理的钢可获得强度及韧性都较好的综合力学性能。

7. 表面淬火

表面淬火是通过快速加热,使钢的表面很快达到淬火温度,在热量来不及传到钢件心部时就立即淬火,从而使表面获得马氏体组织,而心部仍保持原有的良好韧性,常用于机床主轴、发动机机床主轴、齿轴等。

表面淬火所采用的快速加热方法有很多种,如电感应、火焰、电接触、激光等,目前应用最广泛的是电感应加热法。

感应加热表面淬火法就是在一个感应线圈中通以一定的频率的交流电(有高频、中频、工频 3 种），使感应线圈周围产生频率相同、方向相反的感应电流，这个电流称为涡流。由于集肤效应，涡流主要集中在钢件表层。由涡流所产生的电阻热使钢件表层被迅速加热到淬火温度，随机向钢件喷水，将钢件表层淬硬。

感应电流的频率愈高，集肤效应愈强烈，故高频感应加热用途最广。高频感应加热常用的频率为 200～300 kHz，此频率加热速度极快，通常只有几秒钟，淬硬层深度一般为 0.5～2 mm，主要用于要求淬硬层较薄的中、小型零件。

感应加热表面淬火质量好，加热温度和脆性层深度较易控制，易于实现机械化和自动化生产。缺点是设备昂贵，需要专门的感应线圈。因此，主要用于成批或大量生产的轴、齿轮等零件。

8. 化学热处理

化学热处理是将钢件置于合适的化学介质中加热和保温，使介质中的活性原子渗入钢件表层，以改变钢件表层的化学成分和组织，从而获得所需的力学性能或理化性能。化学热处理的种类很多，依照渗入元素的不同，有渗碳、渗氮、碳氮共渗等，以适应不同的场合，其中以渗碳应用最广。

（1）渗碳是将钢件置于渗碳介质中加热、保温，使分解出来的活性炭原子渗入钢的表层。渗透是采用密闭的渗碳炉，并向炉子通以气体渗碳剂（如煤油），加热到 900～950 ℃，经较长时间的保温，使钢件表层增碳。渗碳件通常采用低碳钢或低碳合金钢，渗碳后渗层深一般为 0.5～2 mm，表层含碳量将增至 1% 左右，经淬火和低温回火后，表层硬度达 HRC56～HRC64，因而耐磨；而心部因仍是低碳钢，故保持其良好的塑性和韧性。渗碳主要用于既承受强烈摩擦，又承受冲击或循环应力的钢件，如汽车变速箱齿轮、活塞性、凸轮、自行车和缝纫机的零件等。

（2）渗氮又称氮化。它是将钢件置于氮化炉内加热，并通过氨气，使氨气分解出活性氮原子渗入钢件表层，形成氮化物（如 AIN、CrN、MoN 等），从而使钢件表层具有高硬度（相当于 HRC72）、高耐磨性、高抗疲劳性和高耐腐蚀性。渗氮时加热温度仅为 550～570 ℃，钢件变形甚小。渗氮的缺点是生产周期长，需采用专用的中碳合金钢，成本高。渗氮主要用于制造耐磨性和尺寸精度要求均高的零件，如排气阀、精密机床丝杠、齿轮等。

二、铸造

1. 铸造工艺基础

在铸造生产中，获得优质铸件是最基本要求。所谓优质铸件是指铸件的轮廓清晰、尺寸准确、表面光洁、组织致密、力学性能合格，没有超出技术要求的铸造缺陷等。

由于铸造的工序繁多，影响铸件质量的因素繁杂，难以综合控制，因此铸造缺陷难以完全避免，废品率较其他加工方法高。同时，许多铸造缺陷隐藏在铸件内部，难以发现和修补，有些则是在机械加工时才暴露出来，在不仅浪费机械加工工时、增加制造成本，有时还延误整个生产过程的完成。因此，进行铸件质量控制，降低废品率是非常重要的。铸造缺陷的产生不仅取决于铸型工艺，还与铸件结构、合金铸造性能、熔炼、浇注等密切相关。

合金铸造性能是指合金在铸造形成时获得外形准确、内部健全铸件的能力。主要包括合金的流动性、凝固特性、收缩性、吸气性等，它们对铸件质量有很大影响。依据合金铸造性能特点，采取必要的工艺措施，对于获得优质铸件有着重要意义。本节对与合金铸造性能有关的铸造缺陷的形成与防止进行分析,为阐述铸造工艺奠定基础。

2. 液态合金的充型

液态合金填充铸型的过程,简称充型。液态合金充满铸型型腔,获得形状准确、轮廓清晰铸件的能力,称为液态合金的充型能力。在液态合金的充型过程中,有时伴随着结晶现象,若充型能力不足,在型腔被填满之前,形成的晶粒将充型的通道堵塞,金属液被迫停止流动,于是铸件将产生浇不到或冷隔等缺陷。影响充型能力的主要因素如下。

(1)合金的流动性

液态合金本身的流动能力,称为合金的流动性,是合金主要铸造性能之一。合金的流动性愈好,充型能力愈强,愈便于浇铸出轮廓清晰、薄而复杂得铸件。同时,有利于非金属夹杂物和气体的上浮与排除,还有利于对合金冷凝过程所产生的收缩进行补缩。

液态合金的流动性通常以"螺旋形试样"(图 11-17)长度来衡量。显然,在相同的浇注条件下,合金的流动性愈好,所浇出的试样愈长。试验得知,在常用铸造合金中,灰铸铁、硅黄铜的流动性最好,铸钢的流动性最差。

影响合金流动性的因素很多,但以化学成分的影响最为显著。共晶成分合金的结晶是在恒温下进行的,此时,液态合金从表层逐层向中心凝固,由于已结晶的固体层内表面比较光滑,对金属液的流动阻力小,故流动性最好。除纯金属外,其他成分合金是在一定

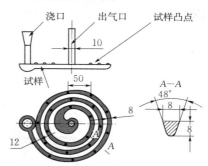

图 11-17 螺旋形试样

温度范围内逐步凝固的,此时,结晶在一定宽度的凝固区内同时进行,由于初生的树枝状晶体层内表面粗糙,所以合金的流动性变差。显然,合金成分愈远离共晶点,结晶温度范围愈宽,流动性愈差。

(2)浇注条件

①浇注温度对合金充型能力有着决定性影响。浇注温度愈高,合金的黏度下降,且因过热度高,合金在铸型中保持流动的时间长,故充型能力强,反之,充型能力差。

鉴于合金的充型能力随浇注温度的提高呈直线上升,因此,对薄壁铸件或流动性较差的合金可适当提高其浇注温度,以防浇不到或冷隔缺陷。但浇注温度过高,铸件容易产生缩孔、缩松、黏砂、析出性气孔、粗晶等缺陷,故在保证充型能力足够的前提下,浇注温度不宜过高。

②充型压力。砂型铸造若提高直浇道高度,使液态合金压力加大,充型能力可改善。压力铸造、低压铸造和离心铸造时,因充型压力提高甚多,故充型能力强。

(3)铸型填充条件

液态合金充型时,铸型阻力将影响合金的流动速度,而铸型与合金间的热交换又将影响合金保持流动的时间,因此以下因素对充型能力均有显著影响:

①铸型材料。其导热系数愈大,对液态合金的微冷能力愈强,合金的充型能力就愈差。如金属型铸造容易产生浇不到和冷隔缺陷。

②铸型温度。金属型铸造、压力铸造和熔模铸造时,铸型被预热到数百度,由于减缓了金属液的冷却速度,使充型能力显著提高。

③铸型中的气体。在金属液的热作用下,铸型(尤其是砂型)将产生大量气体,如果铸型的

排气能力差,型腔中的气压将增大,以致阻碍液态合金的充型。为了减小气体的压力,除应设法减少气体的来源外,应使铸型具有良好的透气性,并在远离浇道的最高部位开设出气口。

④铸件结构。铸件的壁厚如过薄或有大的水平面时,都使金属液的流动困难。在设计铸件时,铸件壁厚应选择适当值,以防缺陷的产生。

3. 铸件的凝固与收缩

浇入铸型中的金属液在冷凝过程中,其液态收缩和凝固收缩若得不到补充,铸件将产生缩孔或缩松缺陷。为防止上述缺陷,必须合理地控制铸件的凝固过程。

(1)铸件的凝固方式

在铸件的凝固过程中,其断面上一般存在三个区域,即固相区、凝固区和液相区,其中,对铸件质量影响较大的主要是液相和固相并存的凝固区的宽窄。铸件的"凝固方式"就是依据凝固区的宽窄(图 11-18)来划分的。

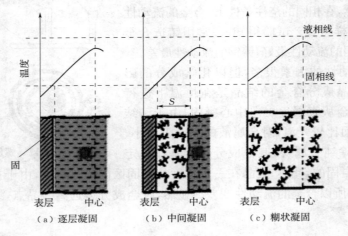

图 11-18 凝固方式

①逐层凝固。纯金属或共晶成分合金在凝固过程中因不存在液、固并存的凝固区如图 11-18(a)所示,故断面上外层的固体和内层的液体由一条界限(凝固前沿)清楚的分开。随着温度的下降,固体层不断加厚、液体层不断减少,直达铸件的中心,这种凝固方式成为逐层凝固。

②糊状凝固。如果合金的结晶温度范围很宽,且铸件的温度分布较为平坦,则在凝固的某段时间内,铸件表面并不存在固体层,而液、固并存的凝固区贯穿整个断面如图 11-18(b)所示。由于这种凝固方式与水泥类似,即先呈糊状而后固化,固称糊状凝固。

③中间凝固。大多数合金的凝固介于逐层凝固和糊状凝固之间如图 11-18(c)所示,称为中间凝固方式。铸件质量与其凝固方式密切相关。一般说来,逐层凝固时,合金的充型能力强,便于防止缩孔和缩松;糊状凝固时,难以获得结晶紧实的铸件。在常用合金中,灰铸铁、铝硅合金等倾向于逐层凝固,易于获得紧实铸件;球墨铸铁、锡青铜、铝青铜、铝铜合金等倾向于糊状凝固,为获得紧实铸件常需要适当的工艺措施,以便补缩或减小其凝固区域。

(2)铸造合金的收缩

合金从浇注、凝固直至冷却到室温,其体积或尺寸缩减的现象,称为收缩。收缩是合金的物理本性。收缩给铸造工艺带来许多困难,是多种铸造缺陷(如缩孔、缩松、裂纹、变形等)产生的根源。为使铸件的形状、尺寸符合技术要求,组织致密,必须研究收缩的规律性。

合金的收缩经历有以下 3 个阶段。

①液态收缩。从浇注温度到凝固开始温度(即液相线温度)间的收缩。

②凝固收缩。从凝固开始温度到凝固终止温度(即固相线温度)间的收缩。

③固态收缩。从凝固终止温度到室温间的收缩。

合金的液态收缩和固态收缩表现为合金体积的收缩,常用单位体积收缩量(即体积收缩率)来表示。合金的固态收缩不仅引起合金体积上的缩减,同时,更明显地表现在铸件尺寸上的缩减,因此固态收缩常用单位长度上的收缩量(即线收缩率)来表示。不同合金的收缩率不同,铸件的实际收缩率与其他化学成分、浇注温度、铸件结构和铸型条件有关。

(3)铸件中的缩孔与缩松的形成

液态合金在冷凝过程中,若其液态收缩和凝固收缩缩减的容积得不到补足,则在铸件最后凝固的部位形成一些孔洞。按照孔洞的大小和分布,可将其分为缩孔和缩松两类。

①缩孔是集中在铸件上部或最后凝固部位容积较大的孔洞。缩孔多呈倒圆锥形,内表面粗糙,通常隐藏在铸件的内层,但在某些情况下,可暴露在铸件的上表面,呈明显的凹坑。

为便于分析缩孔的形成,现假设铸件呈逐层凝固。液态合金填满铸型型腔后,由于铸型的吸热,靠近型腔表面的金属很快凝结成一层外壳,而内部仍然是高于凝固温度的液体。温度继续下降、外壳加厚,但内部液体因液态收缩和补充凝固层的凝固收缩,体积缩减、液面下降,使铸件内部出现了空隙。直到内部完全凝固,在铸件上部形成了缩孔。已经产生缩孔的铸件继续冷却到室温时,因固态收缩使铸件的外廓尺寸略有缩小。总之,合金的液态收缩和凝固收缩愈大、浇注温度愈高、铸件愈厚,缩孔的容积愈大。

②缩松指分散在铸件某区域内的细小缩孔,称为缩松。当缩松与缩孔的容积相同时,缩松的分布面积要比缩孔大的多。缩松的形成原因也是由于铸件最后凝固区域的收缩未能得到补足,或者,因合金呈糊状凝固,被树枝状晶体分隔开的小液体区难以得到补缩所致。缩松分为宏观缩松和显微缩松两种。宏观缩松是用肉眼或放大镜可以看出的小孔洞,多分布在铸件中心轴线处或缩孔的下方。显微缩松是分布在晶粒之间的微小孔洞,要用显微镜才能观察出来,这种缩松的分布更为广泛,有时遍及整个截面。

不同铸造合金的缩孔和缩松的倾向不同。逐层凝固合金(纯金属、共晶体合金或结晶温度范围窄的合金)的缩孔倾向大,缩松倾向小,反之,糊状凝固的合金缩孔倾向虽小,但极易产生缩松。

(4)缩孔和缩松的防止

缩孔和缩松都使铸件的力学性能下降,缩松还可使铸件因渗漏而报废。因此,必须依据技术要求,采取适当的工艺措施予以防止。实践证明。只要能使铸件实现"顺序凝固",尽管合金的收缩较大,也可获得没有缩孔的致密铸件。

所谓顺序凝固就是在铸件上可能出现缩孔的厚大部位通过安放冒口等工艺措施,使铸件远离冒口的部位先凝固;然后是靠近冒口部位凝固;最后才是冒口本身的凝固。按照这样的凝固顺序,先凝固部位的收缩,由后凝固部位的金属液来补充;后凝固部位的收缩,由冒口中的金属液来补充,从而使铸件各个部位的收缩均能得到补充,而将缩孔转移到冒口之中。

冒口是多余部分,在铸件清理时予以切除。

为了使铸件实现顺序凝固,在安放冒口的同时,还可在铸件上某些厚大部位增设冷铁。铸件的热节不止一个,若仅靠顶部冒口难以向底部凸台补缩,为此,在该凸台的型壁上安放了两个冷铁。由于冷铁加快了该处的冷却速度,使厚度较大的凸台反而最先凝固,由于实现了自上而下的顺序凝固,从而防止了凸台处缩孔、缩松的产生。可以看出,冷铁仅是加快某些部位的冷却速度,以控制铸件的凝固顺序,但本身并不起补缩作用。冷铁通常用钢或铸铁制成。

4. 铸件中气孔

气孔是最常见的铸造缺陷,它是由于金属液中的气体未能排出,在铸造中形成气泡所致。气体减少了铸件的有效截面积,造成局部应力集中,降低了铸件的力学能力。同时,一些气孔是在机械加工中才被发现,称为铸件报废的重要原因。按照气体的来源,铸件中的气孔主要分为:因金属原因形成的"析出性气孔"、因铸造原因形成的"浸入性气孔"、因金属与铸造相互化学作用形成的"反应性气孔"三种。

(1)析出性气体

在金属的融化或浇注过程中,一些气体(如 H_2、N_2、O_2 等)可被金属液所吸收,其中氢气因不与金属形成化合物、且原子直径最小,故较易溶于金属液中。由于合金吸收气体为吸热过程,故合金的吸气性随着温度的升高而加大,而气体在液态合金中的溶解度比固态大得多。合金的过热度俞高,其气体含量愈多。

溶有氢气的液态合金在冷凝过程中,由于氢气的溶解度降低,呈饱和状态,因此氢原子结合成分子呈气泡状从液态合金中溢出,上浮的气泡若被阻碍或由于金属液冷却时黏度增加,使其不能上浮,就会留在铸件中形成析出性气孔。析出性气孔的特性是分布面积大,又是遍及各个截面。这种气孔在铝合金中最为常见,因其直径多小于 1 mm,故常称"针孔",不仅可形成气孔,由于气体析出的产生压力,还可导致铸件产生裂纹。

防止上述气孔的主要方法是在浇注前对金属液进行"除气处理",以减少金属液中的气体含量。同时,对炉料要去除油污和水分,对浇注用具要烘干,铸型水分勿过高。

(2)漫入性气孔

它是砂型或砂芯在浇注时产生的气体聚集在型腔表层侵入金属液内所形成的气孔,多出现在铸件局部上表面附近。其特征是尺寸较大,圆或梨形,表面被氧化,铸铁件中的气孔大多属于这种气孔,防止侵入性气孔的基本途径是提高型砂透气性,增加铸型的排气能力。实践证明,侵入性气体大多来自砂芯,因为砂芯受热严重,排气条件差,为此应选择的芯砂粘结剂,以减少砂芯的发气量。

(3)反应性气孔

它是由高温金属液与铸型材料、冷铁(或型芯撑)、熔渣之间,由于化学反应形成的气体留在铸件内形成的气孔。由于形成原因不同,气孔的表现形式也有差异。

①皮下气孔是铸件表层下 1~3 mm 处产生的气孔。对于湿型铸造的铸钢多呈细长条状垂直于铸件表面产生;在湿型铸造球墨铸铁件中也较易产生。皮下气孔的产生原因是在金属液高温作用下,铸型表面的水蒸气分解出原子状态的氢进入金属液所形成的气孔。

②冷铁气孔,冷铁(或型芯撑)表面若有油污或铁锈,当它与灼热的钢铁液接触时,经化学反应分解出 CO 这种气体可在冷铁(或型芯撑)附近产生气孔。

第四节 金属的腐蚀防护

一、金属的腐蚀

金属的腐蚀对国民经济带来的损失是惊人的,据一份统计报告,全世界每年由于腐蚀而报废的金属设备和材料,约相当于金属年产量的1/3。全世界每年因金属腐蚀造成的直接经济损失约达70 000亿美元,约占各国国内生产总值(GDP)的2%～4%,是地震、水灾、台风等自然灾害造成损失总和的6倍。至于因设备腐蚀损坏而引起的停工减产、产品质量下降、污染环境、危害人体健康甚至造成严重事故的损失就更无法估计了。

金属或合金与周围接触到的气体或液体进行化学反应而腐蚀损耗的过程叫做金属腐蚀。金属的锈蚀是最常见的腐蚀形态,如图11-19所示。腐蚀时,在金属的界面上发生了化学或电化学多相反应,使金属转入氧化(离子)状态。也就是说,腐蚀的本质是金属失去电子被氧化形成化合物。金属腐蚀后会显著降低金属材料的强度、塑性、韧性等力学性能,破坏金属构件的几何形状,增加零件间的磨损,恶化电学和光学等物理性能,缩短设备的使用寿命,甚至造成火灾、爆炸等灾难性事故。

图11-19 金属腐蚀

腐蚀过程一般通过两种途径进行,即化学腐蚀和电化学腐蚀。化学腐蚀是指金属表面与周围介质直接发生化学反应而引起的腐蚀,金属和不导电的液体(非电解质)或干燥气体相互作用是化学腐蚀的实例。最主要的化学腐蚀形式是气体腐蚀,也就是金属的氧化过程(与氧的化学反应),或者是金属与活性气态介质(如二氧化硫、硫化氢、卤素、蒸汽和二氧化碳等)在高温下的化学作用,比如铁生锈、铜生锈等。电化学腐蚀是指金属材料(合金或不纯的金属)与电解质溶液接触,通过电极反应产生的腐蚀。电化学腐蚀是最常见的腐蚀,金属腐蚀中的绝大部分均属于电化学腐蚀。如在自然条件下(如海水、土壤、地下水、潮湿大气、酸雨等)对金属的腐蚀通常是电化学腐蚀。电化学腐蚀机理与纯化学腐蚀机理的基本区别是:电化学腐蚀时,介质与金属的相互作用被分为两个独立的共轭反应。阳极过程是金属原子直接转移到溶液中,形成水合金属离子或溶剂化金属离子;另一个共轭的阴极过程是留在金属内的过量。

(1)点蚀

点蚀又称坑蚀和小孔腐蚀。点蚀有大有小,一般情况下,点蚀的深度要比其直径大的多。点蚀经常发生在表面有钝化膜或保护膜的金属上。

由于金属材料中存在缺陷、杂质和溶质等的不均一性，当介质中含有某些活性阴离子（如 Cl^-）时，这些活性阴离子首先被吸附在金属表面某些点上，从而使金属表面钝化膜发生破坏。一旦这层钝化膜被破坏又缺乏自钝化能力时，金属表面就发生腐蚀。这是因为在金属表面缺陷处易漏出机体金属，使其呈活化状态。而钝化膜处仍为钝态，这样就形成了活性—钝性腐蚀电池，由于阳极面积比阴极面积小得多，阳极电流密度很大，所以腐蚀往深处发展，金属表面很快就被腐蚀成小孔，这种现象被称为点蚀。

在石油、化工的腐蚀失效类型统计中，点蚀约占 20%～25%。流动不畅的含活性阴离子的介质中容易形成活性阴离子的积聚和浓缩的条件，促使点蚀的生成。粗糙的表面比光滑的表面更容易发生点蚀。

pH 值降低、温度升高都会增加点蚀的倾向。氧化性金属离子（如 Fe^{3+}、Cu^{2+}、Hg^{2+} 等）都能促进点蚀的产生。但某些含氧阴离子（如氢氧化物、铬酸盐、硝酸盐和硫酸盐等）能防止点蚀。

点蚀虽然失重不大，但由于阳极面积很小，所以腐蚀速率很快，严重时可造成设备穿孔，使大量的油、水、气泄漏，有时甚至造成火灾、爆炸等严重事故，危险性很大。点蚀会使晶间腐蚀、应力腐蚀和腐蚀疲劳等加剧，在很多情况下点蚀是这些类型腐蚀的起源。

（2）缝隙腐蚀

在电解液中，金属与金属或金属与非金属表面之间构成狭窄的缝隙，缝隙内有关物质的移动受到了阻滞，形成浓差电池，从而产生局部腐蚀，这种腐蚀被称为缝隙腐蚀。缝隙腐蚀常发生在设备中法兰的连接处，垫圈、衬板、缠绕与金属重叠处，它可以在不同的金属和不同的腐蚀介质中出现，从而给生产设备的正常运行造成严重障碍，甚至发生破坏事故。对钛及钛合金来说，缝隙腐蚀是最应关注的腐蚀现象。介质中，氧气浓度增加，缝隙腐蚀量增加，pH 值减小，阳极溶解速度增加，缝隙腐蚀量也增加，活性阴离子的浓度增加，缝隙腐蚀敏感性升高。但是，某些含氧阴离子的增加会减小缝隙腐蚀量。

（3）应力腐蚀

材料在特定的腐蚀介质中和在静拉伸应力（包括外加载荷、热应力、冷加工、热加工、焊接等所引起的残余应力，以及裂缝锈蚀产物的楔入应力等）下，所出现的低于强度极限的脆性开裂现象，称为应力腐蚀开裂。应力腐蚀开裂是先在金属的腐蚀敏感部位形成微小凹坑，产生细长的裂缝，且裂缝扩展很快，能在短时间内发生严重的破坏。应力腐蚀开裂在石油、化工腐蚀失效类型中所占比例最高，可达 50%。

应力腐蚀的产生有两个基本条件：一是材料对介质具有一定的应力腐蚀开裂敏感性；二是存在足够高的拉应力。导致应力腐蚀开裂的应力可以来自工作应力，也可以来自制造过程中产生的残余应力。据统计，在应力腐蚀开裂事故中，由残余应力所引起的占 80% 以上，而由工作应力引起的则不足 20%。

应力腐蚀过程一般可分为三个阶段：第一阶段为孕育期，在这一阶段内，因腐蚀过程局部化和拉应力作用的结果，使裂纹生核；第二阶段为腐蚀裂纹发展时期，当裂纹生核后，在腐蚀介质和金属中拉应力的共同作用下，裂纹扩展；第三阶段中，由于拉应力的局部集中，裂纹急剧生长导致零件的破坏。

在发生应力腐蚀破裂时，并不发生明显的均匀腐蚀，甚至腐蚀产物极少，有时肉眼也难以发现，因此，应力腐蚀是一种非常危险的破坏。

一般来说，介质中氯化物浓度的增加，会缩短应力腐蚀开裂所需的时间。不同氯化物的腐蚀作用是按 Mg^{2+}、Fe^{3+}、Ca^{2+}、Na^+、Li^+ 等离子的顺序递减的。发生应力腐蚀的温度一般在 $50\sim300\ ℃$ 之间。

防止应力腐蚀应从减少腐蚀和消除拉应力两方面来采取措施：一要尽量避免使用对应力腐蚀敏感的材料；二在设计设备结构时要力求合理，尽量减少应力集中和积存腐蚀介质；三在加工制造设备时，要注意消除残余应力。

(4)腐蚀疲劳

腐蚀疲劳是在腐蚀介质与循环应力的联合作用下产生的。这种由于腐蚀介质而引起的抗腐蚀疲劳性能的降低，称为腐蚀疲劳。疲劳破坏的应力值低于屈服点，在一定的临界循环应力值(疲劳极限或称疲劳寿命)以上时，才会发生疲劳破坏。而腐蚀疲劳却可能在很低的应力条件下就发生破断，因而它是很危险的。

影响材料腐蚀疲劳的因素主要有应力交变速度、介质温度、介质成分、材料尺寸、加工和热处理等。增加载荷循环速度、降低介质的 pH 值或升高介质的温度，都会使腐蚀疲劳强度下降。材料表面的损伤或较低的粗糙度所产生的应力集中，会使疲劳极限下降，从而也会降低疲劳强度。

(5)晶间腐蚀

晶间腐蚀是金属材料在特定的腐蚀介质中，沿着材料的晶粒间界受到腐蚀，使晶粒之间丧失结合力的一种局部腐蚀破坏现象。受这种腐蚀的设备或零件，有时从外表看仍是完好光亮，但由于晶粒之间的结合力被破坏，材料几乎丧失了强度，严重者会失去金属声音，轻轻敲击便成为粉末。

据统计，在石油、化工设备腐蚀失效事故中，晶间腐蚀约占 $4\%\sim9\%$，主要发生在用轧材焊接的容器及热交换器上。

一般认为，晶界合金元素的贫化是产生晶间腐蚀的主要原因。通过提高材料的纯度，去除碳、氮、磷和硅等有害微量元素或加入少量稳定化元素(钛、铌)，以控制晶界上析出的碳化物及采用适当的热处理制度和适当的加工工艺，可防止晶间腐蚀的产生。

(6)均匀腐蚀

均匀腐蚀是指在与环境接触的整个金属表面上几乎以相同速度进行的腐蚀。在应用耐蚀材料时，应以抗均匀腐蚀作为主要的耐蚀性能依据，在特殊情况下才考虑某些抗局部腐蚀的性能。

(7)磨损腐蚀(冲蚀)

由磨损和腐蚀联合作用而产生的材料破坏过程叫磨损腐蚀。磨损腐蚀可发生在高速流动的流体管道及载有悬浮摩擦颗粒流体的泵、管道等处。有的过流部件，如高压减压阀中的阀瓣(头)和阀座、离心泵的叶轮、风机中的叶片等，在这些部位腐蚀介质的相对流动速度很高，使钝化型耐蚀金属材料表面的钝化膜，因受到过分的机械冲刷作用而不易恢复，腐蚀率会明显加剧，如果腐蚀介质中存在着固相颗粒，会大大加剧磨损腐蚀。

(8)氢脆

金属材料特别是钛材一旦吸氢，就会析出脆性氢化物，使机械强度劣化。在腐蚀介质中，金属因腐蚀反应析出的氢及制造过程中吸收的氢，是金属中氢的主要来源。金属的表面状态对吸氢有明显的影响，研究表明，钛材的研磨表面吸氢量最多，其次为原始表面，而真空退火和酸洗表面最难吸氢。钛材在大气中氧化处理能有效防止吸氢。

二、金属腐蚀的防护

我们研究金属腐蚀机理和规律的主要目的就是为了避免和控制腐蚀。根据金属腐蚀原理可知,控制腐蚀的主要途经是:

1. 正确选材

不同材料在不同环境中,腐蚀的自发性和腐蚀速度都可能有很大差别,所以在特定环境中,要选用能满足使用要求,且腐蚀自发性小,腐蚀速度小的材料。

2. 钝化

金属表面形成钝化膜后,扩散阻力变的很大,腐蚀基本上停止了,所以对可能钝化的金属可采用:

(1)提高溶液的氧化能力,加入氧化剂。

(2)导入阳极电流,提高溶液电位,即进行阳极保护。

(3)合金化。通过在金属中加入 CrNi 等元素制成合金钢来改变金属内部组织结构。

(4)表面钝化。如钢铁磷化处理,表面形成的膜,即 Al 经阳极氧化之后形成的膜。另外在表面渗入易钝化的元素(Cr、Al)使表面易钝化。

3. 缓蚀剂

缓蚀剂的作用就是在溶液中加入此类物质后能大大降低腐蚀速度。

4. 阴极保护

(1)利用外电流导入。原理是通电后,电子被强制流向被保护的钢铁设备,抑制钢铁发生失电子作用,从而被保护。如图 11-20 所示,常用于防止土壤、海水及河水中的金属设备的腐蚀。

(2)牺牲阳极法。原理是将被保护金属与比其更活泼的金属连接在一起,被保护金属做正极不反应得到保护;而活泼金属反应作负极被腐蚀。如图 11-21 所示,比如用牺牲锌块的方法来保护船身,由于船需要长时间的在海中航行,同时海水中存在

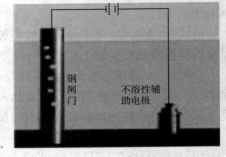

图 11-20 阴极保护

大量的电解质,这势必导致船体受到电化学的腐蚀,通过在船体上安放锌块来保护船体但锌块必须定期更换;另外还可以用牺牲镁块的方法来防止地下钢铁管道的腐蚀。

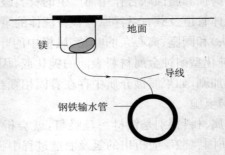

图 11-21 牺牲阳极保护法

5. 涂料

涂料是应用最广泛的一种防腐手段,它通常由合成树脂,植物油,橡胶,浆液溶剂等配制而成,覆盖在金属面上,干后形成薄层多孔的膜。虽然不能使金属与腐蚀介质完全隔绝,但使介质通过微孔的扩散阻力和溶液电阻大大增加,使腐蚀电流下降。

6. 金属镀层

(1)贵金属镀层:镀一层或多层较耐腐蚀的金属(如 Cr,Ni 等)可以保护底层的 Fe,但镀层一定要致密,否则将形成大阴极小阳极的腐蚀电池,反而会加速 Fe 的腐蚀。

(2)镀金属保护层:在金属外镀上电位较低的金属(如电镀或热浸镀 Zn 等),其保护机理是牺牲阳极,所以镀层偶有微孔也无妨。

7. 非金属衬里

化工设备广泛采用的橡胶、塑料、瓷砖等衬里为非金属衬里。

8. 控制腐蚀环境

消除环境中直接或间接引起腐蚀的因素,腐蚀就会停止,但这有个前提就是改变环境对于产品、工艺等不能造成有害的影响。

本章小结

本章主要包括四个部分,即认识金属材料的性能、认知金属的晶体结构、金属材料加工和金属的腐蚀防护。从金属材料宏观的性能展开,着重介绍了金属材料的力学性能,包括强度、塑性、硬度、韧性和疲劳强度五个指标,并且通过这些指标进行零件的选材。其次,分析了纯金属和合金的晶体结构,分析材料宏观体现的使用性能和工艺性能的原因。再次阐述了金属热处理和铸造等加工工艺的相关知识。最后,针对目前金属腐蚀造成大量的资源及经济损失这一问题,通过分析金属腐蚀的原理,给出一系列腐蚀防护的措施。

习题

1. 对于具有力学性能要求的零件,为什么在零件图上通常仅标注其硬度要求,而极少标注其他力学性能要求?

2. 布氏硬度法和洛氏硬度法各有什么优缺点?

3. 下列材料或零件通常采用哪种方法检查其硬度?
①库存钢材;②硬质合金刀头;③锻件;④台虎钳钳口

4. 下列符号表示的力学性能指标的含义是什么?
屈服强度　抗拉强度　冲击韧度　布氏硬度

5. 什么是过冷现象? 过冷度指什么?

6. 什么是韧脆转变? 对金属材料有哪些影响?

7. 常见金属晶体的结构有哪些? 举例说明。

8. 什么是同素异晶转变? 室温和 1 100 ℃ 时的纯铁晶格有何不同?

9. 什么是固溶体? 间隙固溶体和置换固溶体的区别是什么?

10. 试从晶体结构方面分析 Cu-Ag 合金与纯铜合金接触导线的优缺点。

11. 什么是等温转变？

12. 什么是退火？什么是正火？它们的特点和用途有何不同？

13. 钢在淬火后为什么应立即回火？三种回火的用途有何不同？

14. 什么是液态合金的充型能力？它与合金的流动性有何关系？不同成分的合金为何流动性不同？

15. 某定型生产的厚铸铁件，投产以来质量基本稳定，但近一段时间浇不到和冷隔缺陷突然增加，试分析可能的原因。

16. 什么是金属腐蚀？常见的有哪些类型？

17. 镀锌铁（白铁皮）和镀锡铁（马口铁）的镀层破损后，哪种情况下铁不易被腐蚀？为什么？

18. 电工操作规定：铜线和铝线不能拧在一起，为什么？

19. 简述金属腐蚀防护的措施有哪些？

第十二章 · 常用机构

本章主要研究几种较常见的机构,包括平面机构、平面连杆机构、凸轮机构、齿轮机构、轮系等内容,在学习本章的基础上,通过联系一些实际案例为接触网等课程的学习奠定基础。

相关应用

常用机构在生活中较为常见,对于铁道供电专业的学生来说,在接触网实训以及今后的工作中也较为常见,图12-1所示为棘轮与固定底座连接图,结合接触网课程与本章的学习,为今后工作积累理论基础。

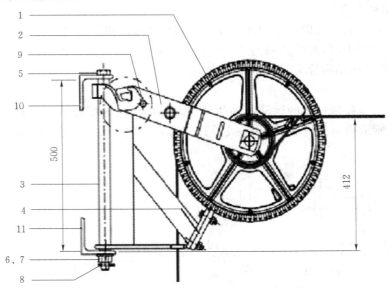

图 12-1 棘轮与固定底座连接图(单位:mm)

1—轮体;2—摆动杆;3—补偿轮竖轴;4—制动卡块;5—螺栓;6、7—垫片、螺母;
8—销钉;9—防脱螺栓;10—上固定底座;11—下固定底座

第一节 平面机构的概述

通过本节的学习,掌握平面机构的基本知识,分析图12-2所示的腕臂柱中心锚结示意图,为接触网课程的学习打下理论基础。

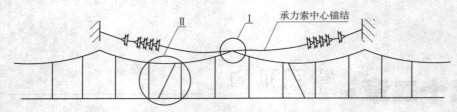

图 12-2 腕臂柱中心锚结示意图

构件是指作为一个整体参与机构运动的刚性单元。由于结构上和工艺上的需要,一个构件,可能是不能拆开的单一整体,也可能是由若干个不同零件装配起来的刚性体。

机构由构件用运动副相互连接组成,各构件之间具有确定的相对运动。所有构件的运动都在同一平面或相互平行的平面内的机构称为平面机构,否则称为空间机构。

一、平面运动副及其分类

1. 运动副

机构中各构件之间必须以一定的方式连接起来,且要有确定的相对运动。机构中两构件之间直接接触并能作相对运动的连接,称为运动副。例如轴与轴承之间的连接,活塞与气缸之间的连接,凸轮与推杆之间的连接,两齿轮齿与齿之间的连接等。

2. 运动副的分类

连接的两构件只能在同一平面或相互平行的平面内作相对运动的运动副称为平面运动副。在平面运动副中,两构件之间的直接接触有三种情况:点接触、线接触和面接触。按照接触形式,通常把运动副分为低副和高副。

(1)低副

两构件通过面接触构成的运动副称为低副。两构件间的相对运动为转动的,称为转动副,如图 12-3 所示的轴承与轴颈连接、铰链连接等;两构件间的相对运动为直线运动的,称为移动副,如图 12-4 所示。

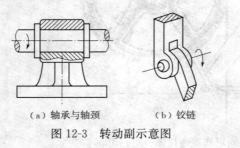

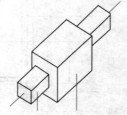

(a)轴承与轴颈　　　　(b)铰链　　　　　　　　　
图 12-3 转动副示意图　　　　　　图 12-4 移动副示意图

(2)高副

两构件通过点接触或线接触构成的运动副称为高副。如图 12-5(a)所示,凸轮 1 与尖顶从动件 2 点接触构成高副。如图 12-5(b)所示,两齿轮轮齿啮合处线接触也构成高副。

(3)平面运动副的表示方法

两构件组成转动副的表示方法如图 12-6 所示。图中的圆圈表示转动副,其圆心代表相对转动轴线,带斜线的为机架。两构件组成移动副的表示方法如图 12-7 所示。移动副的导路必须与相对移动方向一致。

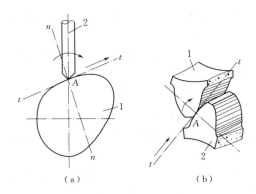

图 12-5 高副示意图

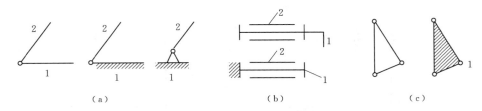

图 12-6 两构件组成的转动副示意图

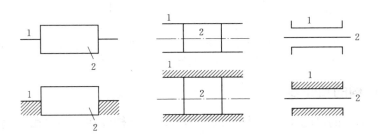

图 12-7 两构件组成的移动副示意图

两构件组成高副的表示方法如图 12-7 所示,需绘制出接触处的轮廓形状或按标准符号绘制。

二、平面机构运动简图

构件的外形和结构一般都很复杂,在研究机构运动时,为了突出与运动有关的因素,往往将那些无关的因素(如构件的形状、组成构件的零件数目和运动副的具体结构等)简化,仅用简单的线条和规定的符号来代表构件和运动副,并按一定的比例表示各种运动副的相对位置。这种表示机构各构件之间相对运动的简化图形,称为机构运动简图。常用机构运动简图符号见 GB 4460—1984。若只是定性地表示机构的组成及运动原理,而不按比例绘制的简图,称为机构示意图。

机构中的构件分类:

(1)固定件或机架——用来支撑活动构件的构件。在分析研究机构中活动构件的运动时,常以固定件作为参考坐标系。

（2）原动件——运动规律已知的活动构件。它的运动是由外界输入的,故又称为输入构件。在机构简图中,原动件上通常画有箭头,用以表示运动方向。

（3）从动件——机构中随着原动件的运动而运动的其余活动构件。从动件的运动规律取决于原动件的运动规律和机构的组成情况。

【例 12-1】 绘制图 12-8 所示活塞泵机构的运动简图。

【分析】 各构件之间的连接如下:构件 1 和 5、2 和 1、3 和 2、3 和 5 之间为相对转动,分别构成转动副 A、B、C、D;构件 3 的轮齿与构件 4 的齿构成平面高副 E;构件 4 与构件 5 之间为相对移动,构成移动副 F。

选取适当比例尺,按图 12-8 所示尺寸,用构件和运动副的规定符号画出机构运动简图,如图 12-9 所示。最后,将图中的机架画上斜线,在原动件上标出指示运动方向的箭头。

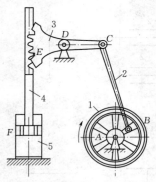

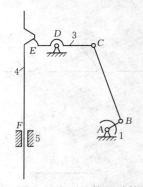

图 12-8　活塞泵机构示意图　　　图 12-9　活塞泵机构运动简图

1—曲柄;2—连杆;3—齿扇;4—齿条活塞;5—机架

三、平面机构的自由度

构件作独立运动的可能性,称为构件的自由度。一个构件在空间自由运动时有 6 个自由度,它可表示为在直角坐标系内沿着三个坐标轴的移动和绕三个坐标轴的转动。而对于一个作平面运动的构件,则只有 3 个自由度,如图 12-10 所示,即沿 x 轴和 y 轴移动,以及在 xOy 平面内的转动。

1. 平面机构自由度计算公式

平面机构的每个活动构件,在未用运动副连接之前,都有 3 个自由度。当两个构件组成运动副之后,它们的相对运动就受到约束。这种对构件的独立运动的限制称为约束。约束增多,自由度就相应减少。由于不同种类的运动副引入的约束不同,所以保留的自由度也不同。

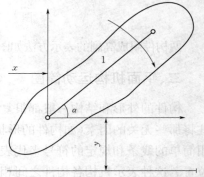

图 12-10　3 个自由度的平面机构

（1）低副

①移动副如图 12-11 所示,约束了沿一个轴方向的移动和在平面内转动两个自由度,只保留沿另一个轴方向移动的自由度。

②转动副如图 12-12 所示,约束了沿两个轴移动的自由度,只保留一个转动的自由度。

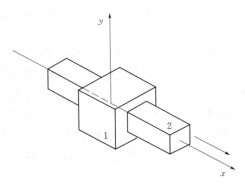

图 12-11　移动副示意图

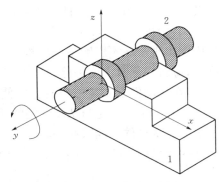

图 12-12　转动副示意图

（2）高副

如图 12-13 所示，只约束了沿接触处公法线 n—n 方向移动的自由度，保留绕接触处的转动和沿接触处公切线 t—t 方向移动的两个自由度。

由以上分析可知在平面机构中，每个低副引入两个约束，使机构失去两个自由度；每个高副引入一个约束，使机构失去一个自由度。

如果一个平面机构中包含有 n 个活动构件

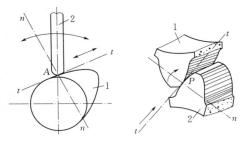

图 12-13　高副自由度分析图

（机架为参考坐标系，因相对固定，所以不计在内），其中有 P_L 个低副和 P_H 个高副，则这些活动构件在未用运动副连接之前，其自由度总数为 $3n$。当用 P_L 个低副和 P_H 个高副连接成机构之后，全部运动副所引入的约束为 $2P_L + P_H$。因此活动构件的自由度总数减去运动副引入的约束总数，就是该机构的自由度数，用 F 表示，则平面机构自由度的计算公式为

$$F = 3n - 2P_L - P_H \qquad\qquad (12\text{-}1)$$

【例 12-2】　计算如图 12-8 所示的活塞泵的自由度。

【分析】　除机架外，活塞泵有 4 个活动构件，即 $n=4$；4 个转动副和一个移动副共 5 个低副，即 $P_L=5$；一个高副，即 $P_H=1$。由式（12-1）得

$F = 3n - 2P_L - P_H = 3 \times 4 - 2 \times 5 - 1 \times 1 = 1$ 所以，该机构的自由度为 1。

2. 机构具有确定运动的条件

机构的自由度就是机构实现独立运动的可能性。平面机构只有机构的自由度大于零，才有运动的可能。由前所述可知，从动件是不能独立运动的，只有原动件才能独立运动。通常每个原动件只具有一个独立运动，因此，机构自由度必定与原动件数 W 相等，即

$$F = W > 1$$

3. 计算平面机构自由度时的注意事项

（1）复合铰链

两个以上构件在同一处以转动副相连接组成的运动副，称为复合铰链。图 12-14（a）所示为三个构件在同一处构成复合铰链。由其侧视图 12-14（b）所示可知，此三构件共组成两

个共轴线转动副。当由 m 个构件组成复合铰链时,则应当组成 $(m-1)$ 个共轴线转动副。

（2）局部自由度

机构中常出现一些不影响整个机构运动的局部独立运动,称为局部自由度。在计算机构自由度时,应将局部自由度去除。如图 12-15(a)所示的平面凸轮机构中,为了减少高副接触处的磨损,在从动件上安装一个滚子 3,使其与凸轮轮廓线滚动接触。显然,滚子绕其自身轴线转动与否并不影响凸轮与从动件间的相对运动,因此,滚子绕其自身轴线的转动为机构设想将滚子 3 与从动件 2 固联在一起作为一个构件来考虑。这样在机构中,$n=2$,$P_L=2$,$P_H=1$,其自由度为 $F=3n-2P_L-P_H=3\times2-2\times2-1=1$,即此凸轮机构中只有一个自由度。

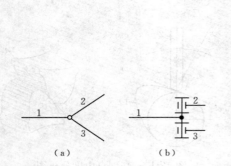

图 12-14　三个构件复合铰链示意图

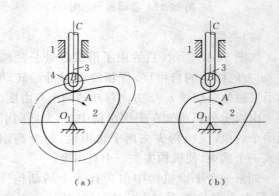

图 12-15　平面凸轮机构示意图

（3）虚约束

机构中与其他运动副所起的限制作用重复、对机构运动不起新的限制作用的约束,称为虚约束。在计算机构自由度时,应当除去不计。平面机构中的虚约束常出现在下列场合:

①两个构件之间组成多个导路平行的移动副时,只有一个移动副起作用,其余都是虚约束。如图 12-16 所示的机构在 A、B、C 三处的移动副,有两个为虚约束。

②两个构件之间组成多个轴线重合的转动副时,只有一个转动副起作用,其余都是虚约束。如图 12-17 所示,两个轴承支撑一根轴,只能看作一个转动副。

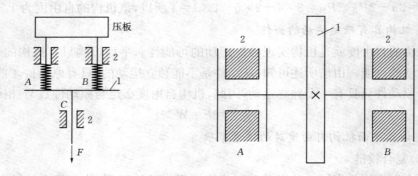

图 12-16　移动副的虚约束分析图　　　　图 12-17　转动副的虚约束分析图

③机构中对传递运动不起独立作用的对称部分也是虚约束。如图 12-18 所示的轮系中,它由与中心轮完全对称布置的三部分组成,每个部分作用相同,故本机构运动的确定性只需取其中一部分进行检验。应当注意,对于虚约束,从机构的运动观点来看是多余的,但从增强构件刚度,改善机构受力状况等方面来看都是必需的。

【例 12-3】 试计算图 12-19 中发动机配气机构的自由度。

【分析】 此机构中,G,F 为导路重合的两个移动副,其中一个是虚约束;P 处的滚子为局部自由度。除去虚约束及局部自由度后,该机构则有 $n=6$,$P_L=8$,$P_H=1$。其自由度为

$$F=3n-P_L-P_H=3\times6-2\times8-1=1$$

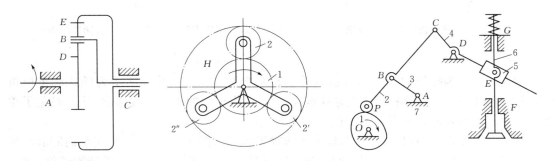

图 12-18　轮系的虚约束分析图　　　　图 12-19　发动机配气机构示意图

第二节　平面连杆机构

平面连杆机构是将所有构件用低副连接而成的平面机构。由于低副通过面接触而构成运动副,故其接触处的压强小,承载能力大,耐磨损,寿命长,且因其形状简单,制造容易。这类机构容易实现转动、移动及其转换。它的缺点是低副中存在的间隙不易消除,会引起运动误差,另外,平面连杆机构不易准确地实现复杂运动。

平面连杆机构中,最简单的是由四个构件组成的,简称平面四杆机构。它的应用非常广泛,而且是组成多杆机构的基础。

一、铰链四杆机构的类型及其演化

全部用转动副组成的平面四杆机构称为铰链四杆机构,如图 12-20 所示。机构的固定件 4 称为机架;与机架用转动副相连接的杆 1 和杆 3 称为连架杆;不与机架直接连接的杆 2 称为连杆。其中连架杆 1 能作整周转动的连杆称为曲柄;而连架杆 3 仅能在某一角度摆动的连杆称为摇杆。对于铰链四杆机构来说,机架和连杆总是存在的,因此可按照连架杆是曲柄还是摇杆,将铰链四杆机构分为三种基本形式:曲柄摇杆机构、双曲柄机构和双摇杆机构。

1. 曲柄摇杆机构

在铰链四杆机构中,若两个连架杆中,一个为曲柄,另一个为摇杆,则此铰链四杆机构称为曲柄摇杆机构如图 12-20 所示。图 12-21 所示为调整雷达天线俯仰角的曲柄摇杆机构。

曲柄 1 缓慢地匀速转动,通过连杆 2 使摇杆 3 在一定的角度范围内摇动,从而调整天线俯仰角的大小。

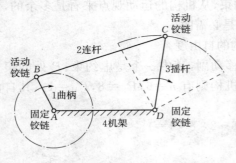

图 12-20　曲柄摇杆机构示意图

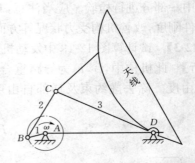

图 12-21　调整雷达天线俯仰角的曲柄摇杆机构

2. 双摇杆机构

两连架杆均为摇杆的铰链四杆机构称为双摇杆机构。图 12-22 所示为鹤式起重机机构,当摇杆 CD 摇动时,连杆 BC 上悬挂重物的 M 点作近似的水平直线移动,从而避免了重物平移时因不必要的升降引起的功耗。

两摇杆长度相等的双摇杆机构,称为等腰梯形机构。图 12-23 所示,轮式车辆的前轮转向机构就是等腰梯形机构的应用实例。车子转弯时,与前轮轴固联的两个摇杆的摆角 β 和 δ 不等。如果在任意位置都能使两前轮轴线的交点 P 落在后轮轴线的延长线上,则当整个车身绕 P 点转动时,四个车轮都能在地面上作纯滚动,避免轮胎因滑动而损伤。等腰梯形机构就能近似地满足这一要求。

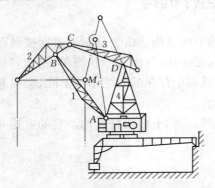

图 12-22　鹤式起重机机构示意图

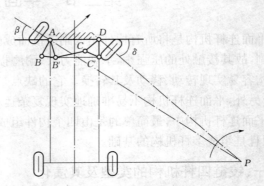

图 12-23　轮式车辆的前轮转向机构示意图

3. 双曲柄机构

两连架杆均为曲柄的铰链四杆机构称为双曲柄机构。

(1)两曲柄相等同向:当两曲柄的长度相等且平行时,称为平行双曲柄机构。平行双曲柄机构的两曲柄的旋转方向相同,角速度也相等。

(2)两曲柄相等、反向:双曲柄机构如果对边杆长度都相等,但互不平行,则称为反向双曲柄机构。

(3)两曲柄不等:当一曲柄作等速转动时,另一个曲柄作周期性变速转动。

二、四杆机构的演化

1. 铰链四杆机构的曲柄存在条件

由上述可知,铰链四杆机构三种基本类型的主要区别就在于有无曲柄或有几个曲柄存在,这就是判别铰链四杆机构类型的主要依据。连架杆成为曲柄必须满足以下两个条件:

(1)最短构件和最长构件长度之和小于或等于其他两构件长度之和。

(2)连架杆与机架中至少有一个为最短构件。

如图 12-23 所示的铰链四杆机构中,如果满足条件 1,则当各杆长度不变而取不同杆为机架时,可以得到不同类型的铰链四杆机构。

①取最短杆相邻的构件(杆 2 或 4)为机架时,最短杆 1 为曲柄,而另一连架杆 3 为摇杆,如图 12-24(a)所示的两个机构均为曲柄摇杆机构。

②取最短杆为机架,其连架杆 2 和 4 均为曲柄,如图 12-24(b)所示为双曲柄机构。

③取最短杆的对边(杆 3)为机架,则两连架杆 2 和 4 都不能作整周转动,如图 12-24(c)所示为双摇杆机构。

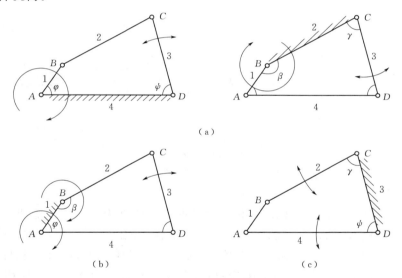

图 12-24　铰链四杆机构示意图

如果铰链四杆机构中的最短杆与最长杆长度之和大于其余两杆长度之和,则该机构中不可能存在曲柄,无论取哪个构件作为机架,都只能得到双摇杆机构。

由上述分析可知,最短杆和最长杆长度之和小于或等于其余两杆长度之和是铰链四杆机构存在曲柄的必要条件。满足这个条件的机构是有一个曲柄、两个曲柄或没有曲柄,需根据以哪一杆为机架来判断。

2. 铰链四杆机构的演化

在实际机械中,平面连杆机构的形式是多种多样的,但其中绝大多数是在铰链四杆机构的基础上发展和演化而成。下面介绍几种常用的演化机构。

(1)曲柄滑块机构

如图 12-25(a)所示的曲柄摇杆机构中,摇杆 3 上 C 点的轨迹是以 D 为圆心、以摇杆 3

的长度 L_3 为半径的圆弧。如果将转动副 D 扩大,使其半径等于 L_3' 并在机架上按 C 点形成一弧形槽,摇杆 3 做成与弧形槽相配的弧形块,如图 12-25(b)所示。此时虽然转动副 D 的外形改变,但机构的运动特性并没有改变。若将弧形槽的半径增至无穷大,则转动副 D 的中心移至无穷远处,弧形槽变为直槽,转动副 D 则转化为移动副,构件 3 由摇杆变成了滑块,于是曲柄摇杆机构就演化为曲柄滑块机构,如图 12-25(c)所示。此时移动方位线不通过曲柄回转中心,故称为偏置曲柄滑块机构。曲柄转动中心至其移动方位线的垂直距离称为偏距 e,当移动方位线通过曲柄转动中心 A 时(即 $e=0$),则称为对心曲柄滑块机构,如图 12-25(d)所示。曲柄滑块机构广泛应用于内燃机、空压机及冲床设备中。

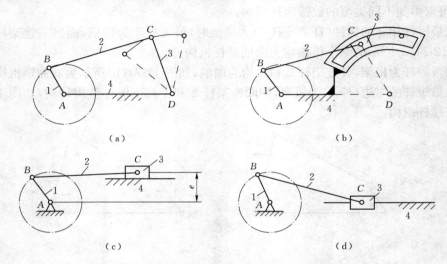

图 12-25 曲柄滑块机构示意图
1—曲柄;2—连杆;3—摇杆或滑块;4—机架

（2）导杆机构

导杆机构可以看作是在曲柄滑块机构中选取不同构件为机架演化而成。图 12-26(a)所示为曲柄滑块机构,如将其中的曲柄 1 作为机架,连杆 2 作为主动件,则连杆 2 和构件 4 将分别绕铰链 B 和 A 作转动,如图 12-26(b)所示。若 $AB<BC$,则杆 2 和杆 4 均可作整周回转,故称为转动导杆机构。若 $AB>BC$,则杆 4 只能作往复摆动,故称为摆动导杆机构。

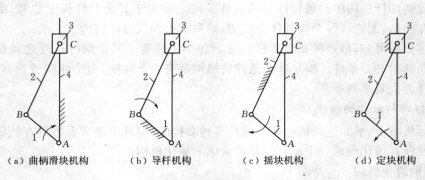

（a）曲柄滑块机构　　（b）导杆机构　　（c）摇块机构　　（d）定块机构

图 12-26 导杆机构示意图

（3）摇块机构

在图 12-26(a)所示的曲柄滑块机构中,若取杆 2 为固定件,即可得图 12-26(c)所示的摇块机构。这种机构广泛应用于摆动式内燃机和液压驱动装置内。

（4）定块机构

在图 12-26(a)所示曲柄滑块机构中,若取杆 3 为固定件,即可得图 12-26(d)所示的定块机构。这种机构常用于手压抽水机及抽油泵中。

3. 四杆机构的基本特性

（1）急回运动

图 12-27 所示为一曲柄摇杆机构,其曲柄 AB 在转动一周的过程中,有两次与连杆 BC 共线。在这两个位置,铰链中心 A 与 C 之间的距离 AC_1 和 AC_2 分别为最短和最长,因而摇杆 CD 的位置 C_1D 和 C_2D 分别为两个极限位置。摇杆在两极限位置间的夹角 ψ 称为摇杆的摆角。

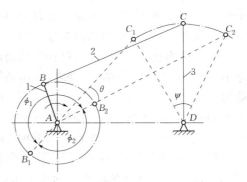

图 12-27　曲柄摇杆机构示意图

当曲柄由位置 AB_1 顺时针转到位置 AB_2 时,曲柄转角 $\phi_1=180°+\theta$,这时摇杆由极限位置C_1D 摆到极限位置C_2D,摇杆摆角为 ψ。而当曲柄顺时针再转过角度 $\phi_2=180°-\theta$ 时,摇杆由位置 C_2D 摆回到位置 C_1D,其摆角仍然是 ψ。虽然摇杆来回摆动的摆角相同,但对应的曲柄转角却不等($\phi_1>\phi_2$);当曲柄匀速转动时,对应的时间也不等($t_1>t_2$)这反映了摇杆往复摆动的快慢不同。令摇杆自 C_1D 摆至 C_2D 为工作行程,这时铰链 C 的平均速度是 $v_1=C_1C_2/t_1$;摆杆自 C_2D 摆回至 C_1D 为空回行程,这时 C 点的平均速度是 $v_2=C_1C_2/t_2$。$v_1<v_2$ 表明摇杆具有急回运动的特性。牛头刨床、往复式运输机等机械利用这种急回特性来缩短非生产时间,提高生产率。

急回运动特性可用行程速比系数 K 表示,即

$$K=\frac{v_1}{v_2}=\frac{C_1C_2/t_1}{C_1C_2/t_2}=\frac{t_1}{t_2}=\frac{\phi_1}{\phi_2}=\frac{180°+\theta}{180°-\theta} \tag{12-2}$$

式中　θ——摇杆处于两极限位置时对应的曲柄所夹的锐角,称为极位夹角。

将(12-2)式整理后,得极位夹角的计算公式

$$\theta=180°\frac{K-1}{K+1} \tag{12-3}$$

由以上分析可知:极位夹角越大,值越大,急回运动的性质也越显著,但机构运动的平稳性也越差。因此在设计时,应根据其工作要求,恰当地选择 K 值。

（2）压力角和传动角

在生产实际中往往要求连杆机构不仅能实现预期的运动规律,而且希望运转轻便、效率高。如图 12-28 所示为曲柄摇杆机构,由于连杆 BC 为二力杆件,它作用于从动摇杆 3 上的力 P 是沿 CB 方向的。作用在从动件上的驱动力 P 与该力作用点绝对速度之间所夹的锐角 α 称为压力角。由图 12-28 所示可见,力 P 在 v_C 方向的有效分力为 $P_t=P\cos\alpha$,它可使从动件产生

有效的转动力矩,显然越大越好。而 P 在垂直于方向的分力 $P_n = P\sin\alpha$ 则为无效分力,它不仅无助于从动件的转动,反而增加了从动件转动时的摩擦阻力矩。因此,希望越小越好。由此可知,压力角 α 越小,机构的传力性能越好,理想情况是 $\alpha = 0$,所以压力角是反映机构传力效果好坏的一个重要参数。一般设计机构时都必须注意控制最大压力角不超过许用值。

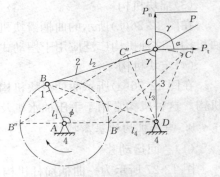

在实际应用中,为度量方便起见,常用压力角的余角 γ 来衡量机构传力性能的好坏,γ 称为传动角。显然 γ 值越大越好,理想情况是 $\gamma = 90°$。

图 12-28　曲柄摇杆机构示意图

由于机构在运动中,压力角和传动角的大小随机构的不同位置而变化。γ 角越大,则 α 越小,机构的传动性能越好,反之,则传动性能越差。为了保证机构的正常传动,通常应使传动角的最小值 γ_{min} 大于或等于其许用值 $[\gamma]$。一般机械中,推荐 $[\gamma] = 40° \sim 50°$。对于传动功率大的机构,如冲床、颚式破碎机中的主要执行机构,为使工作时得到更大的功率,可取 $\gamma_{min} = [\gamma] \geqslant 50°$。对于一些非传动机构,如控制、仪表等机构,也可取 $[\gamma] < 40°$,但不能过小。

对于曲柄摇杆机构,可以证明最小传动角出现在曲柄与机架两次共线的位置之一(图 12-28),比较这两个位置时的传动角,其中较小者即为该机构的最小传动角 γ_{min}。

（3）死点位置

对于图 12-28 所示的曲柄摇杆机构,若以摇杆 3 为原动件,而曲柄 1 为从动件,则当摇杆摆到极限位置 C_1D 和 C_2D 时,连杆 2 与曲柄 1 共线,这时连杆加给曲柄的力将通过铰链中心 A,即机构处于压力角 $\alpha = 90°$(传力角 $\gamma = 0$)的位置。此时驱动力的有效分力为零,转动力矩为零,因此不能使曲柄转动,机构的这种位置称为死点位置。机构有无死点位置决定于从动件与连杆能否共线。

当机构处于死点位置时,从动件将出现卡死或运动不确定的现象。为使机构能够通过死点位置继续运动,需对从动曲柄施加外力或安装飞轮以增加惯性。如家用缝纫机的脚踏机构,就是利用皮带轮的惯性作用使机构能通过死点位置。但在工程实践中,有时也常常利用机构的死点位置来实现一定的工作要求,如图 12-29 所示的工件夹紧装置,当工件 5 需要被夹紧时,就是利用连杆 BC 与摇杆 CD 形成的死点位置,这时工件经上杆 2 传给杆 3 的力,通过杆 3 的传动中心 D,此时无论工件对夹头的作用力多大,也不能使杆 3 绕 D 转动,因此工件依然被可靠地夹紧。

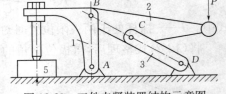

图 12-29　工件夹紧装置结构示意图

第三节　凸　轮　机　构

凸轮机构通常由原动件凸轮、从动件和机架组成。由于凸轮与从动件组成的是高副,所以属于高副机构。

凸轮机构的功能是将凸轮的连续转动或移动转换成从动件的连续或不连续的移动或

摆动。

与连杆机构相比,凸轮机构便于准确地实现给定的运动规律和轨迹,但凸轮与从动件构成的是高副,所以易磨损,且凸轮轮廓的制造较为困难和复杂。

一、凸轮机构的应用和类型

1. 凸轮机构的应用

图 12-30 所示为内燃机的气门机构,当具有曲线轮廓的凸轮 1 作等速回转时,凸轮曲线轮廓通过与气门 2(从动件)的平底接触,迫使气门 2 相对于气门导管 3(机架)作往复直线运动,从而控制了气门有规律的开启和闭合。气门的运动规律取决于凸轮曲线轮廓的形状。

2. 凸轮机构的分类

凸轮机构应用广泛,类型很多,通常按以下方法分类:

(1)按凸轮的形状分类

①盘形凸轮的凸轮绕固定轴旋转,其向径(曲线上各点到回转中心的距离)在发生变化。

②移动凸轮的凸轮外形通常呈平板状,可以看作回转中心位于无穷远处的盘形凸轮。它相对于机架作直线往复移动,如图 12-31 所示。

③圆柱凸轮的凸轮是一个具有曲线凹槽的圆柱形构件。它可以看成是将移动凸轮卷成圆柱体演化而成的,如图 12-32 所示为自动车床进刀机构中的凸轮。

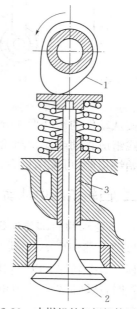

图 12-30　内燃机的气门机构示意图
1—凸轮;2—气门;3—气门导管

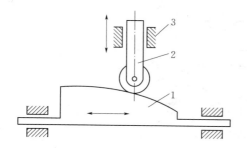

图 12-31　移动凸轮示意图
1—移动凸轮;2—滚子从动件;3—机架

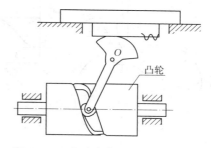

图 12-32　自动车床进刀机构示意图

(2)按从动件末端形状分类

①尖顶从动件。如图 12-33(a)、(d)所示,尖顶能与复杂的凸轮轮廓保持点接触,因而能实现任意预期的运动规律,但尖顶极易磨损,故只适用于受力不大的低速场合。

②滚子从动件。如图 12-33(b)、(e)所示,为了减轻尖顶磨损,在从动件的顶尖处安装一个滚子。滚子与凸轮轮廓之间为滚动,磨损较小,可用来传递较大的动力,应用最为广泛。

③平底从动件。如图 12-33(c)、(d)所示,这种从动件与凸轮轮廓表面接触处的端面做成平底(即为平面),结构简单,与凸轮轮廓接触面间易形成油膜,润滑状况好,磨损小。当不

203

考虑摩擦时,凸轮对从动件的作用力始终垂直于平底,故受力平稳,传动效率高,常用于高速场合。它的缺点是不能用于凸轮轮廓有凹曲线的凸轮机构中。

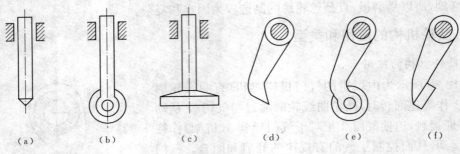

图 12-33　从动件示意图

　　按从动件的运动形式分为直动和摆动从动件,根据工作需要选用一种凸轮和一种从动件形式组成直动或摆动凸轮机构。凸轮机构在工作时必须保证从动件相关部位与凸轮轮廓曲线始终接触,可采用重力、弹簧力或特殊的几何形状来实现。

二、凸轮机构中从动件的常用运动规律

1. 凸轮机构的工作过程

　　以图 12-34 所示对心尖顶直动从动件盘形凸轮机构为例,说明原动件凸轮与从动件间的工作过程和有关名称。以凸轮轮廓最小向径 r_b 为半径所作的圆称为凸轮基圆。在图 12-34(a)所示位置时,从动件处于上升的最低位置,其尖顶与凸轮在 A 点接触。

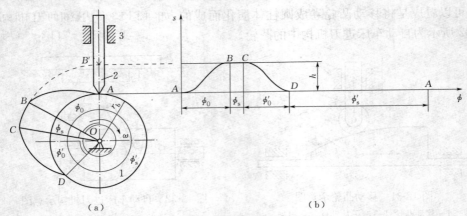

图 12-34　对心尖顶直动从动件盘形凸轮机构示意图

（1）推程

当凸轮以等角速度 ω 顺时针方向转动时,凸轮向径逐渐增大,将推动从动件按一定的运动规律运动。在凸轮转过一个 ϕ_0 角度时,从动件尖顶运动到 B' 点,此时尖顶与凸轮 B 点接触,AB' 是从动件的最大位移,用 h 表示,称为从动件推程（或行程）,对应的凸轮转角 ϕ_0 称为凸轮推程运动角。

（2）远休止角

当凸轮继续转动时,凸轮与尖顶从 B 点移到 C 点接触,由于凸轮的向径没有变化,从动

件在最大位移处 B' 点停留不动,这个过程称为从动件远休止,对应的凸轮转角 ϕ_s 称为凸轮的远休止角。

(3)回程

当凸轮接着转动时,凸轮与尖顶从 C 点移到 D 点接触,凸轮向径由最大变化到最小(基圆半径 r_b),从动件按一定的运动规律返回到起始点,这个过程称为从动件回程,对应的凸轮转角 ϕ_0' 称为凸轮回程运动角。

(4)近休止角

当凸轮再转动时,凸轮与尖顶从 D 点又移到 A 点接触,由于该段基圆弧上各点向径大小不变,从动件在最低位置不动(从动件的位移没有变化),这一过程称为近休止,对应转角 ϕ_s' 称为近休止角。

此时凸轮转过了一整周。若凸轮再继续转动,从动件将重复推程、远休止、回程、近休止四个运动过程,是典型的升-停-回-停的双停歇循环。从动件运动也可以是一次停歇或没有停歇的循环。

以凸轮转角 ϕ 为横坐标、从动件的位移 S 为纵坐标,可用曲线将从动件在一个运动循环中的工作位移变化规律表示出来,如图 12-34(b)所示,该曲线称为从动件的位移线图(S-ϕ图)。由于凸轮通常作等速运动,其转角与时间成正比,因此该线图的横坐标也代表时间 t。根据 S-ϕ 图,可以求出从动件的速度线图($v_0 = h/t_0$,$S = v_0 t$,$v = at$-ϕ 图)和从动件的加速度线图(a-ϕ 图),统称为从动件的运动线图,反映出从动件的运动规律。

2. 从动件常用运动规律

由于凸轮轮廓曲线决定了从动件的位移线图(运动规律),那么,凸轮轮廓曲线也要根据从动件的位移线图(运动规律)来设计。因此,在用图解法设计凸轮时,首先应当根据机器的工作要求选择从动件的运动规律,作出位移线图。从动件经常利用推程完成做功,这里以推程为例,介绍从动件几种常用的基本运动规律。

(1)等速运动规律

从动件作等速运动时,其位移、速度和加速度的运动线图,如图 12-35 所示。在此阶段,经过时间 t_0(凸轮转角为 ϕ_0),从动件完成升程 h,所以从动件速度 $v_0 = h/t_0$ 为常数,速度线图为水平直线,从动件的位移 $S = v_0 t$,其位移线图为一斜直线,故又称为直线运动规律。

当从动件运动时,其加速度始终为零,但在运动开始和运动终止位置的瞬时,因有速度突变,故这一瞬时的加速度理论上为由零突变为无穷大,导致从动件产生理论上无穷大的惯性力,使机构产生强烈的刚性冲击。实际上,由于材料弹性变形的缓冲作

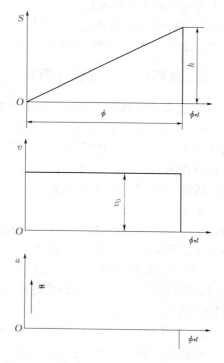

图 12-35 位移、速度和加速度的运动线图

用使得惯性力不会达到无穷大,但仍将引起机械的震动,加速凸轮的磨损,甚至损坏构件。因此,等速运动规律只适用于低速和从动件质量较轻的凸轮机构中。

为了避免刚性冲击或强烈震动,在实际应用时可采用圆弧、抛物线或其他曲线对凸轮从动件位移线图的两端点处进行修正,如图 12-36 所示。

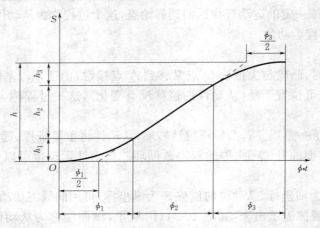

图 12-36 从动件位移线图的两端点处进行修正

（2）等加速等减速运动规律

这种运动规律从动件的加速度等于常数。通常从动件在推程的前半行程作等加速运动,后半行程作等减速运动,其加速度和减速度的绝对值相等。从动件加速度分别在推程的始末点和前后半程的交接处也有突变,但其变化为有限值,由此而产生的惯性力变化也为有限值。这种由惯性力的有限变化对机构所造成的冲击、震动和噪声要较刚性冲击小,称之为柔性冲击。因此,等加速等减速运动规律也只适用于中速、轻载的场合。

三、盘形凸轮轮廓设计简介

1. 盘形凸轮轮廓曲线设计基本原理

凸轮轮廓曲线设计是建立在根据工作要求选定凸轮机构类型、从动件运动规律及由结构确定的凸轮基圆半径后进行的。设计方法有图解法和解析法,这两种方法所依据的基本原理是相同的。如图 12-37 所示,当凸轮机构工作时,凸轮和从动件都在运动,这时可采用相对运动的原理,使凸轮相对静止,称此设计方法为反转法。

下面以盘形凸轮轮廓曲线设计为例介绍反转法的设计过程。工作时凸轮以 ω 速度转动,设想给整个机构再加上一个绕凸轮轴心 O 转动的公共角速度"$-\omega$",机构中各构件间的相对运动不变,这样凸轮相对静止不动,而从动件一方面按给定的运动规律在导路中作往复移动,另一方面和导路一起以角速度"$-\omega$"绕 O 点转动。由于从动件尖顶始终与凸轮轮廓接触,所以反转后尖顶的运动轨迹就是凸轮轮廓曲线。根据这一原理便可设计出各种凸轮机构的凸轮轮廓。

2. 用图解法设计对心直动尖顶从动件盘形凸轮机构凸轮轮廓曲线

设已知凸轮的基圆半径 r_b,凸轮工作时以等角速度 ω 顺时针方向转动,从动件的运动规律如图 12-37（b）所示。根据反转法,凸轮轮廓曲线具体设计步骤如下:

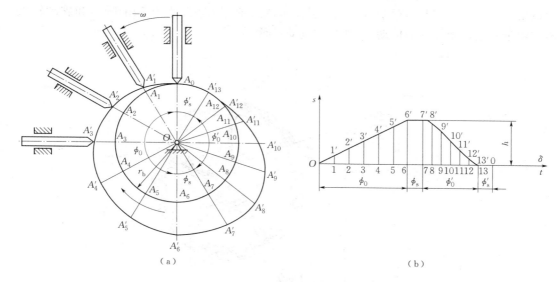

图 12-37　盘形凸轮轮廓示意图

(1)选取位移比例尺 μ_s 和凸轮转角比例尺 μ_ϕ。

(2)用与位移曲线图相同的比例尺 μ_s，以指定点 O 为圆心，以 r_b 为半径作基圆(图中细线)。从动件导路中心线 OA 与基圆的交点 A_0 即是从动件最低(起始)位置。

(3)自 OA_0 沿 $-\omega$ 方向，在基圆上取 ϕ_0、ϕ_s、ϕ_0'、ϕ_s'，同时将推程运动角点和回程运动角 ϕ_0' 各分成与图 12-36(b)横坐标上的等份相同的若干等份(图中各 6 等份)，得 A_1、A_2、A_3…各点，画出 OA_1、OA_2、OA_3…的延长线，就是反转后从动件在导路中相应的各个位置。

(4)在位移线图上量取各个位移量，并在从动件各导路位置上分别量取线段 A_1A_1'、A_2A_2'、A_3A_3'…，使其分别等于位移线图上的各相应位移量 $11'$、$22'$、$33'$…，得后，A_1'、A_2'、A_3'…各点，这些点即是从动件反转后尖顶的运动轨迹。

(5)连接 A_1'、A_2'、A_3'、…各点成光滑曲线，即得所求的凸轮轮廓曲线，如图 12-37(a)所示。

第四节　齿 轮 机 构

齿轮机构由主动齿轮、从动齿轮和机架组成。由于两齿轮以高副相连，所以齿轮机构属于高副机构。齿轮机构的功能是将主动轴的运动和动力通过齿轮副传递给从动轴，使从动轴获得所要求的转速、转向和转矩。

一、齿轮机构的分类及其特点

1. 齿轮机构的特点

齿轮传动是应用最广泛的传动机构之一。其主要优点是传动效率高($\eta=0.94\sim0.99$)；圆周速度和功率适用范围广，圆周速度可达 300 m/s，传递的功率可达到 105 kW；结构紧凑、工作可靠且寿命长；且能保证两齿轮瞬时传动比为常数。其主要缺点是需要制造齿轮的专用设备和刀具,成本较高;对制造及安装精度要求较高,精度低时,传动的噪声和震动较大;不宜用于两轴相距较远的传动;对冲击和震动敏感。

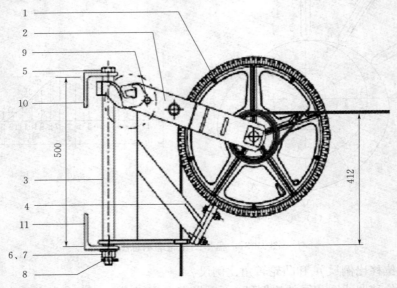

图 12-38　棘轮与固定底座连接图(单位:mm)

1—轮体;2—摆动杆;3—补偿轮竖轴;4—制动卡块;5—螺栓;6—垫片;7—螺母;
8—销钉;9—防脱螺栓;10—上固定底座;11—下固定底座

2. 齿轮传动的类型

齿轮传动的类型很多(图 12-39),按照两齿轮的轴线位置、齿向和啮合情况的不同,齿轮传动可以分类如下:

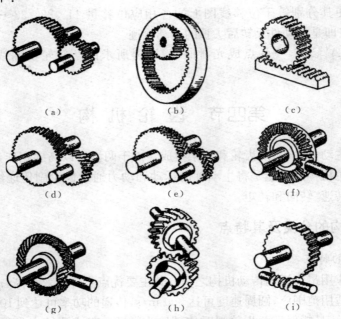

图 12-39　齿轮传动结构示意图

（1）两轴平行（圆柱齿轮传动）

① 直齿传动

a. 外啮合如图 12-39（a）所示。

b. 内啮合如图 12-39（b）所示。

c. 齿轮齿条如图 12-39（c）所示。

② 斜齿圆柱齿轮传动如图 12-39（d）所示。

③ 人字齿轮传动如图 12-39（e）所示。

（2）两轴不平行

① 两轴相交的齿轮传动（圆锥齿轮传动）

a. 直齿锥齿轮传动如图 12-39（f）所示。

b. 曲齿锥齿轮传动如图 12-39（g）所示。

② 两轴交错的齿轮传动

a. 斜齿交错齿轮传动如图 12-39（h）所示。

b. 蜗杆涡轮传动如图 12-39（i）所示。

按照工作条件不同，齿轮传动可以分为开式传动和闭式传动。开式传动的齿轮是外露的，工作条件差，不能保证良好的润滑和防止灰尘等侵入，齿轮容易磨损失效，适用于低速传动和不重要的场合。闭式传动的齿轮被密封在箱体内，因而能保证良好的润滑和洁净的工作条件，适用于重要的传动。

二、渐开线标准直齿圆柱齿轮的基本参数和几何尺寸

1. 渐开线标准直齿圆柱齿轮的各部分名称

图 12-40 所示为一直齿圆柱齿轮的局部图，各部分的名称如下：

（1）齿顶圆。过齿轮齿顶所作的圆称为齿顶圆，其直径用 d_a 表示（半径用 r_a 表示）。

（2）齿根圆。过齿轮齿根所作的圆称为齿根圆，其直径用 d_f 表示（半径用 r_f 表示）。

（3）基圆。发生渐开线齿廓的圆称为基圆，直径用 d_b 表示（半径用 r_b 表示）。

（4）齿厚。在任意圆周上轮齿两侧间的弧长称为齿厚，用 s 表示。

（5）齿槽宽。在任意圆周上相邻两齿反向齿廓之间的弧长称为齿槽宽，用 e 表示。

（6）齿宽。沿齿轮轴线量得齿轮的宽度称为齿宽，用 B 表示。

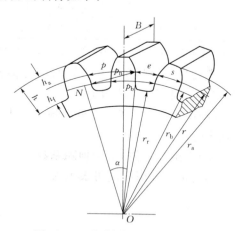

图 12-40　直齿圆柱齿轮的局部图

（7）分度圆。对标准齿轮来说，齿厚与齿槽宽相等的圆称为分度圆，其直径用 d 表示（半径用 r 表示）。分度圆上的齿厚和齿槽宽分别用 s 和 e 表示，所以 $s＝e$。分度圆是设计和制造齿轮的基准圆。齿轮上具有标准模数和压力角的圆简称为分度圆。

（8）齿距。相邻两齿在分度圆上同侧齿廓对应点间的弧长称为齿距，用 p 表示。

$$P = s + e \quad 而且 \quad s = e = p/2 \tag{12-4}$$

（9）齿顶高。从分度圆到齿顶圆的径向距离称为齿顶高，用 h_a 表示。

（10）齿根高。从分度圆到齿根圆的径向距离称为齿根高，用 h_f 表示。

（11）全齿高。从齿顶圆到齿根圆的径向距离称为全齿高，用 h 表示，$h = h_a + h_f$。

（12）齿顶间隙。当齿轮啮合时，一个齿轮的齿顶圆与配对齿轮的齿根圆之间的径向距离称为齿顶间隙，用 c 表示，$c = h_f - h_a$。它可避免一个齿轮的齿顶与另一齿轮的齿根相碰并能储存润滑油，有利于齿轮传动装配和润滑。

2. 渐开线直齿圆柱齿轮的基本参数

决定齿轮尺寸和齿形的基本参数有五个，即齿轮的模数 m，压力角 α，齿数 z，齿顶高系数 h_a^* 及顶隙系数 c^*。除齿数 z 外均已标准化。

（1）模数 m。分度圆直径 d 与齿数 z 及齿距 p 有如下关系：

$$\pi d = pz \quad 即为 \quad d = \frac{p}{\pi} z \quad \frac{\frac{1}{2}m(z_1 + z_2)}{2} \tag{12-5}$$

式中包含无理数 π，使计算分度圆直径很不方便，因而规定比值 $\dfrac{p}{\pi}$ 为标准值（表 12-1），称为模数，用 m 表示，即

$$m = \frac{p}{\pi} \tag{12-6}$$

所以

$$d = mz \tag{12-7}$$

表 12-1　标准模数系列（GB 1357—1987）

第一系列	1 1.25 1.5 2 2.5 3 4 5 6 8 10 12 16 20 25 32 40 50
第二系列	1.75 2.25 2.75(3.25) 3.5(3.75)4.5 5.5 (6.5)7 9 (11) 14 18 22 28 (30)36 45

注：优先选用第一系列，括号内的数值尽量不用，单位 mm。

模数是齿轮几何尺寸计算的重要参数，由式（12-7）可知，当齿数相同时模数越大，齿轮直径愈大，因而承载能力愈高。

（2）压力角 α。通常将分度圆上的压力角简称为压力角，用 α 表示。国家标准中规定分度圆上的压力角标准值为 $\alpha = 20°$。

（3）齿顶高系数 h_a^* 和顶隙系数 c^*。齿轮各部分尺寸均以模数作为计算基础，因此标准齿轮的齿顶高和齿根高可表示为

$$h_a = h_a^* m \tag{12-8}$$

$$h_f = (h_a^* + c^*)m \tag{12-9}$$

式中　h_a^* 和 c^*——分别为齿顶高系数和顶隙系数，对于圆柱齿轮，我国标准规定正常齿时 $h_a^* = 1, c^* = 0.25$。

3. 标准直齿圆柱齿轮的几何尺寸计算

标准齿轮是指分度圆上的齿厚 s 等于齿槽宽 e，并且 m、α、h_a^*、c^* 为标准值的齿轮。标准直齿圆柱齿轮的几何尺寸计算公式见表 12-2。

表 12-2　标准直齿圆柱齿轮传动的参数和几何尺寸计算公式

名称	符号	公式与说明
齿数	z	根据工作要求确定
模数	m	由齿轮的承载能力并按表 12-1 取标准值
压力角	α	$\alpha = 20°$
分度圆直径	d	$d_1 = mz_1; d_2 = mz_2$
齿顶高	h_a	$h_a = h_a^* m$
齿根高	h_f	$h_f = (h_a^* + c^*)m$
齿全高	h	$h = h_a + h_f$
齿顶圆直径	d_a	$d_{a1} = d_1 + 2h_a = m(z_1 + 2h_a^*)$ $d_{a2} = m(z_2 + 2h_a^*)$
齿根圆直径	d_f	$d_{f1} = d_1 - 2h_f = m(z_1 - 2h_a^* - 2c^*)$ $d_{f2} = m(z_2 - 2h_a^* - 2c^*)$
分度圆齿距	p	$p = \pi m$
分度圆齿厚	s	$s = \frac{1}{2}\pi m$
分度圆齿槽宽	e	$e = \frac{1}{2}\pi m$
基圆直径	d_b	$d_{b1} = d_1\cos\alpha = mz_1\cos\alpha$ $d_{b2} = mz_2\cos\alpha$
中心距	a	$a = \dfrac{m(z_1 + z_2)}{2}$

三、渐开线标准直齿圆柱齿轮的啮合传动

1. 齿廓啮合基本定律

齿轮传动的基本要求是两齿轮的瞬时传动比恒定不变。如果主动轮匀速转动,从动轮作变速转动,就会产生惯性力,引起震动和噪声,影响齿轮的工作精度及寿命。齿廓啮合基本定律就是研究齿轮传动比恒定不变时齿廓形状应符合的条件。

如图 12-41 所示,设两啮合的齿廓某一瞬时在 K 点接触,主动轮 1 以角速度 ω_1 顺时针转动,推动从动轮 2 以角速度 ω_2 逆时针转动。

两轮齿廓上 K 点的速度分别为

$$v_{K1} = \omega_1 \overline{O_1K} \quad 方向垂直于 O_1K$$
$$v_{K2} = \omega_2 \overline{O_2K} \quad 方向垂直于 O_2K$$

且 v_{K1} 和 v_{K2} 在法线 N_1N_2 上的分速度应相等，否则两齿廓将会压坏或分离。即

$$v_{K1}\cos\alpha_{K1} = v_{K2}\cos\alpha_{K2}$$

由此可知

$$\frac{\omega_1}{\omega_2} = \frac{\overline{O_2K}\cos\alpha_{K2}}{\overline{O_1K}\cos\alpha_{K2}} \quad\quad (12\text{-}10)$$

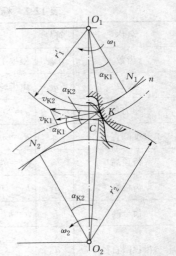

过点 O_1、O_2 分别作 N_1N_2 的垂线 O_1N_1 和 O_2N_2，得

$$\angle KO_1N_1 = \alpha_{K1}、\angle KO_2N_2 = \alpha_{K2}$$

故上式可写成

$$\frac{\omega_1}{\omega_2} = \frac{\overline{O_2K}\cos\alpha_{K2}}{\overline{O_1K}\cos\alpha_{K2}} = \frac{\overline{O_2N_2}}{\overline{O_1N_1}} \quad\quad (12\text{-}11)$$

又因 $\triangle CO_1N_1 \sim \triangle CO_2N_2$，则上式又可写成

$$\frac{\omega_1}{\omega_2} = \frac{\overline{O_2N_2}}{\overline{O_1N_1}} = \frac{\overline{O_2C}}{\overline{O_1C}} \quad\quad (12\text{-}12)$$

图 12-41　两啮合的齿廓示意图

由式(12-10)可知，要保证传动比为定值，则比值 $\dfrac{\overline{O_2C}}{\overline{O_1C}}$ 应为常数。现因两轮轴心连线 $\overline{O_1O_1}$ 为定长，故欲满足上述要求，C 点应为连心线上的定点，这个定点 C 称为节点。

因此，为使齿轮保持恒定的传动比，必须使 C 点为连心线上的固定点。或者说，欲使齿轮保持定角速比，不论齿廓在任何位置接触，过接触点所作的齿廓公法线都必须与两轮的连心线交于一定点。这就是齿廓啮合的基本定律。

以 O_1、O_2 为圆心，以 O_1C、O_2C 为半径所作的两个相切的圆称为节圆。显然，两节圆的圆周速度相等。因此在齿轮传动中，两个节圆作纯滚动。

必须指出，一对齿轮啮合时才会有节点和节圆，单个齿轮不存在节点和节圈。

凡满足齿廓啮合基本定律而互相啮合的一对齿廓，称为共轭齿廓。理论上符合齿廓啮合基本定律的齿廓曲线有无穷多，传动齿轮的齿廓曲线除要求满足定角速比外，还必须考虑制造、安装和强度等要求。在机械中，常用的齿廓有渐开线齿廓、摆线齿廓和圆弧齿廓，其中以渐开线齿廓应用最广泛。

2. 正确啮合条件

如图 12-42 所示，为了使一对齿轮能够正确地啮合，必须保证前后两对轮齿都能同时在啮合线上接触，其相邻两齿同侧齿廓在自啮合线上的长度 KK'（称为法向齿距）必须相等。

根据渐开线的特性，齿轮的法向齿距 KK' 等于基圆上的齿距 P_b，而 $P_b = \pi m\cos\alpha$，于是有 $m_1\cos\alpha_1 = m_2\cos\alpha_2$。由于模数和压力角都是标准值，所以正确啮合条件可以表述为两齿轮的模数和压力角分别相等，即

$$\left.\begin{array}{r} m_1 = m_2 = m \\ \alpha_1 = \alpha_2 = \alpha \end{array}\right\} \quad\quad (12\text{-}13)$$

3. 连续传动条件

为了保证齿轮能连续平稳地传动，必须做到前一对啮合齿轮尚未脱离啮合，而后一对齿

轮应进入啮合，否则传动就会间断。图 12-43 所示为一对相互啮合的齿轮，设轮 1 为主动轮，轮 2 为从动轮。齿廓的啮合是由主动轮 1 的齿根部推动从动轮 2 的齿顶开始，因此，从动轮齿顶圆与啮合线的交点 B_2 即为一对齿廓进入啮合的开始。随着轮 1 推动轮 2 转动，两齿廓的啮合点沿着啮合线移动。当啮合点移动到齿轮 1 的齿顶圆与啮合线的交点 B_1 时，这对齿廓终止啮合，两齿廓即将分离。故啮合线 N_1N_2 上的线段 B_1B_2 为齿廓啮合点的实际轨迹，称为实际啮合线，而线段 N_1N_2 称为理论啮合线。

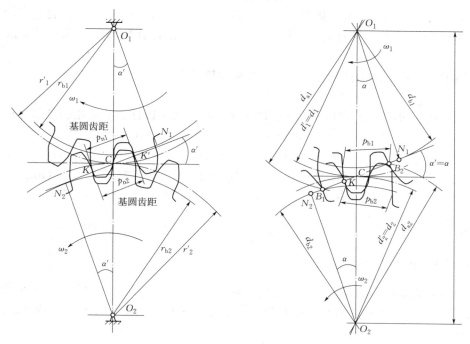

图 12-42　正确啮合条件分析图　　　　图 12-43　连续传动条件分析图

当一对轮齿在 B_2 点开始啮合时，前一对轮齿仍在 K 点啮合，则传动就能连续进行。由图 12-42 可见，这时实际啮合线段 B_1B_2 的长度大于齿轮的法线齿距。如果前一对轮齿已于 B_1 点脱离啮合，而后一对轮齿仍未进入啮合，则这时传动发生中断，将引起冲击。所以，保证连续传动的条件是使实际啮合线长度大于或至少等于齿轮的法线齿距（即基圆齿距 P_b）。

通常将实际啮合线长度与基圆齿距之比称为齿轮的重合度，用 ε 表示，即

$$\varepsilon = \frac{\overline{B_1B_2}}{P_b} \geqslant 1 \tag{12-14}$$

理论上当 $\varepsilon = 1$ 时，就能保证一对齿轮连续传动，但考虑齿轮的制造、安装误差和啮合传动中轮齿的变形，实际上应使 $\varepsilon > 1$。一般机械制造中，常使 $\varepsilon \geqslant 1.4$。重合度 ε 越大，表示同时啮合的齿的对数越多，传动越平稳。对于标准齿轮传动，其重合度都大于 1，故通常不必进行验算。

4. 标准中心距

若齿轮传动的中心距刚好等于两齿轮分度圆半径之和，即

$$\alpha = r_1 + r_2 = \frac{m}{2}(z_1 + z_2) \tag{12-15}$$

称此中心距为标准中心距。

由于齿轮传动的中心距恒等于两齿轮节圆半径之和,即 $a=r'_1+r'_2$。若将标准齿轮安装成节圆与分度圆重合,此时的安装中心距就是标准中心距,即 $a=r'_1+r'_2=r_1+r_2$。齿轮的传动比可以进一步表示为

$$i_{12}=\frac{\omega_1}{\omega_2}=\frac{r_{b2}}{r_{b1}}=\frac{r'_2}{r'_1}=\frac{r_2}{r_1}=\frac{z_2}{z_1} \tag{12-16}$$

【例 12-4】 已知一标准直齿圆柱齿轮,齿数 $z_1=20$,模数 $m=2$ mm,拟将该齿轮用作某传动的主动轮,现需配一从动轮,要求传动比 $i_{12}=3.5$,试计算从动轮的几何尺寸及两轮的中心距。

【分析】 根据给定的传动比 i_{12},先计算从动轮的齿数
$$z_2=i_{12}z_1=3.5\times20=70$$
已知齿轮的齿数 z_2 及模数 m,由表 12-2 所列的公式可以计算从动轮的各部分尺寸。

分度圆直径 $\qquad\qquad\qquad d_2=mz_2=2\times70=140(\text{mm})$

齿顶圆直径 $\qquad\qquad d_{a2}=(z_2+2h_a^*)m=(70+2\times1)\times2=144(\text{mm})$

齿根直径 $\qquad d_{f2}=(z_2-h_a^*-2c^*)m=(70-2\times1-2\times0.25)\times2=135(\text{mm})$

全齿高 $\qquad\qquad h=(2h_a^*+c^*)m=(2\times1+0.25)\times2=4.5(\text{mm})$

中心距 $\qquad\qquad a=r_1+r_2=\frac{m}{2}(z_1+z_2)=\frac{2}{2}\times(20+70)=90(\text{mm})$

四、齿轮传动的失效形式

分析齿轮失效的目的是为了找出齿轮传动失效的原因,制定强度计算准则,或提出防止失效的措施,提高其承载能力和使用寿命。齿轮传动的失效主要发生在轮齿,常见的轮齿失效形式有以下 4 种。

1. 轮齿折断

当载荷作用于轮齿上时,轮齿就像一个受载的悬臂梁,轮齿根部将产生弯曲应力,并且在齿根圆角处有较大的应力集中。因此,在载荷多次重复作用下,齿根处将产生疲劳裂纹,随着裂纹的不断扩展,最后导致轮齿疲劳折断,如图 12-44(a)所示。偶然的严重过载或大的冲击载荷,也会引起轮齿的突然折断,称为过载折断。

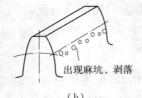
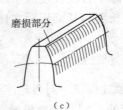

图 12-44 齿轮传动的失效形式示意图

2. 齿面胶合

在高速重载齿轮传动中,由于齿面间压力大,温度高而使润滑失效,当瞬时温度过高时,相啮合的两齿面将发生粘焊在一起的现象,随着两齿面的相对滑动,粘焊被撕开,于是在较软齿面上沿相对滑动方向形成沟纹,如图 12-44(d)所示,这种现象称为齿面胶合。胶合通常

发生在齿面上相对滑动速度较大的齿顶和齿根部位。

3. 齿面点蚀

齿轮在啮合传动时,齿面受到脉动循环交变接触应力的反复作用,使得轮齿的表层材料起初出现微小的疲劳裂纹,并且逐步扩展,最终导致齿面表层单位金属微粒脱落,形成齿面麻点,如图 12-44(b)所示这种现象称为齿面点蚀。

4. 齿面磨损

在开式齿轮传动中,由于灰尘、铁屑等磨料性质的物质落入轮齿工作面间而引起齿面磨粒磨损,如图 12-44(c)所示。

五、斜齿圆柱齿轮的啮合特点及基本参数

直齿圆柱齿轮机构传动平稳性差,冲击和噪声较大,承载能力差,因而不适用于高速、重载传动。为了克服这些缺点,改善啮合性能,工程上采用斜齿圆柱齿轮机构。

1. 斜齿圆柱齿轮齿廓曲面的形成和啮合特点

当研究直齿圆柱齿轮时,是仅就其端面来研究的。但齿轮总是有宽度的,所以直齿圆柱齿轮齿廓的形成应当如下叙述:发生平面 S 在基圆柱上作纯滚动时,其上二条平行于基圆柱母线(轴线)的直线 KK 在空间滚过的轨迹,就是直齿圆柱齿轮的渐开线曲面(也称渐开面),如图 12-45(a)所示。因此,一对直齿圆柱齿轮啮合时的接触线总是平行于齿轮基圆柱母线(轴线)的。

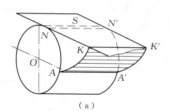 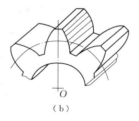

图 12-45 直齿圆柱齿轮示意图

斜齿圆柱齿轮齿廓形成的原理与直齿圆柱齿轮相似,即当发生平面 S 沿基圆柱作纯滚动时,其上与基圆柱母线夹角为 β_b 的倾斜直线 KK 在空间滚过的轨迹,就是斜齿圆柱齿轮的齿廓曲面,如图 12-46(a)所示。

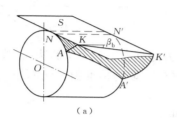 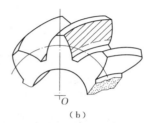

图 12-46 斜齿圆柱齿轮示意图

直齿圆柱齿轮由于轮齿齿向与轴线平行,在与另一个齿轮啮合时,齿面间的接触线是与轴线平行的直线。因此,一对轮齿沿整个齿宽同时进入啮合和脱离啮合,致使轮齿所受的力

是突然加上或突然卸掉的,轮齿的变形也是突然产生或突然消失的,因而传动平稳性差,冲击和噪声较大。而斜齿圆柱齿轮的轮齿齿向与轴线不平行,当与另一个齿轮啮合时,齿面间的接触线是与轴线倾斜的直线,接触线的长度由短逐渐增长,当达到某一啮合位置后又逐渐缩短,直至脱离接触。说明斜齿轮的轮齿是逐渐进入啮合和逐渐脱离啮合的,轮齿上所受的力也是逐渐变化的,故传动平稳,冲击和噪声小,适应于高速传动。

2. 斜齿圆柱齿轮的参数

(1)螺旋角

斜齿轮齿面与分度圆柱的交线,称为分度圆柱上的螺旋线。螺旋线的切线与齿轮轴线之间所夹的锐角,称为分度圆螺旋角(简称为螺旋角),用 β 表示,一般取 $\beta=8°\sim20°$。按螺旋线的方向不同分有左旋和右旋,其判别方法与螺纹相同。

(2)模数

斜齿轮的主要参数有端面和法面之分。端面(用下角标 t 标识)垂直于齿轮轴线,法面(用下角标 n 标识)垂直于螺旋线(齿向)。图 12-47 为斜齿轮分度圆柱的展开面,图中阴影部分表示齿厚,空白部分表示齿槽。由图可知,法面齿距 p_n 和端面齿距 p_t 的几何关系为

$$p_n = p_t \cos\beta$$

而 $p_n = \pi m_n$, $p_t = \pi m_t$,故法面模数 m_n 和端面模数 m_t 关系为

$$m_t = \frac{m_n}{\cos\beta} \tag{12-17}$$

(3)压力角

图 12-48 所示的斜齿条的一个齿。其法面内的压力角也称为法面压力角,端面内的压力角 α_t 称为端面压力角。由图可知它们之间的关系为

$$\tan\alpha_t = \frac{\tan\alpha_n}{\cos\beta} \tag{12-18}$$

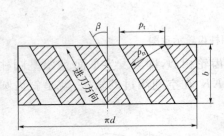

图 12-47 斜齿轮分度圆柱的展开面图

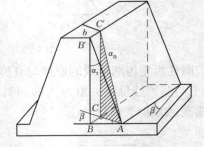

图 12-48 斜齿条的一个齿分析图

用铣刀或滚刀加工斜齿轮时,刀具的进刀方向垂直于斜齿轮的法面,故国家标准规定法面上的参数(α_n、m_n 齿顶高参数 h_{an}^* 和顶隙系数 C_n^*)取为标准值。法面模数按表 12-1 选取,$\alpha=20°$、$h_{an}^*=1$、$C_n^*=0.25$。

一对外啮合斜齿圆柱齿轮的正确啮合条件是:

$$\left. \begin{array}{l} m_{n1}=m_{n2}=m \\ \alpha_{n1}=\alpha_{n2}=\alpha \\ \beta_1=-\beta_2 \end{array} \right\} \tag{12-19}$$

式中　$\beta_1 = -\beta_2$——两斜齿轮螺旋角大小相等，旋向相反，即一位左旋，另一为右旋。

（4）当量齿数 z_v

图 12-49 所示为垂直于轮齿的法面 n—n，图示椭圆是法面 n—n 与分度圆柱的交线。以椭圆 C 点处的曲率半径 ρ 为分度圆，以 m_n 为模数、α_n 为压力角，作一假想的直齿圆柱齿轮，则该直齿圆柱齿轮的齿形与斜齿圆柱齿轮的法面齿形近似相同，因此，称这个假想的直齿圆柱齿轮为斜齿轮的当量齿，它的模数 z_v 称为斜齿轮的当量齿数。经推导可知，当量齿数 z_v 与斜齿轮实际齿数 z 的关系为

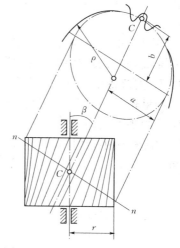

$$z_\mathrm{v} = \frac{z}{\cos^3 \beta} \qquad (12\text{-}20)$$

用仿形法加工斜齿轮时按当量齿数选铣刀号码；计算斜齿轮的强度时可按一对当量齿轮传动进行计算。由上式可推出标准斜齿轮不发生根切的最少齿数为

$$z_\mathrm{min} = z_\mathrm{v\,min} = \cos^3 \beta \qquad (12\text{-}21)$$

图 12-49　垂直于轮齿的法面分析图

式中 $z_\mathrm{v\,min}$ 为当量齿轮不发生根切的最少齿数，由此可知，标准斜齿轮不发生根切的最少齿数比标准直齿轮少，因此，采用斜齿轮传动可以使结构更紧凑。

第五节　轮　　系

在实际机械传动中，仅用一对齿轮组成的齿轮机构功能单一，往往不能满足生产上的多种要求，故常用若干对齿轮组成的齿轮传动系统来达到目的。这种多齿轮的传动装置称为轮系（或齿轮系）。轮系有多种功能，包括①大的减速或增速；②变速；③换向；④多路输出；⑤运动合成与分解。

当轮系运转时，所有齿轮的轴线相对于机架的位置都是固定不动的轮系称为定轴轮系。

由轴线互相平行的圆柱齿轮组成的定轴轮系，称为平面定轴轮系，如图 12-50 所示。包含有相交轴齿轮、交错轴齿轮等在内的定轴轮系，则称为空间定轴轮系，如图 12-51 所示。

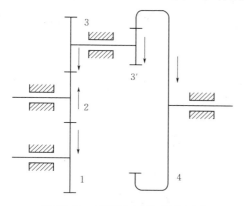

图 12-50　平面定轴轮系示意图

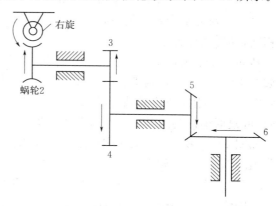

图 12-51　空间定轴轮系

在轮系运转时,至少有一个齿轮的轴线可绕另一轴线转动的轮系称为行星轮系(或称为周转轮系)。如图 12-52 所示,行星轮系由行星轮 2、太阳轮 1、行星架 H(系杆)和机架 3 组成。

在行星轮系中,齿轮 2 由构件 H 支承,运转时除绕本身轴线 O_2 自转,还随轴线 O_2 绕固定的轴线 O_H 公转,故该齿轮称为行星轮;齿轮 1 与行星轮 2 啮合且轴线固定,称为太阳轮;构件 H 支持行星轮并与太阳轮共轴线,称为行星架(或系杆)。

行星轮系中由于一般都以太阳轮或行星架作为运动的输入或输出构件,故称它们为行星轮系的基本构件。

实际机械中,常把定轴轮系和行星轮系或者把两个以上的行星轮系组合成复杂的轮系,称为混合轮系,如图 12-53 所示。

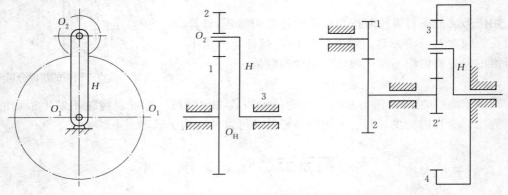

图 12-52　行星轮系示意图　　　　　图 12-53　混合轮系示意图

一、定轴轮系的传动比

对于一对圆柱齿轮啮合时,其传动比为

$$i_{12} = \frac{n_1}{n_2} = \pm \frac{z_2}{z_1}$$

对于首末两轮的轴线相平行的轮系,其转向关系用正、负号表示,转向相同用正号,相反用负号。一对外啮合圆柱齿轮,两轮转向相反,其传动比为负;一对内啮合圆柱齿轮,两轮转向相同,其传动比为正。

转向除用上述正负号表示外,也可用画箭头的方法。对外啮合齿轮,可用反方向箭头表示如图 12-54(a)所示;内啮合时,则用同方向箭头表示如图 12-54(b)所示;对锥齿轮传动,可用两箭头同时指向或背离啮合处来表示两轮的实际转向如图 12-54(c)所示;至于蜗杆传动转向,可根据蜗杆旋向及转向按有关规则确定。

如图 12-55 所示为各轴线平行的平面定轴轮系,该系传动比求法如下:

由图 12-56 所示轮系机构运动简图,可知齿轮啮合序线(或称传动线)。顺序线可表示为

$$1—2=2'—3=3'—4—5$$

其中轮 $12'—3=3'4$ 为主动轮,2、3、4、5 为从动轮(轮 4 兼作主动轮和从动轮);以"—"所联表示两轮啮合,以"="所联表示两轮固联为一体。

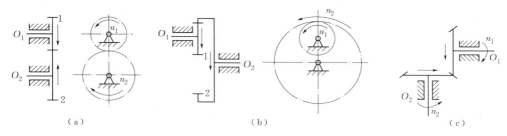

图 12-54 轮系的箭头画法

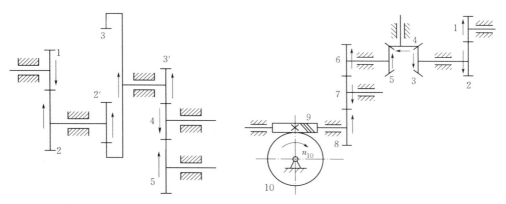

图 12-55 平面定轴轮系示意图　　　　图 12-56 空间定轴轮系示意图

设 $n_1,\cdots,n_5$ 为各轮转速，$z_1,\cdots,z_5$ 为各轮齿数。

轮系传动比可以由各对齿轮的传动比求得

$$i_{12}=\frac{n_1}{n_2}=-\frac{z_2}{z_1}$$

$$i_{2'3}=\frac{n_{2'}}{n_3}=\frac{z_3}{z_{2'}}$$

则本轮系传动比 $i_{15}=\dfrac{n_1}{n_5}=\dfrac{n_1}{n_2}\cdot\dfrac{n_{2'}}{n_3}\cdot\dfrac{n_{3'}}{n_4}\cdot\dfrac{n_4}{n_5}=i_{12}i_{2'3}i_{3'4}i_{45}$

$$=\left(-\frac{z_2}{z_1}\right)\cdot\left(\frac{z_3}{z_{2'}}\right)\cdot\left(-\frac{z_4}{z_{3'}}\right)\cdot\left(-\frac{z_5}{z_4}\right)=(-1)^3\frac{z_2}{z_1}\cdot\frac{z_3}{z_{2'}}\cdot\frac{z_4}{z_{3'}}\cdot\frac{z_5}{z_4}$$

上式中可以看出：对于平行轴之间的传动，当轮系中有一对外啮合齿轮时，两轮转向相反一次，这时齿轮传动比出现一个负号。上述轮系中有三对外啮合齿轮，故其传动比符号为 $(-1)^3$。

轮 4 在轮系中兼作主、从动轮，齿数在计算式中约去，不影响传动比，只改变转向，该轮称为惰轮。由上分析可推得定轴轮系传动比的一般计算公式(12-21)。

设轮 1 为首轮，N 轮为末轮，其间共有 $(N-1)$ 对相啮合齿轮，则可得定轴轮系传动比计算一般步骤：

(1)写出齿轮啮合顺序线，分清主、从动齿轮。

(2)按式计算传动比大小。

$$i_{1N}=\frac{n_1}{n_N}=\frac{\text{从首轮至末轮所有从动轮齿数积}}{\text{从首轮至末轮所有主动轮齿数积}}\tag{12-22}$$

(3)确定传动比符号。平面定轴轮系传动比符号用$(-1)^m$来确定,m为外啮合齿轮对数。轮系中首末两轮的转向关系也可以用标注箭头的办法来确定。当首轮转向给定后,可按外啮合两轮转向相反、内啮合两轮转向相同,对各对齿轮逐一标出转向。

如图12-55所示的空间定轴轮系,则其转向关系就无法用传动比的正负号来表示,而只能用标注箭头的办法来表示。

【例12-5】 如图12-55所示的空间定轴轮系中,已知各齿轮的齿数为$z_1=15,z_2=25$,$z_3=z_5=14,z_4=z_6=20,z_7=30,z_8=40,z_9=2$(且为右旋蜗杆),$z_{10}=60$。

(1)试求传动比i_{17}和i_{110};

(2)若$n_1=200$ r/min,已知齿轮1的转动方向,试求n_7和n_{10}。

【分析】 (1)写出啮合顺序线

$$1—2=3—4—5=6—7—8=9—10$$

(2)求传动比i_{17}和i_{110}

传动比i_{17}的大小可用式(12-21)求得

$$i_{17}=\frac{n_1}{n_7}=\frac{z_2}{z_1}\cdot\frac{z_4}{z_3}\cdot\frac{z_5}{z_4}\cdot\frac{z_7}{z_6}=\frac{25\times20\times14\times30}{15\times14\times20\times20}=2.5$$

在图12-56中所示的定轴轮系中有圆锥齿轮和蜗杆蜗轮,用箭头的方法表示各轮的转向,可知轮1和轮7的转向相反。由于轴1与轴7是平行的,故其传动比i_{17}也可用负号表示为

$i_{17}=\frac{n_1}{n_7}=-2.5$,但这个负号不是用式(12-21)计算所得,而是画箭头所得。

传动比i_{110}的大小可用式(12-21)求得

$$i_{110}=\frac{n_1}{n_{10}}=\frac{z_2}{z_1}\cdot\frac{z_4}{z_3}\cdot\frac{z_5}{z_4}\cdot\frac{z_7}{z_6}\cdot\frac{z_8}{z_7}\cdot\frac{z_{10}}{z_9}=\frac{25\times20\times14\times30\times40\times60}{15\times14\times20\times20\times30\times2}=100$$

其中,齿轮4和齿轮7同为惰轮。用右手螺旋法则判定蜗轮的转向为顺时针方向,如图12-56所示。

(3)求n_7和n_{10}

因

$$i_{17}=\frac{n_1}{n_7}=-2.5$$

则

$$n_7=\frac{n_1}{i_{17}}=\frac{200}{-2.5}=-80(\text{r/min})$$

式中负号说明轮1与轮7的转向相反。

因

$$i_{110}=\frac{n_1}{n_{10}}=100$$

则

$$n_{10}=\frac{n_1}{i_{110}}=\frac{200}{100}=2(\text{r/min})$$

蜗轮10的转向如图12-55所示。

二、行星轮系的传动比

对于行星轮系,其传动比的计算显然不能直接利用定轴轮系传动比的计算公式。这是因为行星轮除绕本身轴线自转外,还随行星架绕固定轴线公转。为了利用定轴轮系传动比

的计算公式,间接求出行星轮系的传动比,采用反转法,对整个行星轮系,加上一个绕行星架轴线 O_H 与行星架转速等值反向的转速 (n_H),这时行星架处于相对静止状态,从而获得一假想的定轴轮系,称为转化轮系,即将图 12-57(a)转化为图 12-57(b)。转化后,各轴线相对静止,便可按定轴轮系方式计算传动比。

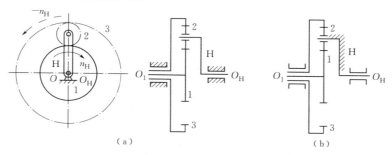

图 12-57　转化轮系示意图

(1)写出各对齿轮啮合顺序线

行星轮为核心,至各太阳轮为止,写出啮合顺序线。例如图 12-56 所示轮系的啮合顺序线为:

太阳轮 1——行星轮 2——太阳轮 3

行星架

"——"代表行星轮与行星架的联系。注意,转化轮系的每根啮合顺序线若遇有太阳轮,顺序线便截止。

(2)列转化轮系传动比计算式

转化轮系中,各构件转速如表 12-3 所示。

表 12-3　转化轮系中的转速分析

构件名称	原来的转速	转化轮系中的转速
太阳轮 1	n_1	$n_1^H = n_1 - n_H$
行星轮 2	n_2	$n_2^H = n_2 - n_H$
太阳轮 3	n_3	$n_3^H = n_3 - n_H$
行星架(系杆)H	n_H	$n_H^H = n_H - n_H = 0$

转化轮系传动比计算式为

$$i_{13}^H = \frac{n_1^H}{n_3^H} = \frac{n_1 - n_H}{n_3 - n_H} = (-1)^1 \frac{z_2 z_3}{z_1 z_2} = -\frac{z_3}{z_1}$$

推广到一般情况

$$i_{1K}^H = \frac{n_1^H}{n_K^H} = \frac{n_1 - n_H}{n_K - n_H} = \frac{\text{转化轮系中所有从动轮齿数积}}{\text{转化轮系中所有主动轮齿数积}} \qquad (12-23)$$

下标 1 为首轮,K 为末轮。

(3)标出转化轮系转向,确定传动比符号

①对于圆柱齿轮行星轮系(图 12-57),所有轴线平行,直接以 $(-1)^m$ 为转化轮系传动比

的符号。

②对于锥齿行星轮系(图 12-58),首、末两轮轴线平行,应对各对齿轮逐一标出转向。若首、末两轮转向相同,用正号,相反用负号。

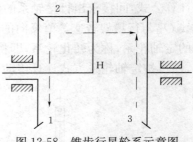

图 12-58　锥齿行星轮系示意图

对于图所示行星轮系,其转化轮系传动比符号为 $(-1)^1$,得

$$i_{13}^{H}=\frac{n_1^H}{n_3^H}=\frac{n_1-n_H}{n_3-n_H}=(-1)^1\frac{z_2 z_3}{z_1 z_2}=-\frac{z_3}{z_1} \qquad (12\text{-}24)$$

上式表明,图 12-57 所示的行星轮系三个可动构件 1、3、H 中,必须知道两个构件的运动(如 n_1、n_H),才能求出第三构件运动(如 n_3);也就是说,必须输入两个运动量,其余构件的运动才能确定,所以此轮系具有两个自由度,称为差动轮系。

图 12-57 所示的锥齿行星轮系中,其啮合顺序线为:

太阳轮 1——行星轮 2——太阳轮 3

行星架 H

转化轮系传动比符号:首轮 1 与末轮 3 轴线平行,逐对标出齿轮转向,由图 3-56 可知,首、末两轮转向相反,采用负号。

转化轮系传动比由式(12-25)得

$$i_{13}^{H}=\frac{n_1^H}{n_3^H}=\frac{n_1-n_H}{n_3-n_H}=(-1)^1\frac{z_2 z_3}{z_1 z_2}=-\frac{z_3}{z_1}=-1 \qquad (12\text{-}25)$$

上式同样说明,因锥齿行星轮系有两个自由度,是差动轮系。上式可写为

$$2n_H=n_1+n_2 \qquad (12\text{-}26)$$

上式还可说明差动轮系可将两个运动(n_1、n_3)合成为一个运动(n_H);相反,也可将一个运动(n_H)分解为两个运动(n_1、n_3)。这是差动轮系特有的功能。

【例 12-6】　图 12-59 所示为大传动比减速器,括号内数为齿数,试求轮系传动比 i_{H1}。

【分析】先求出此轮系转化轮系传动比,然后解出传动比 i_{H1}。

(1)写出啮合顺序线

1——2′——3

H

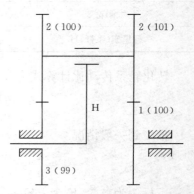

(2)列出转化轮系传动比计算式

因为轮系所有轴线平行,有两对外啮合,所以传动比的符号为 $(-1)^2$。

$$i_{13}^{H}=\frac{n_1^H}{n_3^H}=\frac{n_1-n_H}{n_3-n_H}=(-1)^2\frac{z_2 z_3}{z_1 z_2}$$

由图可知,轮 3 固定,将 $n_3=0$ 代入上式得

$$i_{13}^{H}=\frac{n_1^H}{n_3^H}=\frac{n_1-n_H}{0-n_H}=\frac{n_1}{n_H}-1=\frac{1}{i_{1H}}-1=\frac{z_2 z_3}{z_1 z_{2'}}$$

图 12-59　大传动比减速器示意图

（3）求 i_{H1}

$$i_{H1}=\frac{n_H}{n_1}=\frac{1}{1-\dfrac{z_2 z_3}{z_1 z_2}}=\frac{1}{1-\dfrac{101\times 99}{100\times 100}}=10\ 000$$

可见该行星轮系具有大减速比功能。在相同传动比条件下，采用定轴齿轮减速器比大传动比减速器体积增大 1～5 倍，重量增大 1～4 倍。

此例说明，该轮系的可动构件 1、H 中，只需知道一个构件运动（n_H），便可求出另一可动构件运动（如 n_1）；也就是说，只需输入一个运动量，其余构件运动便可确定，所以该轮系具有一个自由度，这种轮系称为普通行星轮系。

三、轮系的功用

由上述可知，轮系广泛用于各种机械设备中，其功用如下：

1. 传递相距较远的两轴间的运动和动力

当两轴间的距离较大时，若仅用一对齿轮来传动，则齿轮尺寸过大，既占空间，又浪费材料，且制造安装都不方便。若改用轮系传动，就可克服上述缺点，如图 12-60 所示。

2. 可获得大的传动比

当两轴之间需要较大的传动比时，如果仅用一对齿轮传动，不仅外廓尺寸大，且小齿轮易损坏。一般一对定轴齿轮的传动比不宜大于 5～7。为此，当需要获得较大的传动比时，可用几个齿轮组成行星轮系来达到目的。如例 6 所述的大传动比减速器。

3. 可实现变速、变向传动

在主动轴转速不变的条件下，应用轮系可使从动轴获得多种转速，此种传动则称为变速传动。汽车、机床、起重设备等多种机器设备都需要变速传动。图 12-60 为最简单的变速传动。主动轴 O_1 转速不变，移动双联齿轮 1′—1′，使之与从动轴上两个齿数不同的齿轮 2、2′ 分别啮合，即可使从动轴 O_2 获得两种不同的转速，从而达到变速的目的。

当主动轴转向不变时，可利用轮系中的惰轮来改变从动轴的转向。

4. 用于运动的合成或分解

利用差动轮系，可以把一个原动件的运动按给定条件分解成两个从动件的运动；也可以把两个原动件的运动合成为一个从动件的运动。轮系的这种性能在汽车后桥、机床以及其他机械中都得到了广泛的应用。例如锥齿行星轮系就是一个典型的差动轮系。

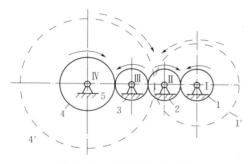

图 12-60　轮系传动示意图

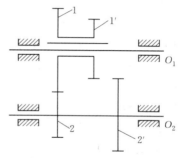

图 12-61　轮系传动分析图

📋 **本章小结**

　　通过本章的学习,掌握平面机构的基本知识,分析腕臂柱中心锚结示意图,为接触网课程的学习打下理论基础。

　　平面连杆机构是将所有构件用低副连接而成的平面机构。由于低副通过面接触而构成运动副,故其接触处的压强小,承载能力大,耐磨损,寿命长,且因其形状简单,制造容易。这类机构容易实现转动、移动及其转换。它的缺点是低副中存在的间隙不易消除,会引起运动误差,另外,平面连杆机构不易准确地实现复杂运动。

　　平面连杆机构中,最简单的是由四个构件组成的,简称平面四杆机构。它的应用非常广泛,而且是组成多杆机构的基础。

　　凸轮机构通常由原动件凸轮、从动件和机架组成。由于凸轮与从动件组成的是高副,所以属于高副机构。

　　凸轮机构的功能是将凸轮的连续转动或移动转换成从动件的连续或不连续的移动或摆动。

　　与连杆机构相比,凸轮机构便于准确地实现给定的运动规律和轨迹;但凸轮与从动件构成的是高副,所以易磨损,凸轮轮廓的制造较为困难和复杂。

　　齿轮机构由主动齿轮、从动齿轮和机架组成。由于两齿轮以高副相联,所以齿轮机构属于高副机构。齿轮机构的功能是将主动轴的运动和动力通过齿轮副传递给从动轴,使从动轴获得所要求的转速、转向和转矩。

　　在实际机械传动中,仅用一对齿轮组成的齿轮机构功能单一,往往不能满足生产上的多种要求,故常用若干对齿轮组成的齿轮传动系统来达到目的。这种多齿轮的传动装置称为轮系(或齿轮系)。轮系有多种功能,包括:①大的减速或增速;②变速;③换向;④多路输出;⑤运动合成与分解。

⚙ **习题**

　　1. 什么是运动副? 运动副是如何分类的?

　　2. 什么是复合铰链? 什么是局部自由度?

　　3. 什么是虚约束? 虚约束常出现在哪些场合?

　　4. 基圆半径过大、过小会出现什么问题?

　　5. 齿轮传动的类型有哪些? 各用在什么场合?

　　6. 什么是渐开线? 它有哪些特性?

　　7. 什么是分度圆、齿距和模数? 为什么规定模数为标准值? 什么是压力角? 何谓"标准齿轮"?

　　8. 节圆与分度圆、啮合角与压力角有什么区别?

　　9. 按标准中心距安装的标准齿轮传动具有哪些特点?

　　10. 渐开线齿轮正确啮合与连续传动的条件是什么?

　　11. 斜齿圆柱齿轮的当量齿数的含义是什么? 当量齿数有何用途?

第十三章 · 液压传动技术

液压传动是以液体作为工作介质进行能量传递的传动方式,被广泛用于各个工程技术领域。本项目从液压传动的定义着手,进而讲述液压传动系统的工作原理及组成,从应用的角度讲解液压传动介质的选用及防护,并介绍液压传动流体力学基础知识,并引入铁道供电专业中常见液压工具。

相关应用

液压传动是以液体作为工作介质进行能量传递的传动方式,由于液压传动有许多突出的优点,因此被广泛用于机械制造、工程建筑、石油化工等各个工程技术领域。在铁道供电领域,电力工具和接触网常用工具中的液压钳,如图13-1所示,专用于电力工程中对电缆和接线端子进行压接及接触网铜铝端子的压接,掌握液压传动系统的组成及原理,对于正确更好地使用各种液压工具,非常必要。

图 13-1 充电式液压钳

第一节 液压传动系统认知

一、液压传动的定义

液压传动即利用液体的压力能传递能量。首先我们通过简图 13-2 说明什么是液压传动。

在图 13-2 所示的系统中,有两个不同直径的液压缸 2 和 4,且缸内各有一个与内壁紧密配合的活塞 1 和 5。假设活塞在缸内自由滑动(无摩擦力),且液体不会通过配合面产生泄漏。缸 2、4 下腔用一管道 3 连通,其中充满液体。这些液体是密封在缸内壁、活塞和管道组成的容积中的。如果活塞 5 上有重物 W,则当活塞 1 上施加的 F 力达到一定大小时,就能阻止重物 W 下降,这就是说可以利用密封容积中的液体传递力。

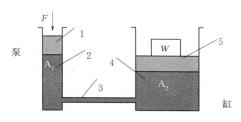

图 13-2 液压传动简图

由于作用在密封容器内平衡液体表面上的压强(液压力)将均匀地传递到液体中所有各点上,且不改变大小(帕斯卡定律),这样:当活塞 1 在力 F 作用下向下运动时,重物将随之上升,这说明密封容积中的液体不仅可以传递力,还可以传递运动。

二、液压传动系统的工作原理

液压传动的工作原理,可以用一个液压千斤顶的工作原理来说明。通过对液压千斤顶工作过程的分析,可以初步了解液压传动的基本工作原理,如图 13-3 所示。液压传动是利用有压力的油液作为传递动力的工作介质。压下杠杆手柄 1 时,小油缸 2 输出压力油,是将机械能转换成油液的压力能,压力油经过管道 6 及单向阀 7,推动大柱塞 8 举起重物,是将油液的压力能又转换成机械能。大柱塞 8 举升的速度取决于单位时间内流入大油缸 9 中油的多少。由此可见,液压传动是一个不同能量的转换过程。

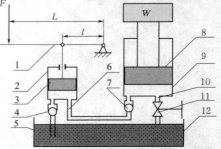

图 13-3 液压千斤顶工作原理图

1—杠杆手柄;2—小油缸;3—小柱塞;
4、7—单向阀;5、6、10—管道;8—大柱塞;
9—大油缸;11—截止阀;12—油箱

在杠杆上没有作用力时,负载可以停止在任意位置,在液压缸行程范围内,可以将负载提升到任意位置。另外,要进行动力传输必须借助液压传动介质。其实液压千斤顶是前面讨论过的简化模型的进一步完善,它具有以下一些简化模型所不具备的功能。

1. 液压泵

液压千斤顶的系统中,小缸、小活塞以及单向阀 4 和 7 组合在一起,就可以不断从油箱中吸油和将油压入大缸,这个组合体的作用是向系统中提供一定量的压力油液,称为液压泵。

2. 执行机构

大活塞和缸用于带动负载,使之获得所需运动及输出力,这个部分称为执行机构。

3. 方向控制阀

放油截止阀 11 的启闭决定执行元件是否向下运动,即方向控制阀。

三、液压传动系统的组成

从液压千斤顶的工作原理,我们可以看出一个完整的、能够正常工作的液压系统,由以下五部分组成。

1. 动力元件

它是供给液压系统压力油,把机械能转换成液压能的装置。最常见的形式是液压泵,如图 13-4 所示。

（a）齿轮泵

（b）柱塞泵

图 13-4 液压泵

2. 执行元件

它是把液压能转换成机械能以驱动工作机构的装置。其形式有作直线运动的液压缸，有作回转运动的液压马达，如图 13-5 所示。

（a）液压缸 （b）液压马达

图 13-5 执行元件

3. 控制元件

控制液压系统中油液的压力、油流的方向和油液的流量，以保证执行元件按预定的要求工作。如溢流阀、节流阀、换向阀等，如图 13-6 所示。

（a）换向阀 （b）溢流阀

图 13-6 控制元件

4. 辅助元件

起连接、储油、过滤和测量油液压力等辅助作用，保证液压系统可靠和稳定地工作，包括油管、油箱、过滤器及各种指示器、仪表等，如图 13-7 所示。

（a）过滤器 （b）压力表

图 13-7 辅助元件

5. 工作介质

传递能量的流体,即液压油等。液压系统就是通过介质传递运动和动力的。

四、液压传动系统的图形符号

图形符号表示元件的功能,而不表示元件的具体结构和参数;反映各元件在油路连接上的相互关系,不反映其空间安装位置;只反映静止位置或初始位置的工作状态,不反映其过渡过程,如图13-8所示。

五、液压传动的特点

1. 液压传动的优点

(1)在同等的体积下液压装置比电气装置能传递更大动力,在同等功率的情况下,液压装置体积小、重量轻、结构紧凑。

(2)液压装置的换向频率高,在实现往复回转运动时可达每分钟500次,实现往复直线运动时可达每分钟1 000次。

(3)液压装置能在大范围内实现无级调速(调速范围可达1∶2 000),还可以在液压装置运行的过程进行调速。

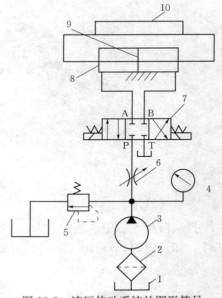

图13-8 液压传动系统的图形符号

1—油箱;2—过滤器;3—液压泵;4—溢流阀;
5—手动换向阀;6—节流阀;7—换向间;
8—活塞;9—液压缸;10—运动件

(4)液压传动容易实现自动化,因为它是对液体的压力、流量和流动方向进行控制或调节,操作很方便。

(5)液压元件能实现自润滑,使用寿命长。

(6)由于液压元件能实现了标准化、系列化和通用化,液压系统的设计、制造和维修都比较方便。

(7)液压装置比机械装置更容易实现直线运动。

2. 液压传动的缺点

(1)传动介质容易泄漏和可压缩性会使传动比不能严格保证。

(2)由于能量传递过程中压力损失和泄漏的存在使传动效率低。

(3)反应速度慢,不能微型化,不适于遥控,系统安装麻烦。

(4)液压传动装置不能在高温或低温下工作,液压控制元件制造精度高,成本高。

(5)液压传动系统工作中发生的故障难于诊断和排除。

六、液压传动工作介质

液压油是液压传动系统中的传动介质,而且还对液压装置的机构、零件起这润滑、冷却和防锈作用。液压传动系统的压力、温度和流速在很大的范围内变化,因此液压油的质量优劣直接影响液压系统的工作性能。故此,合理的选用液压油也是很重要的。

1. 液压系统对工作介质的要求

液压工作介质一般称为液压油。液压介质的性能对液压系统的工作状态有很大影响，液压系统对工作介质的基本要求如下：

（1）有适当的黏度和良好的黏温特性。液体在外力作用下流动或有流动趋势时，液体内分子间的内聚力要阻止液体分子间的相对运动，由此产生一种内摩擦力，这种特性称为黏性。

黏度是选择工作介质的首要因素。液压油的黏性，对减少间隙的泄漏、保证液压元件的密封性能都起着重要作用。

液压介质黏度用运动黏度 ν 表示。在国际单位制中的单位是 m^2/s，而在实用上油的黏度用 $mm^2/s(cSt,厘斯)$ 表示。

黏度是液压油（液）划分牌号的依据。按国标 GB/T 3141—1994 所规定，液压油产品的牌号用黏度的等级表示，即用该液压油在 40 ℃时的运动黏度中心值表示。如 L—HL22 号液压油，指这种油在 40 ℃时的平均运动黏度为 22cSt。

所有工作介质的黏度都随温度的升高而降低，黏温特性好是指工作介质的黏度随温度变化小，黏温特性通常用黏度指数表示。

一般情况下，在高压或者高温条件下工作时，为了获得较高的容积效率，不使油的黏度过低，应采用高牌号液压油；低温时或泵的吸入条件不好时（压力低，阻力大），应采用低牌号液压油。

（2）氧化安定性和剪切安定性好。

（3）抗乳化性、抗泡沫性好。

（4）闪点、燃点要高，能防火、防爆。

（5）有良好的润滑性和防腐蚀性，不腐蚀金属和密封件。

（6）对人体无害，成本低。

2. 液压油的分类

液压传动介质按照 GB/T 7631.2—2008（等效采用 ISO 6743/4）进行分类，主要有石油基液压油和难燃液压液两大类。

（1）石油基液压油

这种液压油是以石油的精炼物为基础，加入各种为改进性能的添加剂而成。添加剂有抗氧添加剂、油性添加剂、抗磨添加剂等。不同工作条件要求具有不同性能的液压油，不同品种的液压油是由于精制程度不同和加入不同的添加剂而成。

①L-HL 液压油（又名普通液压油）：采用精制矿物油作基础油，加入抗氧、抗腐、抗泡、防锈等添加剂调合而成，是当前我国供需量最大的主品种，用于一般液压系统，但只适于 0 ℃以上的工作环境。

其牌号有：HL-32、HL-46、HL-68。在其代号 L-HL 中，L 代表润滑剂类，H 代表液压油，L 代表防锈、抗氧化型，最后的数字代表运动黏度。

②L-HM 液压油（抗磨液压油，M 代表抗磨型）：其基础油与普通液压油同，加有极压抗磨剂，以减少液压件的磨损。适用于 −15℃以上的高压、高速工程机械和车辆液压系统。

其牌号有：HM-32、HM-46、HM-68、HM-100、HM-150。

③L-HG 液压油（又名液压—导轨油）：除普通液压油所具有的全部添加剂外，还加有油性剂，用于导轨润滑时有良好的防爬性能。适用于机床液压和导轨润滑合用的系统。

④L-HV 液压油（又名低温液压油、稠化液压油、高黏度指数液压油）：用深度脱蜡的精制矿物油，加抗氧、抗腐、抗磨、抗泡、防锈、降凝和增黏等添加剂调合而成。其黏温特性好，有较好的润滑性，以保证不发生低速爬行和低速不稳定现象。适用于低温地区的户外高压系统及数控精密机床液压系统。

⑤其他专用液压油：如航空液压油（红油）、炮用液压油、舰用液压油等。

（2）难燃液压液

难燃液压液分为合成型、油水乳化型和高水基型三大类。

①合成型抗燃工作液

a. 水—乙二醇液（L-HFC 液压液）：这种液体含有 35%～55% 的水，其余为乙二醇及各种添加剂（增稠剂、抗磨剂、抗腐蚀剂等）。其优点是凝点低（−50 ℃），有一定的黏性，而且黏度指数高，抗燃。适用于要求防火的液压系统。其缺点是价格高，润滑性差，只能用于中等压力（20 MPa 以下）。这种液体密度大，所以吸入困难。

水—乙二醇液能使许多普通油漆和涂料软化或脱离，可换用环氧树脂或乙烯基涂料。

b. 磷酸酯液（L-HFDR 液压液）：这种液体的优点是使用的温度范围宽（−54～135 ℃），抗燃性好，抗氧化安定性和润滑性都很好。允许使用现有元件在高压下工作。其缺点是价格昂贵（为液压油的 5～8 倍）。有毒性，与多种密封材料（如丁氰橡胶）的相容性很差，而与丁基胶、乙丙胶、氟橡胶、硅橡胶、聚四氟乙烯等均可相容。

②油水乳化型抗燃工作液（L-HFB、L-HFAE 液压液）

油水乳化液是指互不相溶的油和水，使其中的一种液体以极小的液滴均匀地分散在另一种液体中所形成的抗燃液体。分水包油乳化液和油包水乳化液两大类。

③高水基型抗燃工作液（L-HFAS 液压液）

这种工作液不是油水乳化液。其主体为水，占 95%，其余 5% 为各种添加剂（抗磨剂、防锈剂、抗腐剂、乳化剂、抗泡剂、极压剂、增粘剂等）。其优点是成本低，抗燃性好，不污染环境。其缺点是黏度低，润滑性差。

3. 选用

正确而合理地选用液压油，乃是保证液压设备高效率正常运转的前提。

选用液压油时，可根据液压元件生产厂样本和说明书所推荐的品种号数来选用液压油，或者根据液压系统的工作压力、工作温度、液压元件种类及经济性等因素全面考虑，一般是先确定适用的黏度范围，再选择合适的液压油品种。同时还要考虑液压系统工作条件的特殊要求，如在寒冷地区工作的系统则要求油的黏度指数高、低温流动性好、凝固点低；伺服系统则要求油质纯、压缩性小；高压系统则要求油液抗磨性好。在选用液压油时，黏度是一个重要的参数。黏度的高低将影响运动部件的润滑、缝隙的泄漏以及流动时的压力损失、系统的发热温升等。所以，在环境温度较高，工作压力高或运动速度较低时，为减少泄漏，应选用黏度较高的液压油，否则相反。

液压油的牌号（即数字）表示在 40 ℃下油液运动黏度的平均值（单位为 cSt）。原名内为过去的牌号，其中的数字表示在 50 ℃时油液运动黏度的平均值。但是总的来说，应尽量选用较好的液压油,虽然初始成本要高些,但由于优质油使用寿命长,对元件损害小,所以从整个使用周期看,其经济性要比选用劣质油好些。常见液压油系列品种见表13-1。

表 13-1　常见液压油系列品种

种类	牌号		原名	用途
	油名	代号		
普通液压油	N32号液压油 N68G号液压油	YA-N32 YA-N68	20 号精密机床液压油 40 号液压—导轨油	用于环境温度 0～45 ℃工作的各类液压泵的中、低压液压系统
抗磨液压油	N32号抗磨液压油 N150号抗磨液压油 N168K号抗磨液压油	YA-N32 YA-N150 YA-N168 K	20 抗磨液压油 80 抗磨液压油 40 抗磨液压油	用于环境温度 −10～40 ℃工作的高压柱塞泵或其他泵的中、高压系统
低温液压油	N15号低温液压油 N46D号低温液压油	YA-N15 YA-N46 D	低凝液压油 工程液压油	用于环境温度 −20 ℃至高于40 ℃工作的各类高压油泵系统
高黏度指数液压油	N32H 号高黏度指数液压油	YD-N32 D		用于温度变化不大且对黏温性能要求更高的液压系统

七、液压油的污染与防护

液压油是否清洁,不仅影响液压系统的工作性能和液压元件的使用寿命,而且直接关系到液压系统是否能正常工作。液压系统多数故障与液压油受到污染有关,因此控制液压油的污染是十分重要的。

1. 液压油被污染的原因

(1)液压系统的管道及液压元件内的型砂、切屑、磨料、焊渣、锈片、灰尘等污垢在系统使用前冲洗时未被洗干净,在液压系统工作时,这些污垢就进入到液压油里。

(2)外界的灰尘、砂粒等,在液压系统工作过程中通过往复伸缩的活塞杆,流回油箱的漏油等进入液压油里。另外在检修时,稍不注意也会使灰尘、棉绒等进入液压油里。

(3)液压系统本身也不断地产生污垢,而直接进入液压油里,如金属和密封材料的磨损颗粒,过滤材料脱落的颗粒或纤维及油液因油温升高氧化变质而生成的胶状物等。

2. 油液污染的危害

液压油污染严重时,直接影响液压系统的工作性能,使液压系统经常发生故障,使液压元件寿命缩短。造成这些危害的原因主要是污垢中的颗粒。对于液压元件来说,由于这些固体颗粒进入到元件里,会使元件的滑动部分磨损加剧,并可能堵塞液压元件里的节流孔、阻尼孔,或使阀芯卡死,从而造成液压系统的故障。水分和空气的混入使液压油的润滑能力降低并使它加速氧化变质,产生气蚀,使液压元件加速腐蚀,使液压系统出现震动、爬行等。

3. 防止污染的措施

造成液压油污染的原因多而复杂,液压油自身又在不断地产生脏物,因此要彻底解决液压油的污染问题是很困难的。为了延长液压元件的寿命,保证液压系统可靠地工作,将液压油的污染度控制在某一限度以内是较为切实可行的办法。

对液压油的污染控制工作主要是从两个方面着手:一是防止污染物侵入液压系统;二是把已经侵入的污染物从系统中清除出去。污染控制要贯穿于整个液压装置的设计、制造、安装、使用、维护和修理等各个阶段。

为防止油液污染,在实际工作中应采取如下措施:

(1)使液压油在使用前保持清洁。液压油在运输和保管过程中都会受到外界污染,新买来的液压油看上去很清洁,其实很"脏",必须将其静放数天后经过滤加入液压系统中使用。

(2)使液压系统在装配后、运转前保持清洁。液压元件在加工和装配过程中必须清洗干净,液压系统在装配后、运转前应彻底进行清洗,最好用系统工作中使用的油液清洗,清洗时油箱除通气孔(加防尘罩)外必须全部密封,密封件不可有飞边、毛刺。

(3)使液压油在工作中保持清洁。液压油在工作过程中会受到环境污染,因此应尽量防止工作中空气和水分的侵入,为完全消除水、气和污染物的侵入,采用密封油箱,通气孔上加空气滤清器,防止尘土、磨料和冷却液侵入,经常检查并定期更换密封件和蓄能器中的胶囊。

(4)采用合适的滤油器。这是控制液压油污染的重要手段。应根据设备的要求,在液压系统中选用不同的过滤方式,不同的精度和不同的结构的滤油器,并要定期检查和清洗滤油器和油箱。

(5)定期更换液压油。更换新油前,油箱必须先清洗一次,系统较脏时,可用煤油清洗,排尽后注入新油。

(6)控制液压油的工作温度。液压油的工作温度过高对液压装置不利,液压油本身也会加速化变质,产生各种生成物,缩短它的使用期限,一般液压系统的工作温度最好控制在65 ℃以下,机床液压系统则应控制在55 ℃以下。

第二节　液压传动流体静力学基础

液压传动是以液体作为工作介质进行能量传递的,因此要研究液体处于相对平衡状态下的力学规律及其实际应用。所谓相对平衡是指液体内部各质点间没有相对运动,至于液体本身完全可以和容器一起如同刚体一样做各种运动。因此,液体在相对平衡状态下不呈现黏性,不存在切应力,只有法向的压应力,即静压力。本节主要讨论液体的平衡规律和压强分布规律以及液体对物体壁面的作用力。

一、液体静压力及其特性

作用在液体上的力有两种类型即质量力和表面力。

质量力作用在液体所有质点上,它的大小与质量成正比,属于这种力的有重力、惯性力等。单位质量液体受到的质量力称为单位质量力,在数值上等于重力加速度。

表面力作用于所研究液体的表面上,如法向力、切向力。表面力可以是其他物体(例如活塞、大气层)作用在液体上的力;也可以是一部分液体间作用在另一部分液体上的力。对于液体整体来说,其他物体作用在液体上的力属于外力,而液体间作用力属于内力。由于理想液体质点间的内聚力很小,液体不能抵抗拉力或切向力,即使是微小的拉力或切向力都会使液体发生流动。因为静止液体不存在质点间的相对运动,也就不存在拉力或切向力,所以静止液体只能承受压力。

所谓静压力是指静止液体单位面积上所受的法向力,用 p 表示。

液体内某质点处的法向力 ΔF 对其微小面积 ΔA 的极限称为压力 p,即

$$p = \lim_{\Delta A \to 0} \Delta F / \Delta A \tag{13-1}$$

若法向力均匀地作用在面积 A 上,则压力表示为

$$p = F / A \tag{13-2}$$

式中　　A——液体有效作用面积;

　　　　F——液体有效作用面积 A 上所受的法向力。

静压力具有下述两个重要特征:

(1)液体静压力垂直于作用面,其方向与该面的内法线方向一致。

(2)静止液体中,任何一点所受到的各方向的静压力都相等。

二、液体静力学方程

静止液体内部受力情况可用图 13-9 来说明。设容器中装满液体,在任意一点 A 处取一微小面积 $\mathrm{d}A$,该点距液面深度为 h,距坐标原点高度为 Z,容器液平面距坐标原点为 Z_0。为了求得任意一点 A 的压力,可取 $\mathrm{d}A \cdot h$ 这个液柱为分离体[图 13-9(b)]。根据静压力的特性,作用于这个液柱上的力在各方向都呈平衡,现求各作用力在 Z 方向的平衡方程。微小液柱顶面上的作用力为 $p_0\mathrm{d}A$(方向向下),液柱本身的重力 $G = \gamma h\mathrm{d}A$(方向向下),液柱底面对液柱的作用力为 $p\mathrm{d}A$(方向向上),则平衡方程为

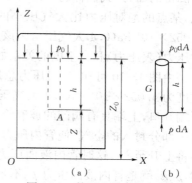

图 13-9　静压力的分布规律

$$p\mathrm{d}A = p_0\mathrm{d}A + \gamma h\mathrm{d}A$$

故　　　　　　　　　　$p = p_0 + \gamma h \tag{13-3}$

为了更清晰地说明静压力的分布规律,将式(13-3)按坐标 Z 变换一下,即以 $h = Z_0 - Z$ 代入式(13-3)整理后得

$$p + \gamma Z = p_0 + \gamma Z_0 = 常量 \tag{13-4}$$

式(13-4)是液体静力学基本方程的另一种形式。其中 Z 实质上表示 A 点的单位质量液体的位能。设 A 点液体质点的质量为 m,重力为 mg,如果质点从 A 点下降到基准水平面,它的重力所做的功为 mgZ。因此 A 处的液体质点具有位置势能 mgZ,单位质量液体的位能就是 $mgZ/mg = Z$,Z 又常称作位置水头。而 $p/\rho g$ 表示 A 点单位质量液体的压力能,常称为压力水头。由以上分析可知,静止液体中任一点都有单位质量液体的位能和压力能,即具有两部分能量,而且各点的总能量之和为一常量。

分析式(13-2)可知:

(1)静止液体中任一点的压力均由两部分组成,即液面上的表面压力 p_0 和液体自重而

引起的对该点的压力 γh。

（2）静止液体内的压力随液体距液面的深度变化呈线性规律分布，且在同一深度上各点的压力相等，压力相等的所有点组成的面为等压面，很显然，在重力作用下静止液体的等压面为一个平面。

（3）可通过下述三种方式使液面产生压力 p_0：

①通过固体壁面（如活塞）使液面产生压力。

②通过气体使液面产生压力。

③通过不同质的液体使液面产生压力。

三、压力的表示方法及单位

液压系统中的压力就是指压强，液体压力通常有绝对压力、相对压力（表压力）、真空度三种表示方法。因为在地球表面上，一切物体都受大气压力的作用，而且是自成平衡的，即大多数测压仪表在大气压下并不动作，这时它所表示的压力值为零，因此，它们测出的压力是高于大气压力的那部分压力。也就是说，它是相对于大气压（即以大气压为基准零值时）所测量到的一种压力，因此称它为相对压力或表压力。另一种是以绝对真空为基准零值时所测得的压力，我们称它为绝对压力。当绝对压力低于大气压时，习惯上称为出现真空。因此，某点的绝对压力比大气压小的那部分数值叫作该点的真空度。如某点的绝对压力为 4.052×10^4 Pa（0.4大气压），则该点的真空度为 6.078×10^4 Pa（0.6大气压）。绝对压力、相对压力（表压力）和真空度的关系如图13-10所示。

由图13-10可知，绝对压力总是正值，表压力则可正可负，负的表压力就是真空度，如真空度为 4.052×10^4 Pa（0.4大气压），其表压力为 -4.052×10^4 Pa（-0.4大气压）。我们把下端开口，上端具有阀门的玻璃管插入密度为 ρ 的液体中，如图13-11所示。如果在上端抽出一部分封入的空气，使管内压力低于大气压力，则在外界的大气压力 p_a 的作用下，管内液体将上升至 h_0，这时管内液面压力为 p_0，由流体静力学基本公式可知：$p_a = p_0 + \rho g h_0$。显然，$\rho g h_0$ 就是管内液面压力 p_0 不足大气压力的部分，因此它就是管内液面上的真空度。由此可见，真空度的大小往往可以用液柱高度 $h_0 = (p_a - p_0)/\rho g$ 来表示。在理论上，当 p_0 等于零时，即管中呈绝对真空时，h_0 达到最大值，设为 $(h_{0max})r$，在标准大气压下

$$(h_{0max})r = p_{atm}/\rho g = 10.132\ 5/(9.806\ 6\rho) = 1.033/\rho$$

水的密度 $\rho = 10^{-3}$ kg/cm³，汞的密度为 13.6×10^{-3} kg/cm³。

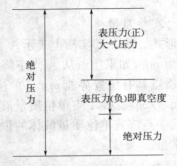

图13-10　绝对压力与表压力的关系

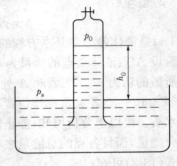

图13-11　真空

所以$(h_{0max})r = 1.033 \times 10^{-3} = 1\,033\ \text{cmH}_2\text{O} = 10.33\ \text{mH}_2\text{O}$

或$(h_{0max})r = 1.033\ 13.6 \times 10^{-3} = 76\ \text{cmHg} = 760\ \text{mmHg}$

即理论上在标准大气压下的最大真空度可达 10.33 m 水柱或 760 mm 汞柱。根据上述归纳如下：

(1)绝对压力＝大气压力＋表压力

(2)表压力＝绝对压力－大气压力

(3)真空度＝大气压力－绝对压力

压力单位为帕斯卡,简称帕,符号为 Pa,1 Pa＝1 N/m²。由于此单位很小,工程上使用不便,因此常采用兆帕,符号 MPa。1 MPa＝10^5 Pa

四、帕斯卡原理

密封容器内的静止液体,当边界上的压力 p_0 发生变化时,例如增加 Δp,则容器内任意一点的压力将增加同一数值 Δp_0,也就是说,在密封容器内施加于静止液体任一点的压力将以等值传到液体各点。这就是帕斯卡原理或静压传递原理。

在液压传动系统中,通常是外力产生的压力要比液体自重(γh)所产生的压力大得多。因此可把式(13-3)中的 γh 项略去,而认为静止液体内部各点的压力处处相等。

根据帕斯卡原理和静压力的特性,液压传动不仅可以进行力的传递,而且还能将力放大和改变力的方向。图 13-12 所示是应用帕斯卡原理推导压力与负载关系的实例。图中垂直液压缸(负载缸)的截面积为 A_1,水平液压缸截面积为 A_2,两个活塞上的外作用力分别为 F_1、F_2,则缸内压力分别为 $p_1 = F_1/A_1$、$p_2 = F_2/A_2$。由于两缸充满液体且互相连接,根据帕斯卡原理有 $p_1 = p_2$。因此有

$$F_1 = F_2 A_1/A_2 \tag{13-5}$$

上式表明,只要 A_1/A_2 足够大,用很小的力 F_1 就可产生很大的力 F_2。液压千斤顶和水压机就是按此原理制成的。

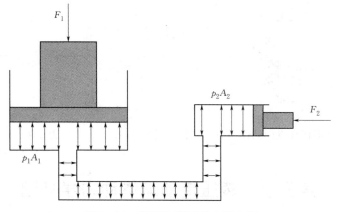

图 13-12　静压传递原理应用实例

如果垂直液压缸的活塞上没有负载,即 $F_1 = 0$,则当略去活塞重量及其他阻力时,不论怎样推动水平液压缸的活塞也不能在液体中形成压力。这说明液压系统中的压力是由外界负载决定的,这是液压传动的一个基本概念。

五、液压静压力对固体壁面的作用力

在液压传动中,略去液体自重产生的压力,液体中各点的静压力是均匀分布的,且垂直作用于受压表面。因此,当承受压力的表面为平面时,液体对该平面的总作用力 F 为液体的压力 p 与受压面积 A 的乘积,其方向与该平面相垂直。如压力油作用在直径为 D 的柱塞上,则有 $F=pA=p\pi D^2/4$。

当承受压力的表面为曲面时,由于压力总是垂直于承受压力的表面,所以作用在曲面上各点的力不平行但相等。要计算曲面上的总作用力,必须明确要计算哪个方向上的力。

图 13-13 所示为液压缸筒受力分析图。设缸筒半径为 r,长度为 l,求液压力作用在右壁部 x 方向的力 F_x。在缸筒上取一微小窄条,其面积为 $\mathrm{d}A=l\mathrm{d}s=lr\mathrm{d}\theta$,压力油作用在这微小面积上的力 $\mathrm{d}F$ 在 x 方向的投影为

$$\mathrm{d}F_x=\mathrm{d}F\cos\theta=p\mathrm{d}A\cos\theta=plr\cos\theta\mathrm{d}\theta$$

在液压缸筒右半壁上 x 方向的总作用力为

$$F_x=\int_{-\frac{\pi}{2}}^{\frac{\pi}{2}}plr\cos\theta\mathrm{d}\theta=2lrp \tag{13-6}$$

式中 $2lr$——曲面在 x 方向的投影面积。

由此可得出结论:作用在曲面上的液压力在某一方向上的分力等于静压力与曲面在该方向投影面积的乘积。

这一结论对任意曲面都适用。图 13-14 为球面和锥面所受液压力分析图。要计算出球面和锥面在垂直方向受力 F,只要先计算出曲面在垂直方向的投影面积 A,然后再与压力 p 相乘,即

$$F=pA=p\pi d^2/4 \tag{13-7}$$

式中 d——承压部分曲面投影圆的直径。

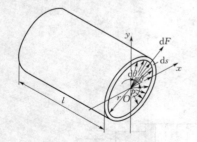

图 13-13 液体对固体壁面的作用力

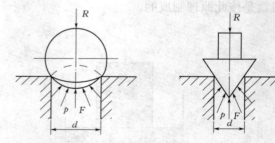

图 13-14 液压力作用在曲面上的力

第三节 液压传动流体动力学基础

在液压传动系统中,液压油总是在不断的流动中,因此要研究液体在外力作用下的运动规律及作用在流体上的力及这些力和流体运动特性之间的关系。对液压流体力学我们只关心和研究平均作用力和运动之间的关系。本节主要讨论三个基本方程式,即液流的连续性

方程、伯努力方程和动量方程。它们是刚体力学中的质量守恒、质量守恒及动量守恒原理在流体力学中的具体应用。前两个方程描述了压力、流速与流量之间的关系，以及液体能量相互间的变换关系，后者描述了流动液体与固体壁面之间作用里的情况。液体是有黏性的，并在流动中表现出来，因此，在研究液体运动规律时，不但要考虑质量力和压力，还要考虑黏性摩擦力的影响。此外，液体的流动状态还与温度、密度、压力等参数有关。为了分析，可以简化条件，从理想液体着手，所谓理想液体是指没有黏性的液体，同时，一般都视为在等温的条件下把黏度、密度视作常量来讨论液体的运动规律。然后在通过实验对产生的偏差加以补充和修正，使之符合实际情况。

一、基本概念

液体具有黏性，并在流动时表现出来，因此研究流动液体时就要考虑其黏性，而液体的黏性阻力是一个很复杂的问题，这就使我们对流动液体的研究变得复杂。因此，我们引入理想液体的概念，理想液体就是指没有黏性、不可压缩的液体。首先对理想液体进行研究，然后再通过实验验证的方法对所得的结论进行补充和修正。这样，不仅使问题简单化，而且得到的结论在实际应用中扔具有足够的精确性。我们把既具有黏性又可压缩的液体称为实际液体。

当液体流动时，可以将流动液体中空间任一点上质点的运动参数，例如压力 p、流速 v 及密度 g 表示为空间坐标和时间的函数，例如：

压力 $p=p(x,y,z,t)$

速度 $v=v(x,y,z,t)$

密度 $\rho=\rho(x,y,z,t)$

如果空间上的运动参数 p、v 及 ρ 在不同的时间内都有确定的值，即它们只随空间点坐标的变化而变化，不随时间 t 变化，对液体的这种运动称为定常流动或恒定流动。但只要有一个运动参数随时间而变化，则就是非定常流动或非恒定流动。

如果空间点上的运动参数 p、v 及 ρ 在不同的时间内都有确定的值，即它们只随空间点坐标的变化而变化，不随时间 t 变化，对液体的这种运动称为定常流动或恒定流动。定常流动时，

$$\frac{\partial p}{\partial t}=0, \frac{\partial v}{\partial t}=0, \frac{\partial \rho}{\partial t}=0$$

在流体的运动参数中，只要有一个运动参数随时间而变化，液体的运动就是非定常流动或非恒定流动。

在图 13-15(a)中，我们对容器出流的流量给予补偿，使其液面高度不变，这样，容器中各点的液体运动参数 p、v、ρ 都不随时间而变，这就是定常流动。在图 13-15(b)中，我们不对容器的出流给予流量补偿，则容器中各点的液体运动参数将随时间而改变，例如随着时间的消逝，液面高度逐渐减低，因此，这种流动为非定常流动。

二、迹线、流线、流管、流束和通流截面

(1)迹线：迹线是流场中液体质点在一段时间内运动的轨迹线。

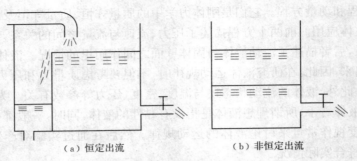

（a）恒定出流　　　　　　　　　　（b）非恒定出流

图 13-15　恒定出流与非恒定出流

（2）流线：流线是流场中液体质点在某一瞬间运动状态的一条空间曲线。在该线上各点的液体质点的速度方向与曲线在该点的切线方向重合。在非定常流动时，因为各质点的速度可能随时间改变，所以流线形状也随时间改变。在定常流动时，因流线形状不随时间而改变，所以流线与迹线重合。由于液体中每一点只能有一个速度，所以流线之间不能相交也不能折转。

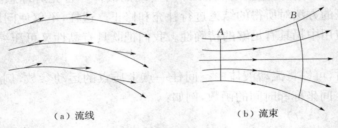

（a）流线　　　　　　　　　　　（b）流束

图 13-16　流线和流束

（3）流管：某一瞬时 t 在流场中画一封闭曲线，经过曲线的每一点作流线，由这些流线组成的表面称流管。

（4）流束：充满在流管内的流线的总体，称为流束。

（5）通流截面：垂直于流束的截面称为通流截面。

三、流量和平均流速

1. 流量

单位时间内通过通流截面的液体的体积称为流量，用 q 表示，流量的常用单位为升/分，L/min。

对微小流束，通过 dA 上的流量为 dq，其表达式为

$$dq = u\,dA \tag{13-8}$$

$$q = \int_A u\,dA$$

当已知通流截面上的流速 u 的变化规律时，可以由式（13-8）求出实际流量。

2. 平均流速

在实际液体流动中，由于黏性摩擦力的作用，通流截面上流速 u 的分布规律难以确定，因此引入平均流速的概念，即认为通流截面上各点的流速均为平均流速，用 v 来表示，则通过通流截面的流量就等于平均流速乘以通流截面积。令此流量与上述实际流量相等，得

$$q = \int_A u \, \mathrm{d}A = vA \qquad (13\text{-}9)$$

则平均流速为

$$v = q/A \qquad (13\text{-}10)$$

四、流动状态、雷诺数

实际液体具有黏性，是产生流动阻力的根本原因。然而流动状态不同，则阻力大小也是不同的。所以先研究两种不同的流动状态。

1. 流动状态——层流和紊流

液体在管道中流动时存在两种不同状态，它们的阻力性质也不相同。虽然这是在管道液流中发生的现象，却对气流和潜体也同样适用。

试验装置如图 13-17 所示，试验时保持水箱中水位恒定和可能平静，然后将阀门 A 微微开启，使少量水流流经玻璃管，即玻璃管内平均流速 v 很小。这时，如将颜色水容器的阀门 B 也微微开启，使颜色水也流入玻璃管内，我们可以在玻璃管内看到一条细直而鲜明的颜色流束，而且不论颜色水放在玻璃管内的任何位置，它都能呈直线状，这说明管中水流都是安定地沿轴向运动，液体质点没有垂直于主流方向的横向运动，所以颜色水和周围的液体没有混杂。如果把 A 阀缓慢开大，管中流量和它的平均流速 v 也将逐渐增大，直至平均流速增加至某一数值，颜色流束开始弯曲颤动，这说明玻璃管内液体质点不再保持安定，开始发生脉动，不仅具有横向的脉动速度，而且也具有纵向脉动速度。如果 A 阀继续开大，脉动加剧，颜色水就完全与周围液体混杂而不再维持流束状态。

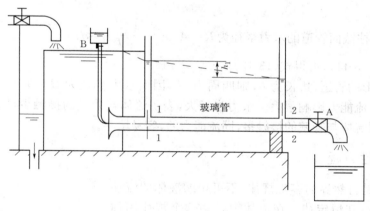

图 13-17　雷诺试验

a. 层流：在液体运动时，如果质点没有横向脉动，不引起液体质点混杂，而是层次分明，能够维持安定的流束状态，这种流动称为层流。

b. 紊流：如果液体流动时质点具有脉动速度，引起流层间质点相互错杂交换，这种流动称为紊流或湍流。

2. 雷诺数

液体流动时究竟是层流还是紊流，须用雷诺数来判别。

实验证明，液体在圆管中的流动状态不仅与管内的平均流速 v 有关，还和管径 d、液体

的运动黏度 ν 有关。但是,真正决定液流状态的,却是这三个参数所组成的一个称为雷诺数 Re 的无量纲纯数

$$Re = \nu d / \nu \tag{13-11}$$

由式(13-11)可知,液的雷诺数如相同,它的流动状态也相同。当液流的雷诺数 Re 小于临界雷诺数时,液流为层流;反之,液流大多为紊流。常见的液流管道的临界雷诺数由实验求得,见表13-2。

表 13-2　常见液流管道的临界雷诺数

管道的材料与形状	Re_{cr}	管道的材料与形状	Re_{cr}
光滑的金属圆管	2 000~2 320	带槽装的同心环状缝隙	700
橡胶软管	1 600~2 000	带槽装的偏心环状缝隙	400
光滑的同心环状缝隙	1 100	圆柱形滑阀阀口	260
光滑的偏心环状缝隙	1 000	锥状阀口	20~100

对于非阀截面的管道来说,Re 可用下式计算:

$$Re = \frac{4\nu r}{\nu} \tag{13-12}$$

式中　Re——流截面的水力半径,它等于也流的有效截面积 A 和它的湿周(有效截面的周界长度)x 之比,即

$$R = \frac{A}{x} \tag{13-13}$$

直径为 D 的圆柱截面管道的水力半径为 $R = A/x = \dfrac{\frac{1}{4}\pi d^2}{\pi d} = d/4$

将此式代入式(13-11),可得式(13-12)。

又如正方形的管道,边长为 b,则四周为 $4b$,因而水力半径为 $R = b/4$。水力半径的大小,对管道的通流能力影响很大。水力半径大,表明流体与管壁的接触少,同流能力强。水力半径小,表明流体与管壁的接触多,同流能力差,容易堵塞。

五、连续性方程

质量守恒是自然界的客观规律,不可压缩液体的流动过程也遵守能量守恒定律。在流体力学中这个规律用称为连续性方程的数学形式来表达,如图13-18所示。其中不可压缩流体作定常流动的连续性方程为

$$v_1 A_1 = v_2 A_2 \tag{13-14}$$

由于通流截面是任意取的,则有:

$$q = v_1 A_1 = v_2 A_2 = v_3 A_3 = \cdots = v_n A_n = 常数 \tag{13-15}$$

式中　v_1, v_2——分别是流管通流截面 A_1 及 A_2 上的平均流速。

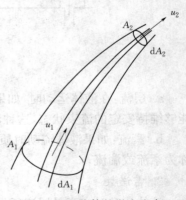

图 13-18　液体的微小流束
连续性流动示意图

式(13-15)表明通过流管内任一通流截面上的流量相等,当流量一定时,任一通流截面上的通流面积与流速成反比。则有任一通流断面上的平均流速为

$$v_i = q/A_i \tag{13-16}$$

六、伯努利方程

能量守恒是自然界的客观规律,流动液体也遵守能量守恒定律,这个规律是用伯努利方程的数学形式来表达的。伯努利方程是一个能量方程,掌握这一物理意义是十分重要的。

1. 理想液体微小流束的伯努利方程

为研究的方便,一般将液体作为没有黏性摩擦力的理想液体来处理。

$$p_1/\rho g + Z_1 + u_1^2/2g = p_2/\rho g + Z_2 + u_2^2/2g \tag{13-17}$$

式中 p/r——单位重量液体所具有的压力能,称为比压能,也叫作压力水头。

Z——单位重量液体所具有的势能,称为比位能,也叫作位置水头。

$u^2/2g$——单位重量液体所具有的动能,称为比动能,也叫作速度水头,它们的量纲都为长度。

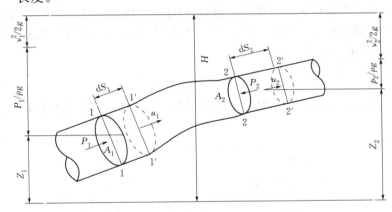

图 13-19　液流能量方程关系转换图

对伯努利方程可作如下的理解:

(1)伯努利方程式是一个能量方程式,它表明在空间各相应通流断面处流通液体的能量守恒规律。

(2)理想液体的伯努利方程只适用于重力作用下的理想液体作定常活动的情况。

(3)任一微小流束都对应一个确定的伯努利方程式,即对于不同的微小流束,它们的常量值不同。

伯努利方程的物理意义为:在密封管道内作定常流动的理想液体在任意一个通流断面上具有三种形成的能量,即压力能、势能和动能。三种能量的总合是一个恒定的常量,而且三种能量之间是可以相互转换的,即在不同的通流断面上,同一种能量的值会是不同的,但各断面上的总能量值都是相同的。

2. 实际液体微小流束的伯努利方程

由于液体存在着黏性,其黏性力在起作用,并表示为对液体流动的阻力,实际液体的流

动要克服这些阻力,表示为机械能的消耗和损失,因此,当液体流动时,液流的总能量或总比能在不断地减少。所以,实际液体微小流束的伯努力方程为

$$\frac{p_1}{\rho g}+z_1+\frac{u_1^2}{2g}=\frac{p_2}{\rho g}+z_2+\frac{u_2^2}{2g}+h_{\mathrm{w}} \tag{13-18}$$

3. 实际液体总流的伯努利方程

$$\frac{p_1}{\rho g}+z_1+\frac{\alpha_1 v_1^2}{2g}=\frac{p_2}{\rho g}+z_2+\frac{\alpha_2 v_2^2}{2g}+h_{\mathrm{w}} \tag{13-19}$$

伯努利方程的适用条件为:

(1)稳定流动的不可压缩液体,即密度为常数。

(2)液体所受质量力只有重力,忽略惯性力的影响。

(3)所选择的两个通流截面必须在同一个连续流动的流场中是渐变流(即流线近于平行线,有效截面近于平面)。而不考虑两截面间的流动状况。

七、动量方程

动量方程是动量定理在流体力学中的具体应用。流动液体的动量方程是流体力学的基本方程之一,它是研究液体运动时作用在液体上的外力与其动量的变化之间的关系。在液压传动中,再计算液流作用在固体壁面上的力时,应用动量方程去解决就比较方便。

流动液体的动量方程为

$$F=\rho q(\beta_2 \nu_2-\beta_1 \nu_1) \tag{13-20}$$

它是一个矢量表达式,液体对固体壁面的作用力 F 与液体所受外力大小相等方向相反。

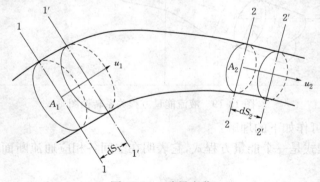

图 13-20 动量变化

第四节   常见液压工具的使用

本章最起初我们介绍了一种充电式液压钳(图 13-1),此工具常用于接触网普通铜铝端子的压接,也可压接电力电缆芯线接头。适用范围为:$10\sim100$ mm^2 铜铝端子及中间接续管。

一、使用方法

1. 准备

将电池正确地装入机体,将手带或肩带挂在机体环上,可以方便携带。根据不同的端子

规格来选择对应的模具。

2. 压接

按下操作按钮如图 13-21 所示(按键 10),激活电机使压膜前行。直到两个压膜相互接触,在压接过程中可以随时停止,当听到机体哒一声达到压力应停止工作。

3. 模具的释放

当压接完成后,通过压力释放按钮,如图 13-21 所示(按键 201),完成复位。

4. 工具头的选择

为了操作方便,工具头可以旋转 180°,方便操作者找到最佳操作位置。

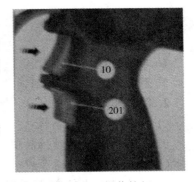

图 13-21　操作按钮

二、使用注意事项

(1)液压钳没有装模具情况下请勿工作,这样会导致机头和活塞的损坏。

(2)确保压膜在需要压接的压接点处定位准确,否则打开压膜并重新定位端子。

(3)当电量显示 1~3 红色发光二极管显示时,这是指电池电量几乎用完,建议这时及时充电,这样不会造成电池寿命的减少。

(4)最初的第 2、3 次充电要特别小心,以确保最大可供电量。

(5)连续充电之间,使充电器最少休息 15 min,在充电之后,使电池降至与周围环境相同的温度。

(6)每次使用后要确保活塞部位完全复位。

三、工具保养办法

(1)电池要放在干燥的地方,不宜放在潮湿的地方保存。

(2)灰尘、沙和土对任何液压设施都是一种危险。每天使用之后,必须用干净的布将工具擦干净,小心取出任何残余,特别是要清洁靠近活塞和活动部分的地方。

(3)要保证充电式液压钳在不受系统压力的情况下存放。

🔧 知 识 拓 展

查看资料,了解液压传动系统的发展概况,并学习液压控制回路相关知识。

📋 本 章 小 结

1. 正确理解液压传动的概念及工作原理。

2. 掌握液压传动流体力学相关知识。

3. 学会正确使用液压钳。

1. 术语解释

流量　压力　液阻　泄漏

2. 简答题

(1)液压传动有哪些特点?

(2)试述液流的连续性原理。

(3)什么是静压传递原理?

(4)什么是动力黏度、运动黏度和相对黏度?

(5)节流阀为什么能改变流量?

(6)什么是大气压力、相对压力、绝对压力和真空度,它们之间有什么关系?

3. 计算题

(1)已知某液压油在 20 ℃时为 10 °E,在 80 ℃时为 3.5 °E,试求温度为 60 ℃时的运动黏度。

(2)图 13-22 所示为一液压缸,内径 $D = 12$ cm,活塞直径 $d = 11.96$ cm,活塞宽度为 $L = 14$ cm,油液黏度 $\eta = 0.065$ Pa·s,活塞回程要求的稳定速度为 $v = 0.5$ m/s,试求不计油液压力时拉回活塞所需的力 F 等于多少?

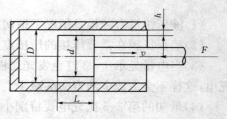

图 13-22　题 3-(2)图

参 考 文 献

[1] 鲁宝安,闫绍锋. 机械工程基本知识[M].北京:清华大学出版社,2012.

[2] 翟士述,曹阳. 机械工程基本知识习题集[M].武汉:武汉大学出版社,2012.

[3] 刘力. 机械制图[M].北京:高等教育出版社,2008.

[4] 缪凯歌. 机械制图与CAXA电子图版[M].沈阳:辽宁科学技术出版社,2008.

[5] 张勤. 工程力学[M].北京:高等教育出版社,2007.

[6] 徐富春. 接触网[M].成都:西南交通大学出版社,2015.

[7] 曹阳. 电力内外线[M].成都:西南交通大学出版社,2015.

[8] 倪红军,黄明宇. 工程材料[M].南京:东南大学出版社,2016.

[9] 朱龙根. 简明机械零件设计手册[M].北京:机械工业出版社,2005.